大学物理实验

主编

柴志方　胡炳文

陈廷芳　尹亚玲

参编

张　杰

DAXUE WULI SHIYAN

高等教育出版社·北京

内容提要

本书是根据教育部高等学校物理学与天文学教学指导委员会编制的《理工科类大学物理实验课程教学基本要求》(2010 年版)编写而成的,也是近年来华东师范大学物理实验教学改革的成果之一。

本书共包含五章的教学内容:第一章介绍了测量与误差的基本概念,包括不确定度及其估算;第二章介绍了常用的数据处理方法;第三章系统阐述了物理实验的四种基本测量方法;第四章设置了力学和热学实验、电磁学实验、光学实验和应用型实验;第五章介绍了设计性实验。

本书的主要特点有:第一,坚持以物理实验的能力培养为主线,依据学生的认知特点,从宏观与微观两个层面对物理实验项目和内容进行编排;第二,融合了实验教学的新技术和新手段,如手机物理实验、互联网远程操作物理实验和虚拟仿真实验等;第三,体现了新的教学理念,本书配套有慕课等网络资源,方便开展线上线下混合教学。

本书可作为高等学校理工科各专业大学物理实验课程的教材,适合不同层次的学习需求,也可供实验技术人员、教师和相关读者参考。

图书在版编目(C I P)数据

大学物理实验 / 柴志方等主编. -- 北京 : 高等教育出版社,2022.3

ISBN 978-7-04-057137-0

Ⅰ. ①大… Ⅱ. ①柴… Ⅲ. ①物理学–实验–高等学校–教材 Ⅳ. ①O4-33

中国版本图书馆 CIP 数据核字(2021)第 205226 号

DAXUE WULI SHIYAN

策划编辑	高聚平	责任编辑	高聚平	封面设计	李小璐	版式设计	童 丹
插图绘制	于 博	责任校对	刘丽娴	责任印制	田 甜		

出版发行	高等教育出版社	网 址	http://www.hep.edu.cn
社 址	北京市西城区德外大街 4 号		http://www.hep.com.cn
邮政编码	100120	网上订购	http://www.hepmall.com.cn
印 刷	北京鑫海金澳胶印有限公司		http://www.hepmall.com
开 本	787mm×1092mm 1/16		http://www.hepmall.cn
印 张	20.75		
字 数	390 千字	版 次	2022 年 3 月第 1 版
购书热线	010 - 58581118	印 次	2022 年 3 月第 1 次印刷
咨询电话	400 - 810 - 0598	定 价	46.80 元

大学物理实验

主编
柴志方　胡炳文
陈延芳　尹亚玲
参编
张　杰

1　计算机访问http://abook.hep.com.cn/12506914，或手机扫描二维码、下载并安装 Abook 应用。

2　注册并登录，进入"我的课程"。

3　输入封底数字课程账号（20位密码，刮开涂层可见），或通过 Abook 应用扫描封底数字课程账号二维码，完成课程绑定。

4　单击"进入课程"按钮，开始本数字课程的学习。

课程绑定后一年为数字课程使用有效期。受硬件限制，部分内容无法在手机端显示，请按提示通过计算机访问学习。

如有使用问题，请发邮件至 abook@hep.com.cn。

扫描二维码
下载 Abook 应用

序

　　物理学是探究自然界中各类物质的运动现象、转化形式、作用效应和结构规律的学科。物理学研究的对象大至宇宙天体，小至基本粒子，通过理论或模型上的数学推论和实验上的方法求证，始终交融递进式地推动科学和技术的向前发展，从而时刻影响并改变着人类生活的方方面面。

　　物理实验通过模型的建立、数学的推论、方法的选择、器具的使用和人为的检测等组合性的工作，使被研究的问题逐步得到认识并解决。大学物理实验按研究的类型和目的通常可分为验证性实验和探索性实验，而在具体的实践中，根据不同的要求和条件又可采用不同的研究方法，譬如模型法、等效法、转换法、类比法、比较法、归纳法、替代法及控制变量法等，有时还会从不同的角度定量、半定量或定性地求证问题，即运用多种方法或不同精度的测量工具进行实验结果的比对和选取。大学物理实验在实施的方式上，除了实验室常规做的实验以外，还会根据不同的情况衍生出一些思想实验、模拟实验、仿真实验和计算实验等。总之，大学物理实验教学上的多样性能促进学生多视角地观察思考、探索和实践相关的内容。

　　大学物理实验教学应避免将某些实验内容孤立化和表面化，而是要将看似单个的实验内容进行必要的思维上的联系，即在做实验的过程中，设法将物理实验中所探究的各项力学、热学、声学、电磁学、光学以及物质结构等方面的内容加以融合，以取得物理实验与科学研究、物理实验与科技应用等方面的互通。事实上科学研究的过程往往也会从不同的层次或用不同的方法对某些问题逐一开展实验和求证，譬如，对某一物体位移量的检测，看似属于力学方面的实验内容，在静态下可用一般的力学工具检测，但在动态下也许会用到红外、微波或超声波等检测手段。又譬如，同样在静态下，物体的位移量检测范围在毫米级，通常可用一般的工具和方法进行测量，但如果位移量小于微米级，一般的工具和方法受到了限制，人们将会采用电、磁方面的传感器技术及方法，或根据光学原理通过检测光波波长的方法来获得位移量结果。在大学物理实验的检测中，类似的例子不胜枚举。一般情况下，大学物理实验内容因受限于每次的课时数要求，通常会按具体的内容来划分，但希望学生在学习物理实验的过程中多多联想和思考单个物理实验与其他实验间的关系、单个物理实验与科学研究或与科技应用方面的关系、物理实验与其他学科间的联系。即通过物理实验的学习，让学生了解并认识到往往能用一种方法来解决多个不同的物理问题，同时也能通过不同的方法来获得同一项物理内容的结果，从而使学生在实践中提升学习物理实验的兴趣和愿望。

　　物理实验从经典到现代、从古代到近代吸引无数的科学巨匠投身于观察、思考、实验、推理、归纳和总结之中，从而逐步构建了相对完整的物理基础学科。纵观世界的发展，众多基础学科的相互促进、交融、延展和提升，又时时刻刻推进着人类科学、技术和文明的前行步伐。

　　柴志方老师领衔的编写组根据多年实验教学的体会和总结，编写了本书，在第三章中结合

12 项实验内容概括了四点共性的测量方法,而在第四章和第五章中,既考虑到了物理实验测量内容上的多样性和系统性,又考虑到了理工科各专业学生对物理实验内容的不同需求和选择,同时在第五章中突出了设计性和综合性的实验内容,从而使本书在实验教学内容的编排上呈现出一定的层次性和多样性,有利于学生个性化地学习与选择。

宦　强

2021 年 4 月

前言

物理学是一门实验科学,在物理学的发展历史上,物理实验始终占据着重要的地位。大学物理实验课程是高等学校理工科各专业最基本的实验课程之一,在培养学生创新能力和实践能力,提高学生科学素养方面扮演着重要的角色,是不可或缺的教学环节。

近十几年来,为了不断提升大学物理实验课程的教学效果,实验教学工作者从实验仪器和教学方法两个方面不断开展探索。一方面,他们不断结合新的技术发展,研制新的教学仪器,使得同一实验项目可以有不同形式的实验教学仪器,极大地丰富了实验教学仪器的种类,促进了实验教学项目的个性化;另一方面,他们还结合最新的教育教学理念不断探索新的实验教学模式,例如基于 MOOC 的混合式教学、SPOC 课程等在物理实验中均得到了应用。华东师范大学物理实验教学中心顺应了这种发展趋势,在课程体系、教学内容、教学方法与教学手段上对大学物理实验课程进行了全方位的改革,三个学期的大学物理实验课程实现了分阶段、分层次的教学,进阶式培养学生的物理实验能力。为了提高课程改革的深度和广度,体现物理实验教学发展的新趋势,我们从 2016 年开始编写本书,时至今日方才初有成效。

本书在内容上力求做到如下几点:

1. 以学生的实验能力培养为主线贯穿整本教材

依据布鲁姆的教育目标分类学,学生的认知过程包括记忆/回忆、理解、应用、分析、评价和创造这六个类别。物理实验的最终教学目标是培养学生的创新能力和实践能力,这体现在"创造"这个类别。为了达到这一目标,物理实验的教学应主动促进学生经历记忆/回忆、理解、应用、分析、评价等。为此,本书宏观上按照这一认知过程进行章节的排序,将较多要求学生记忆、理解的知识排到前面,将需要学生进行创造的内容排到后面,不断提高对学生认知的要求。具体表现为,第一章至第三章是物理实验基础知识、基本技能和基本方法的学习,较多地要求学生能够记忆和理解这些知识;第四章为前三章知识的基础运用,较大程度上要求学生能够进行应用、分析和评价;第五章则主要是设计性实验,书中仅仅给出实验任务和实验条件,空缺具体的实验方案和实验步骤,需要学生综合运用所学知识设计实验、实施实验,达到创造的层次。在微观上,本书通过实验目的的引导、选做实验和思考题的深入探讨等形式,促进学生主动经历较高的认知过程。

2. 融合了新的实验技术与手段

近年来手机作为数据传感器和采集器被运用到物理实验中,极大地提高了学生学习物理实验的兴趣。虚拟仿真实验、远程操作实验的运用,则突破了物理实验教学的时空限制,使得学生随时随地开展物理实验成为可能。另外,数字示波器代替模拟示波器、液晶光阀用于光学信息处理等也均在实验教学中得到广泛应用。基于此,物理实验教学中心进行了新项目的开发和建设。本书在编写时加入了实验室在这方面的成果,紧扣实验教学的新动向。

3. 反映新的实验教学理念

首先,本书在中国大学 MOOC 上有对应的慕课课程,学生在使用本书时可以通过扫码进入相应的页面,观看视频,进行自主学习。其次,本书还对与实验项目相关的我国的突出科研成果、突出人物等进行挖掘,开发了"实验背后的故事"模块。另外,本书配备了电子教案,编排了课前思考题等。以上三个方面的工作,均有利于实验者开展对实验的深度学习,也有利于教师开展混合式教学,以提高教学成效。

本书凝结了新老几代大学物理实验教师多年辛勤劳动的成果。宦强、周嘉源、胡世轮、戚小华等老师的早期工作为本书奠定了基础,郭平生、邓莉、崔璐、戴放文、景培书、李晓云、刘金梅、袁春华、张晓磊、刘金明、赵强等老师则在实验项目的编写、实验仪器的使用等方面贡献了自己的力量。在此,我们对参与本书建设的各位老师致以诚挚的谢意。

我们在编写后又进行了认真的审读,但书中难免还是会有疏漏,恳请读者批评指正。

编　者

2021 年 4 月

目录

绪论

一、大学物理实验课程的意义

物理学是一门理论和实验高度结合的自然科学,"物理概念的确立"与"物理规律的发现、建立和检验"都与物理实验密不可分,物理实验在物理学的创立和发展中占有十分重要的地位.

我们在日常生活中时时刻刻都能感受到物理学的存在,观察到纷繁复杂的物理现象.物理学是我们认识世界的基础,是其他科学和绝大部分技术发展的直接且不可缺少的基础,物理学曾经是、现在是、将来也是全球技术和经济发展的主要驱动力.

物理学的研究对象在空间尺度上包含微观、介观、宏观与宇观.因此,物理实验所涉及的空间尺度跨度也很大,内容相当丰富.

要成长为理工科人才的理工类专业的学生,一方面要具备比较深广的理论知识,另一方面也要具备较强的科学实验能力.大学物理实验正是为了对学生进行科学实验基本训练而独立设置的必修课,是学生进入大学后接受系统实验技能训练的开端.社会对技术应用型人才的需求使得大学物理实验课程成为理工科专业的必修基础课程.

二、大学物理实验课程的目的

大学物理实验作为一门独立的实验必修课,其主要目的涵盖知识技能的传递和立德树人两个方面,具体说来,包含如下一些内容:

1. 使学生获得物理实验的基本知识、基本方法和基本技能,在此基础上,培养学生对实验知识进行综合运用的能力.

基本知识、基本方法和基本技能,即为"三基",对学生开展"三基"的培养,是学生科学实验能力形成和提高的基础.

物理实验的基本知识,包括物理实验的原理、仪器的结构和工作原理、实验误差和不确定度的评定、实验结果的表述方法等.

物理实验的基本方法,包括如何根据实验任务的要求,结合实验原理、实验仪器确定实验的思路与方案,如何正确使用仪器,如何减小各类误差,如何采用一些特殊的方法获得常规方法难以获得的结果等.

物理实验的基本技能,包括各种调节与测试技术、数据采集技术等,以及查阅文献的能力、总结归纳的能力和口头表达的能力等.

大学物理实验课程按照对学生知识技能培养所要遵循的规律,将实验分为基本技能和方法训练、综合性物理实验、设计性物理实验三个部分.为此,本书在实验内容编写过程中结合了最新的物理实验的发展成果.

2. 使学生树立忠诚爱国的家国情怀、创新反思的科学精神、务实专注的专业素养、科技报国的责任意识和严谨求真的学术道德.

立德树人是教育的根本任务,大学物理实验课程具有立德树人的天然优势.学生在完成实验的过程中,一方面能够体会科研探究的过程,树立创新反思的科学精神、务实专注的专业素养和严谨求真的学术道德;另一方面通过学习科研人物的奋斗历程和奋斗精神,了解我国科研的某些方面在国际上的领先地位,培养学生忠诚爱国的家国情怀和科技报国的责任意识.

另外,学生在做实验的过程中与老师、同学进行沟通交流,有利于学生沟通交流能力和团结协作精神的培养.

三、修读大学物理实验课程的过程

大学物理实验课程的两个目的在教学过程中是互相融合、互为补充的一个整体.具体说来,为了达成这两个课程目的,教师在开展大学物理实验授课时,需要引导学生经历密切相关的三个教学环节,即实验前的预习、实验的进行、实验后的数据处理和分析.

现就各教学环节提出如下具体要求:

1. 实验前的预习

学生在实验前需认真阅读实验教材,明确实验的目的与要求、实验原理、要测的物理量及测量方法.通过预习可以培养学生的自主学习能力.

对实验中涉及的仪器,学生预习时需要了解实验中所用仪器的构造原理、使用操作方法和注意事项.学生可以通过预习课观看仪器实物、听教师讲解获得这些信息,也可以在预习课后从电子文档中获得这些信息,进一步加深印象.

实验室如建有线上教学平台,学生也可以在线上教学平台注册,进行预习和操作训练.

2. 实验的进行

在进行实验之前,学生应首先核对仪器设备是否齐全且没有故障,如有问题,应向教师反映先行解决,使用仪器时要按操作规程进行操作调试,切忌盲目操作.其次,学生要认真思考和安排实验操作程序,不要急于求成,因为一些关键性步骤的疏忽或错误,会导致整个实验的失败.

实验过程中,不要单纯追求快速地测出数据,要养成对实验现象仔细观察和对所测数据随时进行分析判断的习惯,这样才能及时发现和纠正差错.学生对实验中遇到的故障要积极思考,尽可能自己排除;要如实记录实验测量的原始数据,实验数据记录应做到整洁清晰而有条理,养成列表法记录数据的习惯,以便于计算和复核;其他如对于基本仪器的使用,在实验中观察到的现象和存在的问题,也可扼要记下.实验可以培养学生务实专注的专业素养和严谨求真的学术道德.

实验结束后,学生必须整理和归位所使用的仪器.

3. 实验后的数据处理和分析

在实验结束后,学生要依据实验的物理模型,根据实验的数据处理方法,对实验中所获得的数据进行处理,获得实验的结果,并对实验结果进行评估,最后对实验中可能存在的问题进行分析和讨论,培养创新反思的科学精神.

四、物理实验报告撰写的要求

写实验报告是为了训练学生如何以书面的形式总结反映自己的实验成果,为将来撰写科研论文打基础.因此,如何写一份合格的实验报告,是物理实验基本功训练的重要组成部分.完整的实验报告包括如下内容:

(1)实验名称:实验项目的名称.

(2)实验目的:写清本实验的主要目的.教材中的基础性实验和综合性实验均已列明实验目的.设计性实验,则需要学生自己写出实验目的.

(3)实验原理:教材中基础性实验和综合性实验均已列明实验原理,需要学生对教材中的实验原理进行简明扼要的整理.设计性实验,则需要学生查阅资料进行整理.实验原理主要应包含本实验所依据的主要公式和公式中各物理量的意义,明确实验中所要直接测定的物理量及测量方法,必要时,还应画出原理图、电路图或光路图等.

(4)实验仪器:记录本实验中所用到的仪器和设备.有明确型号、编号和规格的仪器,则需记录下仪器的型号、编号和规格,以备重复实验,复查实验结果.

(5)实验步骤及注意事项:对于基础性和综合性的实验项目,这部分内容一般在实验教材中均有详细说明,只要写出关键性的步骤和重要的注意事项.在设计性实验中为了培养学生的独立工作能力,该步骤是没有的,需要学生根据自己的实验过程进行总结和梳理.

(6)数据记录和处理:要求写出数据处理的主要过程,并根据误差理论计算误差.对要求作图的实验必须作出相应的实验图线.

(7)实验结果:写出测量的最终实验结果,并标明不确定度,必要时,还须注明得此结果的实验条件.

(8)问题讨论:对实验中观察到的现象或你感兴趣的问题进行分析,通过思考回答问题,阐述实验中的体会,提出改进实验的建议等.

五、线上资源

本书部分实验有线上资源可供修读的学生使用,这些实验在实验名称后面用"＊"号做了标记.同学们可以登录中国大学 MOOC 网站,搜索华东师范大学的《大学物理实验(一)》《大学物理实验(二)》(主讲教师尹亚玲、柴志方、胡炳文、邓莉、陈廷芳),以获得相关资源.

NOTE

第一章 误差与不确定度

§1.1 测量和误差

物理实验的目的是探寻和验证物理规律,许多的物理规律可以用定量的关系来描述,因此在物理实验的过程中就需要通过测量获得大量的数据.可以说,测量是物理实验最重要的组成部分.

测量就是由测量者采取某种测量方法,使用一定的测量仪器,把待测量直接或间接地与另一个选作标准的同类量(即单位)进行比较,从而得到待测量与标准量之间的倍数(即数值)关系的实验过程.例如:我们测量某物体的质量,选用的工具为电子天平,测量时首先将电子天平水平放置并置零,之后将待测物体放在电子天平上,待稳定后即可获得待测物的质量.若电子天平的显示值为83.4 g,则表示所选取的标准(即单位)为 g,而待测物的质量为标准的83.4 倍(数值).显然,测量所得数值的大小和所选用的单位有关.因此,在表示某一待测量的测量结果时,必须同时给出数值和单位,两者缺一不可.

在测量中,待测物理量在一定的条件下总有一个真实客观的数值,称为真值.但在实际测量过程中,由于测量者、测量方法或测量仪器等可能存在的问题,所得的测量结果和真值总存在一定的差异.这种测量值 x 与真值 a 之差称为测量误差 ε,简称误差.它有确定的大小,但一般又不能求出具体值,可用下式表示:

$$\varepsilon = x - a \tag{1.1.1}$$

测量中误差是不可避免的,它存在于科学实验的全过程中,所以测量的目的应是在尽可能减少误差的前提下获得在该条件下被测量最接近于真值的最佳近似值,并同时对它的精确度作出合理的估计.

根据误差的性质及产生的原因,误差可分为两类:系统误差、随机误差.

一、测量的分类

1. 测量按其过程分为直接测量和间接测量.

直接测量就是将待测量与预先标定好的仪器、量具直接进行比较,读出其量值的大小.例如:用米尺量长度,用天平称质量,用秒表测试时间等.

间接测量就是通过对某些相关物理量的直接测量,再根据相应的公式计算出待测量的大小.例如:测圆柱体的体积,是通过对其高度 h 和直径 D 的测量,然后由公式 $V = \frac{\pi}{4}D^2 \cdot h$ 求得其体积;又如单摆实验中,通过对单摆摆长 L 和摆动周期 T 的测量,利用公式 $g = 4\pi^2 \frac{L}{T^2}$ 来求得重力加速度 g.

任何间接测量都是通过直接测量来实现的,而间接测量量在一定条件下也可以转化为直接测量量.例如测量液体的密度,可以采用电子天平测量一定体积液体的质量,从而获得液体的密度,即为间接测量,也可以采用密度计直接获得液体的密度.

2. 测量按其测量条件分为等精度测量和非等精度测量.

等精度测量是指在某物理量的重复测量过程中,每次的测量条件都完全相同,即同一观测者、同一仪器、同一测量方法、同一环境等.

非等精度测量是指某物理量在重复测量过程中,测量条件发生变化.例如,原来用米尺测某一长度,后改用游标卡尺测量;惠斯通电桥在测量过程中改变比例臂的大小.这些都属于非等精度测量.

二、系统误差

在同一条件下(指测量方法、仪器、环境和观测者等保持不变)对同一物理量进行多次测量时,误差的绝对值和符号保持不变或按某一规律变化,该误差称为**系统误差**.例如,在实验前经过实验者校准的指针式电压表,由于质量问题零点不准,测量所得的电压值就可能始终偏大或偏小,这就是系统误差.由于误差等于测量值与真值之差,因为真值不可知,因此系统误差的大小亦不可知.

系统误差产生的主要原因有如下几个方面:

1. 测量仪器本身的缺陷,例如物理天平的两个臂不等长;惠斯通电桥所使用的桥臂电阻与标称值有偏差;使用激光测定光栅常量时激光波长漂移等.没有一种测量仪器是绝对精确的,因而所有测量都有仪器引入的误差.

2. 实验理论和方法的不完善,例如单摆的公式,就是在忽略了单摆摆角、空气阻力等影响后的近似结果;在用伏安法测电阻时磁电式电表内接或外接,电表的内阻均会对最终结果带来误差;在使用激光测量光栅常量时,采取小角度条件 $\sin\theta \approx \tan\theta$,也会造成偏差.

3. 环境的影响或没有在所规定的条件下使用仪器,例如有的仪器需要预热一定的时间,但是预热时间没有达到要求即开始使用仪器;有的仪器规定了使用的温度范围,但是在使用的时候没有在此温度范围下使用.

4. 实验者的习惯与偏向引入的系统误差等,例如在"用单摆测量重力加速度实验"中,需要使用秒表计时;对于秒表的启动和停止,每一个使用者的反应时间都不相同,由此造成不同的系统误差,等等.

从以上系统误差的来源看,系统误差产生在测量开始之前,具有确定的规律性并且与测量次数无关,难以通过多次测量消除.消除系统误差的影响涉及对测量设备、测量对象和测量方法等的全面分析,并与测量者的经验、水平以及测量技术的发展密切相关.有效地发现、减小或消除系统误差,是物理实验开展过程中的一个重要内容.

三、随机误差

在同一条件下多次测量同一物理量时,得到一系列不同的测量值(测量列),每个测量值都含有误差,这些误差的绝对值和符号没有确定的规律,在消除系统误差后仍然如此,这种绝对值和符号随机变化的误差称为随机误差或偶然误差.

随机误差的来源主要包括:

1. 实验装置或设备的不稳定性,例如,在用拉伸法测量钢丝的弹性模量时,反射镜的后端点在加砝码时的无规则抖动;在电学实验中连接的线路不够牢固导致的接触电阻变化等.

2. 实验环境的无规则变化,例如,在测定液体的表面张力系数时,实验装置所处环境的气流无规则变化,在测定液体比热容时实验装置所处环境的温度无规则波动等.

3. 实验者的不稳定性.实验者本人在进行某些数据的读取时,由于感觉器官分辨能力的限制,多次读数均有无规则变化等.

尽管随机误差的绝对值和符号是随机变化的,但从整体而言,随机误差服从一定的统计规律,如均匀分布、三角形分布和正态分布等多种分布.在本课程中遇到的随机误差均近似为正态分布进行处理.

随机误差的正态分布图如图 1.1.1 所示.其横坐标 Δx 是测量值与理想值(含有系统误差)的差,代表随机误差,纵坐标是每单位 Δx 出现的概率,或称为概率密度.

图 1.1.1 所描述的正态分布可以用如下函数来描述:

$$f(\Delta x) = \frac{1}{\sigma \sqrt{2\pi}} e^{-(\Delta x)^2/(2\sigma^2)} \tag{1.1.2}$$

这里 $\Delta x = x - \mu$,μ 是理想值或数学期望值.

从图 1.1.1 来看,正态分布的随机误差所具有的三个特点如下:

1. 单峰性:$|\Delta x|$ 小的随机误差出现的概率比 $|\Delta x|$ 大的随机误差出现的概率大.

2. 对称性:分布曲线关于 $\Delta x = 0$ 是对称的,这说明绝对值相同的正负误差出现

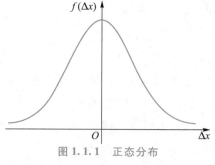

图 1.1.1 正态分布

的概率相同.理论上,如果测量次数达到无穷多次,随机误差的平均值将会被抵消掉.在大学物理实验中,对同一物理量一般重复 10 次及以上的有限次测量,此时随机误差的平均值不能完全被抵消.

3. 有界性:超过一定大小范围的随机误差出现的概率趋近于零.

这里需要说明的是,在物理实验中系统误差和随机误差往往是同时存在的,不存在只有系统误差或随机误差的情形.在以上的讨论中将系统误差和随机误差进行分开讨论,仅仅是为了讨论的方便.在实际开展实验并进行误差分析的时候,则需要对系统误差和随机误差进行综合考虑.

另外,在实验过程中除了系统误差和随机误差,可能还会存在因仪器损坏、操作不当等原因导致错误的发生.在进行误差分析的时候要将错误和误差区分开来,在实验中应当避免错误的发生.

§1.2　算数平均值及标准偏差

一、算术平均值

在实验测量中,只要条件允许,总是进行多次测量.根据随机误差所遵循的正态分布统计规律,当测量次数无限多时,由于正负误差相互抵消,测量数据算术平均值的极限值将趋向于真值.

在实际测量中,测量次数总是有限的.设对某物理量测量了 n 次(等精度测量),其值分别为 $x_1, x_2, x_3, \ldots, x_n$,这 n 个测量结果称为一个测量列,则其算术平均值即

$$\bar{x} = \frac{\sum_{i=1}^{n} x_i}{n} \tag{1.2.1}$$

需要指出,在大学物理实验中,由于误差的存在和测量次数的限制,算术平均值 $\bar{x}$ 在一般情况下并不就是被测量的真值.当重复次数 n 趋向无穷多,而系统误差又可忽略时,$\bar{x}$ 将趋向于真值.

二、标准偏差

由于随机误差的存在,等精度测量列中各个测量值会围绕该测量值有一定的分散,该分散度说明了测量列中单次测得值的不可靠性,因而需要用一个数值来作为其不可靠性的评定标准.

由正态分布的表达式可知,正态分布的收敛性可以由函数表达式中的 σ 来表征,如图 1.2.1 所示.σ 越小则正态分布的曲线越陡,表明数据越集中;σ 越大则正态分布的曲线越平坦,表明数据越离散.当测量次数足够多时,且测量量的真值 x_0 可知时,测量的标准差按下式计算:

$$\sigma = \sqrt{\frac{\sum_{i=1}^{n} \left(x_i - x_0\right)^2}{n}} \tag{1.2.2}$$

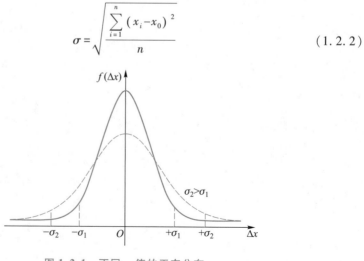

图 1.2.1　不同 σ 值的正态分布

在实际实验中,测量物理量的真值是不可知的,且测量次数有限,在这种情况下,可以证明,测量列的标准偏差为

$$S_x = \sqrt{\dfrac{\sum\limits_{i=1}^{n}(x_i-\bar{x})^2}{n-1}} \qquad (1.2.3)$$

此即贝塞尔公式. 测量列的标准偏差表示数据的离散程度,仅仅取决于测量系统. S_x 小表明测量数据很接近真值, S_x 大则表明测量数据很分散. 在测量系统稳定的情况下, S_x 是一个稳定的值,不随测量次数改变.

算术平均值对真值的偏差为测量列标准偏差的 $\sqrt{n}$ 分之一,即

$$S_{\bar{x}} = \dfrac{S_x}{\sqrt{n}} = \sqrt{\dfrac{\sum\limits_{i=1}^{n}(x_i-\bar{x})^2}{n(n-1)}} \qquad (1.2.4)$$

因为测量列的标准偏差对于不变的测量系统是一个稳定的值,因而,我们就可以通过增加测量次数来减小算术平均值的标准偏差.

三、置信概率

对于一组测量数据,在只存在随机误差而没有系统误差的情况下,它的标准偏差、真值和算数平均值通过置信概率 P_α、置信区间联系起来.

对于随机误差服从正态分布的情形,由于 $\int_{-S_x}^{S_x} f(x)\,\mathrm{d}x = 0.683$,所以真值落在 $(\bar{x}-S_x, \bar{x}+S_x)$ 之间的概率为 68.3% ,这个概率即为置信概率, $(\bar{x}-S_x, \bar{x}+S_x)$ 为对应的置信区间. 同样的有 $\int_{-2S_x}^{2S_x} f(x)\,\mathrm{d}x = 0.955$, $\int_{-3S_x}^{3S_x} f(x)\,\mathrm{d}x = 0.997$,即真值落在 $(\bar{x}-2S_x, \bar{x}+2S_x)$ 之间的概率为 95.5% ,落在 $(\bar{x}-3S_x, \bar{x}+3S_x)$ 之间的概率为 99.7% .

显然区间越大,真值出现在这个范围内的概率越大. 在大多数的工程和计量应用中,为了保证测量的高效性和可靠性,一般可取 $3S_x$ 为置信限.

四、坏值的剔除

在对物理量进行多次测量的时候,有些测量值与正常值的差别很大,必须剔除,否则会影响测量的精度.

拉依达准则是剔除坏值的一个方法,它是将每一次测量值与平均值相减,如果其结果大于 3 倍的测量列的标准偏差,即落在了 $(\bar{x}-3S_x, \bar{x}+3S_x)$ 之外,则说明该数据测量误差较大,需要剔除.

【例1.2.1】 已知用数字万用表重复测量某电阻阻值 10 次,所得结果如下表所示,试计算该电阻的算术平均值和标准偏差.

次数	1	2	3	4	5	6	7	8	9	10
阻值/Ω	142.3	142.7	141.9	142.4	142.8	142.1	142.0	141.8	142.2	142.3

解:根据(1.2.1)式计算电阻的算术平均值

$$\bar{R} = \frac{142.3 + 142.7 + \cdots + 142.2 + 142.3}{10}\,\Omega = 142.25\ \Omega$$

根据(1.2.3)式计算测量列的标准偏差

$$S_R = \sqrt{\frac{(142.3-142.25)^2 + (142.7-142.25)^2 + \cdots + (142.2-142.25)^2 + (142.3-142.25)^2}{10-1}}\,\Omega$$

$$= 0.32\ \Omega$$

经使用拉依达准则检测,每一次测量值与平均值的差均小于 0.96 Ω,因而测量结果均有效.根据(1.2.4)式计算算术平均值的标准偏差

$$S_{\bar{R}} = \frac{S_R}{\sqrt{10}} = 0.10\ \Omega$$

§1.3 有效数字

测量得到的结果均含有误差,在表示测量结果的数字中,其数位的多少应由测量值本身的误差要求来确定,不应该随意取舍,这样才能正确反映出测量所能提供的有效信息.

从测量结果的第一位非零数位算起,到开始有误差的数位为止(包括该位)的数字均称为有效数字(即包括所有可靠数字,只保留一位欠准数字),它们能正确而有效地表示实验结果.有效数字的个数称为有效位数.

一、直接测量的读数原则

直接测量时,欠准数字来源于估读.关于估读,有如下几个方面需要说明:

1. 凡是可以进行估读的仪器,必须在仪器的最小刻度下再估读一位.估读时,即使刚好是整数刻线对齐,估读数"0"也涉及有效位数,仍应记下.

2. 具体估读时,最小刻度是 1 或 0.1 的,采用十分之一估读法;最小刻度是 2 或 0.2 的,采用二分之一估读法;最小刻度为 5 或 0.5 的,采用五分之一估读法.例如,对于图 1.3.1 所示的三种不同的最小刻度,A 位置的读数结果分别是 3.4、3.4、3.36.从这一点来看,对一定的测量对象而言,有效数字的位数实际上反映了所用测量仪器的精密程度.

图 1.3.1　最小刻度的估读方法

3. 对于游标卡尺等仪器,在读数时实验者要找到游标的刻度线和主尺刻度线哪一根对齐,事实上也是估读,因而获得的数据最后一位是欠准数字.

4. 对于数字仪表,仪表显示的最后一位数字是欠准数字,这是因为数字仪表的最后一位来源于不被显示的下一位的四舍五入.如果数字仪表的灵敏度过高,导致末几位数字不稳定,则可以从数字仪表的左边向右读数,读至最先出现的不稳定数字即可.

二、单位换算应保持有效数字的位数不变

在物理实验中测量结果的数值和数学上的对应数有不同的含义.例如,在数学上 1.50 m = 1 500 mm,但作为测量结果,前者与后者绝不能等同视之.因为前者 1.5 是可靠数字,0 是欠准数字,共有三位有效位数;后者,前三位 150 是可靠数字,最后第四位是欠准数字,共有四位有效位数.实际上,两者是不同精度的两种测量结果.在进行单位换算或改变小数点位置时,可采用科学记数法,把不同单位用 10 的

不同次幂表示.例如把 1.5 m 化成以 cm 或 mm 为单位,可表示为 $1.5\,\text{m}=1.5\times10^2\,\text{cm}=1.5\times10^3\,\text{mm}$.反之把小单位换成大单位,小数点移位,在数字前面出现的 0 也不是有效位数.例如,$1.5\,\text{mm}=0.15\,\text{cm}=0.001\,5\,\text{m}$,用科学记数法可表示为 $1.5\,\text{mm}=1.5\times10^{-1}\,\text{cm}=1.5\times10^{-3}\,\text{m}$,从而保持有效位数不变.

三、有效数字的运算规则

在进行有效数字运算时,可能会得到有多位欠准数字的情况出现,此时需要采用"4 舍 6 入 5 凑偶"的原则,舍弃掉多余的欠准数字.4 舍 6 入 5 凑偶指的是:① 当要舍弃的多余的欠准数字的最高位小于或等于 4 时,应直接舍弃掉;② 当要舍弃的多余的欠准数字的最高位大于或等于 6 时,应向前进一位;③ 当要舍弃的多余的欠准数字的最高位为 5,5 之后不管有几位均为 0,则进位与否由前一位决定,前一位为奇数,则进一位,前一位为偶数,则直接舍弃掉;④ 当要舍弃的多余的欠准数字的最高位为 5,5 之后有非 0 数字,则向前进一位.具体举例如下:

【例 1.3.1】　以下数字顶部划横线部分为欠准数字,试用"4 舍 6 入 5 凑偶"的原则去掉多余数字,仅保留 1 位欠准数字.

① $6.23\overline{4501}$;　② $18.\overline{750}$;　③ $3.29\overline{84}$;　④ $42\overline{93}$

解:① 6.235;　② 18.8;　③ 3.298;　④ 4.29×10^3

具体而言,间接测量结果有几位有效数字,保留至哪一位,应由其不确定度决定(见第 1.4 节的第四部分).在不确定度评定完成之前的运算,考虑到与欠准数字的相加、减、乘或除所得的结果仍然是欠准的,同时又防止损失较多的有效位数,使数字失真,可以使用如下的规则,以简化运算.

1. 加减运算

不同有效位数的数相加减时,最后结果的欠准数数位和参与加减诸数中从高至低最先出现的欠准数数位相同.

【例 1.3.2】　求 $12.5\overline{1}+2\overline{4}$,其中画横线的数字为欠准数字.

解:$12.5\overline{1}+2\overline{4}=36.\overline{51}$,计算结果中个位数已经是不准确的了,因此小数位舍弃掉,小数位中第一位为 5,5 之后有非 0 数字,因而向前进一位,故结果记为 $3\overline{7}$.

2. 乘除运算

不同有效位数的数进行乘除运算后,结果的有效位数一般与参加运算的数中有效位数最少的一个相同.

【例1.3.3】　求 $3.0\overline{0}\times4.\overline{5}$,其中画横线的数字为欠准数字.

解: $3.0\overline{0}\times4.\overline{5}=1\overline{3}.\overline{500}$,计算结果中个位数已经是不准确的了,因此小数位舍弃掉,小数位中第一位为5,5之后均为0,5之前是奇数,因而向前进位,结果记为 $1\overline{4}$.这里值得说明的是,个位数是由于 $3.0\overline{0}\times0.5$ 这个运算污染了.

3. 其他函数运算

一般的处理原则:按不确定度传递公式求最小不确定度,再由它确定有效数字的位数.所谓最小不确定度,是指在测量值的最后一位有效数字位上取1个单位作为测量值的不确定度,这样做是为了不丢失有效位数.(这里需参考第1.5节)

【例1.3.4】　求 $\sin43°26'=?$

解:以 x 表示 $43°26'$,将 $\sin43°26'$ 表示成函数形式 $y=\sin x$,用计算器计算得: $y=\sin x=\sin43°26'=0.687\,510$,取 $u(x)=1'=\dfrac{1°}{60}=\dfrac{\pi}{180\times60}$(代数运算时需转为弧度),得: $u(y)=|\cos x|u(x)=\cos(43°26')\dfrac{\pi}{180\times60}=0.000\,2$.考虑到 $u(y)$,所以 y 值应取到小数点后面第4位,即: $y=\sin x=\sin43°26'=0.687\,5$.

4. 特殊数的有效位数

公式中出现并参与运算的一些准确数字或常数,如2、π、e等,其有效位数可以认为有无限多位.π、e的有效位数可根据需要选取.

有多个数值参与运算时,在运算的中间过程中,应比按有效数字运算规则规定的位数多保留一位,以防止由于多次取舍引入计算误差,但计算最后仍应舍去.

四、有效数字对测量工具选取的影响

有效数字为实验者在开展实验设计过程中进行合理的仪器选择提供了一定的理论依据.实验者可以根据实验结果要求的有效位数,结合有效数字的运算规则选择合适精度的测量仪器.

【例1.3.5】　对于一个长约20 cm、宽约8 cm、高约1 cm的立方体,如何选择合适的测量工具,使该立方体体积的有效位数尽可能多?

解:该立方体的体积为长、宽和高的乘积,按照有效数字的运算规则,乘法运算结果的有效位数与运算式中有效位数最少的一个数字保持一致.

该立方体高约1 cm,如果选择毫米刻度尺,则只有3位有效数字,如果选择游标卡尺,可以有 4 位有效位数,选择螺旋测微器则有 5 位有效位数.所以测量立方体的高可以采用螺旋测微器.

　　按照这个原则,该立方体的长、宽分别可以选择毫米刻度尺、游标卡尺作为测量工具.

§1.4　直接测量结果的不确定度及评定

根据误差的定义,误差是测量值与真值的差值.由于真值不可知,误差也是不可知的.因而使用误差来说明测量结果的质量是不合适的.国际测量标准规定使用**不确定度**(uncertainty of measurement)来对测量结果进行质量评价.不确定度是说明测量结果的一个参数,表征合理赋予被测量值的分散性.它表示由于测量误差的存在而对被测量值不能确定的程度.不确定度一般记为符号 u,例如,被测量量 x 的不确定度经常用 $u(x)$ 表示.

不确定度包含两个重要的要素,一个是测量结果不确定程度的大小,另一个是该不确定程度的置信概率.在完成一个物理量 x 的测量后,获得测量值 $\bar{x}$ 后,还必须对其不确定度进行评定,获得该测量量的不确定度 $u(x)$.此时,测量结果可以表示为

$$x = \bar{x} \pm u(x)\,(\text{单位}),\ P_\alpha = \alpha\,(0 < \alpha < 1) \tag{1.4.1}$$

(1.4.1)式说明要完整地表示一个测量结果,应该有数值、单位和不确定度这三个要素.在实际应用中,常常要求作高置信概率的报道,国家有关技术规范要求报道的置信概率取为 95% ,并规定,当 $P_\alpha = 95\%$ 时,可将 P_α 值略去不写;当 $P_\alpha \neq 95\%$ 时,则必须用括号注明 P_α 值.

在对实验测量数据进行处理分析时,通常首先进行误差分析,修正已知的系统误差,剔除坏值,然后再进行不确定度的评定.

不确定度的来源有多个,这些不同来源的不确定度在计算方法上分为两类,一类称为 A 类分量,它是用统计学方法计算的分量,另一类称为 B 类分量,是用其他方法(非统计方法)评定的分量.

统计学上,计算不确定度的相关理论非常严谨,计算也很繁杂.在大学物理实验中,常采用简化方法进行不确定度的估算,计算相对简单.

一、标准不确定度的 A 类分量

相同条件下对 x 进行多次测量时,需要考虑 x 的不确定度的 A 类分量,其值为

$$u_{\mathrm{A}}(\bar{x}) = t_P \sigma(\bar{x}) = t_P \sqrt{\frac{\sum_{i=1}^{n}(x_i - \bar{x})^2}{n(n-1)}} \tag{1.4.2}$$

当测量值 x 的分布为正态分布时,$u_{\mathrm{A}}(\bar{x})$ 表示 $\bar{x}$ 落在在 $x - u_{\mathrm{A}}(\bar{x})$ 到 $x + u_{\mathrm{A}}(\bar{x})$ 范围内的概率为 68.3% .在(1.4.2)式中,t_P 为与一定置信概率相联系的置信因子,可由表 1.4.1 查出.

在大学物理实验中,因为实验室测量条件较为稳定,在 $n \geqslant 10$,且置信概率取 $P_\alpha = 68.3\%$ 时,一般可近似取 $t_P = 1$,因而有

$$u_A(\bar{x}) = \sigma(\bar{x}) = \sqrt{\dfrac{\sum\limits_{i=1}^{n} (x_i - \bar{x})^2}{n(n-1)}} \qquad (1.4.3)$$

表 1.4.1　置信因子 t_p 与自由度（测量次数）的关系

自由度	测量次数	$P_\alpha \times 100\%$					
		68.27*	90	95	95.45*	99	99.73*
1	2	1.84	6.31	12.71	13.97	63.66	235.80
2	3	1.32	2.92	4.30	4.53	9.92	19.21
3	4	1.20	2.35	3.18	3.31	5.84	9.22
4	5	1.14	2.13	2.78	2.87	4.60	6.62
5	6	1.11	2.02	2.57	2.65	4.03	5.51
6	7	1.09	1.94	2.45	2.52	3.71	4.90
7	8	1.08	1.89	2.36	2.43	3.50	4.53
8	9	1.07	1.86	2.31	2.37	3.36	4.28
9	10	1.06	1.83	2.26	2.32	3.25	4.09
10	11	1.05	1.81	2.23	2.28	3.17	3.96
19	20	1.03	1.93	2.09	2.14	2.86	3.45
∞	∞	1.000	1.645	1.960	2.000	2.576	3.000

* 正态分布下，对期望 u，当 $k=1,2,3$ 时，$u \pm k\sigma$ 分别包含分布的 68.27%、95.45%、99.73%.

二、标准不确定度的 B 类分量

在大学物理实验中，B 类不确定度分量一般可根据经验或其他信息进行估计，只要考虑由仪器误差影响及测试条件不符合要求而引起的附加误差等几方面因素即可.

测量不确定度 u_{B1} 与测量方法和测量经验有关，仅针对只进行了一次测量的情况使用. 完全独立的单次测量是没有方差的，因而也就不能获得不确定度. 但这并不是说 u_A 不存在，u_A 其实是存在的，只是不能用贝塞尔公式算出，因为 $n=1$ 时贝塞尔公式是发散的. 在这种情况下，可以根据仪器的分度值 d 对 u_{B1} 进行估计. 如

$$u_{B1} = \frac{d}{a} \qquad (1.4.4)$$

其中 a 根据可能的估读方法进行确定，如最小刻度是 0.5 V 的电压表，可以采用五分之一估读法，则 $a=5$，可以计算得到 $u_{B1}=0.1$ V.

仪器不确定度 u_{B2} 则与仪器种类、级别及使用条件有关，可以参考仪器不确定度的限值 Δ_{ins}，它们之间的关系为

$$u_{B2} = \frac{\Delta_{ins}}{c} \qquad (1.4.5)$$

对于均匀分布的情况,$c=\sqrt{3}$;正态分布,$c=3$;三角分布,则有 $c=\sqrt{6}$.常见的仪器,例如米尺、螺旋测微器、物理天平和秒表的误差分布为正态分布,游标卡尺为均匀分布.

仪器误差 Δ_{ins} 是指在正确使用仪器不产生其他附加误差的条件下所给出的仪器示值的误差限值.各种测量仪器的 Δ_{ins} 通常是由制造厂或计量单位用更精确的量仪、量具经过检定测试并考虑到一定的误差余量后给出的,并作为仪器的重要指标予以标明.

在大学物理实验所用的仪器中,有些仪器仅仅给出准确度等级,则其仪器误差需要根据计算才可以得到.例如指针式电表的仪器误差 Δ_{ins} 是由指针式电表测量时所用满量程值与准确度等级的乘积再除以 100 得到的.表 1.4.2 给出了大学物理实验中常用的一些仪器的误差限.

表 1.4.2 常用实验仪器的误差限

序号	仪器	量程	分度值	误差限
1	钢板尺	150 mm	1 mm	±0.10 mm
		500 mm	1 mm	±0.15 mm
		1 000 mm	1 mm	±0.20 mm
2	钢卷尺	1 m	1 mm	±0.8 mm
		2 m	1 mm	±1.2 mm
3	游标卡尺	125 mm	0.02 mm	±0.02 mm
			0.05 mm	±0.05 mm
4	螺旋测微器	25 mm	0.01 mm	±0.004 mm
5	指针式电表(α 级)			$\alpha\% \times$ 量程
6	数字式多用表(α 级)			$\alpha\% \cdot U_x + \beta\% \cdot U_m$

注:α 与 β 值需查阅说明书获得.

在大学物理实验中,许多测量仪器经过长期使用,已不能达到出厂时所给定的 Δ_{ins} 标准,同时,也很难做到对所使用的每一种仪器确切给出 Δ_{ins} 的值.所以,作为初步的处理方法,可取该仪器的分度值作为 Δ_{ins} 的估值.仪器的分度值有些可以直接读出(例如:米尺的分度值为 0.1 cm),有些则要根据对其感量的测定才能得到(例如:天平、惠斯通电桥).

如果测量是在一种非正常的不利条件下进行,使我们无法保证测量的极限误差在仪器误差或仪器的最小刻度范围内.例如,在弹性模量实验中,测光杠杆的镜面到标尺的距离时,因很难保证米尺的水平放置,故在这样的条件下,就不取仪器的最小刻度为极限误差的估值,而应根据具体测量条件取更大的值,例如取 0.5 cm 作为极限误差的估值.在这样的情况下,A 类不确定度 u_A 及 B 类不确定度的分量

u_{B2} 均可以忽略不计.

【例 1.4.1】　用螺旋测微器作单次测量,螺旋测微器的误差限值 $\Delta_{ins} \approx$ 0.000 4 cm,因而可求得不确定度的 B 类分量 u_B 的估值为

$$u_{B2} = \frac{\Delta_{ins}}{\sqrt{3}} \approx \frac{0.000\ 4}{\sqrt{3}}\ cm = 0.000\ 23\ cm$$

三、标准不确定度的合成

用方和根的方法将标准不确定度的 A 类分量和 B 类分量合成,即可得到测量结果的标准不确定度 u,对应的置信概率 $P_\alpha = 0.683$.

1. 单次直接测量的标准不确定度由测量不确定度 u_{B1} 和仪器不确定度 u_{B2} 合成得到:

$$u(x) = \sqrt{u_{B1}^2(x) + u_{B2}^2(x)} \quad (P_\alpha = 0.683) \tag{1.4.6}$$

2. 多次直接测量的标准不确定度由 A 类不确定度 u_A 和仪器不确定度 u_{B2} 合成得到:

$$u(x) = \sqrt{u_A^2(x) + u_{B2}^2(x)} \quad (P_\alpha = 0.683) \tag{1.4.7}$$

四、测量结果的有效位数应与不确定度对齐

不确定度本身是估计的欠准数字,根据有效数字的概念,一般只保留一位欠准数字,所以不确定度一般只取一位有效数字,至多取两位(当不确定度的第一位数字较小,例如"1、2、3",利用尾数取舍法处理引起的附加不确定度在整个不确定度中占的百分比较大时,可保留两位),多余的尾数则采取"4 舍 6 入 5 凑偶"的原则取舍.而测量结果的有效数字的最后位应与不确定度对齐,多余尾数的取舍原则同上.现举例说明如下.

【例 1.4.2】　多次测量某物体的长度,其算术平均值的计算结果 $\bar{x} = 7.543$ cm,进行不确定度评定,所得计算结果为 $u(\bar{x}) = 0.063$ cm.

根据有效数字的规则,不确定度应保留一位有效数字,则不确定度为 $u(\bar{x}) = 0.06$ cm.长度测量结果有效数字的最后位数位应与不确定度一致,因而 $\bar{x} = 7.54$ cm.最终结果可表示为

$$x = (7.54 \pm 0.06)\ cm$$

若以上不确定度评定计算结果为 $u(\bar{x}) = 0.012$ cm,则因该结果中第一位有效数字为"1",因而不确定度保留两位有效数字.此时最终结果表示为

$$x = (7.543 \pm 0.012)\ cm$$

在上例中,测量结果的最后一位数位均应与不确定度一致.但在对间接测量量的中间运算过程中,$\bar{x}$、$u(\bar{x})$ 的位数允许多保留一位,使最后结果更合理些.

五、相对不确定度与百分差

1. 相对不确定度

在对不同测量结果进行比较时,单就不确定度的大小还不能客观全面地评价测量结果的优劣. 例如,测量两个物体的长度,得到如下的结果:

$$L_1 = (1\ 000 \pm 1)\ \text{m}$$

$$L_2 = (1.00 \pm 0.01)\ \text{m}$$

如果单从不确定度的大小来看,则 $\Delta L_1 (=1\ \text{m}) > \Delta L_2 (=0.01\ \text{m})$,但从不确定度所占整个测量结果的百分比来看,前者为 0.1%,后者为 1%,反而是前者测量质量高. 所以,为评价与比较不同尺度的不确定度结果,需要引入相对不确定度的概念.

相对不确定度的定义是

$$E = \frac{u(\bar{x})}{\bar{x}} \times 100\% \tag{1.4.8}$$

E 就是相对不确定度,它表示不确定度在整个待测量中所占的百分比,用百分数表示.

在表示测量的最后结果时,既要写出不确定度,又要写出相对不确定度,两者从不同的角度反映了测量结果的误差属性. 在实验报告中,最后测量结果写成如下的标准形式为好:

$$x = [\bar{x} \pm u(\bar{x})]\ \text{单位}, \quad E = \frac{u(\bar{x})}{\bar{x}} \times 100\% \tag{1.4.9}$$

例如,测得某物体的密度为

$$\rho = (7.91 \pm 0.03)\ \text{g/cm}^3, \quad E = \frac{0.03}{7.91} \times 100\% = 0.4\%$$

2. 百分差

在实验中,为反映测量值和公认值(或理论值)的偏离程度,还可以用百分差. 百分差是将测量值 x 和公认值(或理论值)x_0 比较得到的,如果用 P 表示百分差,则

$$P = \frac{|x - x_0|}{x_0} \times 100\% \tag{1.4.10}$$

例如,上海地区重力加速度的公认值为 $g_0 = 979.4\ \text{cm/s}^2$,而测量值为 $g = 984.6\ \text{cm/s}^2$,则百分差为

$$P = \frac{|g - g_0|}{g_0} \times 100\% = 0.5\%$$

【例1.4.3】 用游标卡尺测一棒的直径 d，得

测量次数	1	2	3	4	5	6
d/cm	1.515	1.510	1.520	1.515	1.510	1.515

已知游标卡尺的仪器误差限取 $\Delta_{\text{ins}} = 0.005 \text{ cm}$，试计算算术平均值和不确定度.

解：计算得

$$\bar{d} = 1.514 \text{ cm}, \quad S_{\bar{d}} = 0.002 \text{ cm}$$

则不确定度为

$$u(\bar{d}) = \sqrt{0.002^2 + \left(\frac{0.005}{\sqrt{3}}\right)^2} \text{ cm} = 0.003\,51 \text{ cm} \approx 0.004 \text{ cm}$$

相对不确定度为

$$E = \frac{u(\bar{d})}{\bar{d}} \times 100\% = \frac{0.004}{1.514} \times 100\% = 0.26\%$$

最后的测量结果表示为

$$d = (1.514 \pm 0.004) \text{ cm}(P_{\alpha} = 0.683), E = 0.26\%$$

§1.5 间接测量结果的不确定度评定

间接测量是通过对某些物理量的直接测量再由相关公式计算得到的. 由于各直接测量量有误差, 这些误差必然影响到间接测量量. 不确定度传递就是研究直接测量量的不确定度对最后结果的影响. 处理不确定度传递的数学基础可以归结为数学中的全微分问题.

若间接测量量 N 为互相独立的直接测量值 $x, y, z, \cdots$ 的函数, 即 $N = f(x, y, z, \cdots)$, 且 $x, y, z, \cdots$ 的最佳估计值为 $\bar{x}, \bar{y}, \bar{z}, \cdots$, 它们的标准不确定度为 $u(\bar{x}), u(\bar{y}), u(\bar{z}), \cdots$, 则间接测量量 N 的最佳估计值为

$$\bar{N} = f(\bar{x}, \bar{y}, \bar{z}, \cdots) \tag{1.5.1}$$

N 的标准不确定度为

$$u(\bar{N}) = \sqrt{\left(\frac{\partial f}{\partial x}\right)^2 u^2(\bar{x}) + \left(\frac{\partial f}{\partial y}\right)^2 u^2(\bar{y}) + \left(\frac{\partial f}{\partial z}\right)^2 u^2(\bar{z}) + \cdots} \tag{1.5.2}$$

即方和根的合成形式. 对于由直接测量量以乘除或幂函数形式构成的关系式, 则对函数关系先求对数, 再求相对不确定度较方便, 其公式如下

$$\frac{u(N)}{N} = \sqrt{\left(\frac{\partial \ln f}{\partial x}\right)^2 u^2(\bar{x}) + \left(\frac{\partial \ln f}{\partial y}\right)^2 u^2(\bar{y}) + \left(\frac{\partial \ln f}{\partial z}\right)^2 u^2(\bar{z}) + \cdots} \tag{1.5.3}$$

根据 (1.5.2) 式和 (1.5.3) 式, 可以推导出常用函数关系式的标准偏差传递公式如表 1.5.1 所示.

表 1.5.1 常用函数关系的标准不确定度传递公式

序号	函数关系式	标准不确定度的传递公式
1	$N = x \pm y$	$u(\bar{N}) = \sqrt{u^2(\bar{x}) + u^2(\bar{y})}$
2	$N = x \cdot y$ $N = \dfrac{x}{y}$	$\dfrac{u(\bar{N})}{\bar{N}} = \sqrt{\left(\dfrac{u(\bar{x})}{\bar{x}}\right)^2 + \left(\dfrac{u(\bar{y})}{\bar{y}}\right)^2}$
3	$N = \dfrac{x^k y^m}{z^n}$	$\dfrac{u(\bar{N})}{\bar{N}} = \sqrt{\left(k\dfrac{u(\bar{x})}{\bar{x}}\right)^2 + \left(m\dfrac{u(\bar{y})}{\bar{y}}\right)^2 + \left(n\dfrac{u(\bar{z})}{\bar{z}}\right)^2}$
4	$N = kx$	$u(\bar{N}) = ku(\bar{x}), \quad \dfrac{u(\bar{N})}{\bar{N}} = \dfrac{u(\bar{x})}{\bar{x}}$
5	$N = \sqrt[k]{x}$	$\dfrac{u(\bar{N})}{\bar{N}} = \dfrac{1}{k}\dfrac{u(\bar{x})}{\bar{x}}$
6	$N = \sin x$	$u(\bar{N}) = |\cos \bar{x}| u(\bar{x})$
7	$N = \ln x$	$u(\bar{N}) = \dfrac{u(\bar{x})}{\bar{x}}$

NOTE

在对测量结果进行不确定度评定的时候,可以采用如下的步骤:

1. 计算各直接测量量的最佳估计值以及其对应的不确定度.

2. 利用物理量之间的函数关系计算间接测量量的最佳估计值.

3. 对物理量之间的函数关系 $\bar{N}=f(\bar{x},\bar{y},\bar{z},\cdots)$ 求全微分(物理量之间为加减关系)或先求对数再求全微分(物理量之间为乘除关系).

4. 根据全微分方程写出不确定度的计算式.

5. 计算间接测量量的不确定度,并写出完整的表达式.

【例1.5.1】 采用物理天平、钢尺和游标卡尺测量某有机玻璃圆柱体的密度.已知物理天平的最小分度值为 0.05 g,采用五分之一估读法,不确定度限值为 0.06 g;钢尺的分度值为 0.1 cm,估读 1/10 分度,不确定度限值为 0.01 cm;游标卡尺的分度值为 0.002 cm,不确定度限值为 0.002 cm.测量结果如下:圆柱体的质量 $m=288.90$ g;$H=H_2-H_1$,其中,$H_1=4.00$ cm,$H_2=23.50$ cm;圆柱体的直径 D 为多次测量,数据如表 1.5.2 所示:

表 1.5.2 直径 D

测量次数	1	2	3	4	5	6	7	8	9
D/mm	39.90	39.88	39.94	39.88	39.90	39.90	39.92	39.88	39.90

根据上述数据,计算该圆柱体的密度及其不确定度.

解:(1)圆柱体的质量

$$m=288.90 \text{ g}$$

用物理天平测量圆柱体质量时,仅测量了一次,因而在计算圆柱体质量的不确定度时,仅考虑 B 类不确定度的测量不确定度和仪器不确定度.

$$u(m)=\sqrt{u_{B1}^2(m)+u_{B2}^2(m)}=\sqrt{\left(\frac{0.05}{5}\right)^2+\left(\frac{0.06}{\sqrt{3}}\right)^2} \text{ g}=0.036 \text{ g}$$

(2)圆柱体的高度

$$H=H_2-H_1=23.50-4.00 \text{ cm}=19.50 \text{ cm}$$

圆柱体的高度是由 H_2 和 H_1 的差值获得,H_2 和 H_1 在读数时都会引入测量不确定度,因而圆柱体高度测量结果的不确定度需要由 H_2 和 H_1 的不确定度进行合成.

$$u(H)=\sqrt{2\left(u_{B1}(H)\right)^2+\left(u_{B2}(H)\right)^2}=\sqrt{2\times(0.01)^2+\left(\frac{0.01}{\sqrt{3}}\right)^2} \text{ cm}=0.015 \text{ cm}$$

(3)圆柱体的直径

$$\bar{D} = \frac{\sum\limits_{i=1}^{10} D_i}{9} = 39.90 \text{ mm}$$

圆柱体的直径采用了多次测量,首先计算圆柱体直径的 A 类不确定度:

$$u_A(\bar{D}) = \sqrt{\frac{\sum\limits_{i=1}^{10}(D_i-\bar{D})^2}{9\times(9-1)}} = 0.006\ 7 \text{ mm}$$

圆柱体直径的不确定度由 A 类不确定度和 B 类不确定度中的仪器不确定度合成:

$$u(\bar{D}) = \sqrt{(u_A(\bar{D}))^2 + (u_{B2}(\bar{D}))^2} = \sqrt{(0.006\ 7)^2 + \left(\frac{0.02}{\sqrt{3}}\right)^2} \text{ mm} = 0.013 \text{ mm}$$

(4)由上面的数据可求得圆柱体的密度

$$\rho = \frac{m}{V} = \frac{4m}{\pi D^2 H} = \frac{4\times288.90}{3.141\ 6\times(3.990)^2\times19.50} \text{ g/cm}^3 = 1.185 \text{ g/cm}^3$$

对于乘除类运算,先计算相对不确定度较为简便.首先对密度的运算公式取对数,可得

$$\ln\rho = \ln\frac{4m}{\pi} - 2\ln D - \ln H$$

再进行微分,可得

$$\frac{d\rho}{\rho} = \frac{dm}{m} - 2\frac{dD}{D} - \frac{dH}{H}$$

因而可得圆柱体密度的相对不确定度为

$$\frac{u(\rho)}{\rho} = \sqrt{\left(\frac{u(m)}{m}\right)^2 + \left(2\frac{u(\bar{D})}{\bar{D}}\right)^2 + \left(\frac{u(H)}{H}\right)^2}$$

$$= \sqrt{\left(\frac{0.036}{288.90}\right)^2 + \left(2\times\frac{0.013}{39.90}\right)^2 + \left(\frac{0.015}{19.50}\right)^2}$$

$$= \sqrt{1.56\times10^{-8} + 4.24\times10^{-7} + 5.92\times10^{-7}} = 0.10\%$$

不确定度为

$$u(\rho) = \frac{u(\rho)}{\rho}\times\rho = 0.10\% \times 1.185 \text{ g/cm}^3 = 0.001\ 1 \text{ g/cm}^3$$

实验结果为

$$\rho \pm u(\rho) = (1.185\ 0 \pm 0.001\ 1)\text{g/cm}^3 \quad (P_\alpha = 0.683) \quad E = 0.10\%$$

习题

一、指出下列原因引起的误差属于哪种类型误差？

1. 米尺的毫米刻度均比标准的 1 mm 长 Δx.

2. 螺旋测微器测量长度前未做初读数校正.

3. 在使用欧姆表测量电阻的时候，没有对欧姆表进行调零.

4. 在使用弹簧测力计测量拉力时，多次测量所得结果略有不同.

5. 在使用电子天平测量质量时，没有首先对电子天平进行调零.

6. 用电压表多次测量某一稳定电压值时，各次读数彼此不同.

7. 在使用打点计时器时，交流电源的频率略高于 50 Hz.

二、指出下列各测量量有效数字有几位：

1. 7.813；　　　2. 220.30；　　　3. 1 000.1；

4. 0.017 0；　　5. 2.10×10^6；　　6. $\lambda = 5\ 890.20$ Å；

三、指出下列测量结果记录方式中的错误，并予以改正.

1. 长度 $L = (38.43 \pm 0.85)$ cm.

2. 质量 $m = (64.215 \pm 0.01)$ g.

3. 电阻 $R = (74.19 \pm 0.135)$ Ω.

4. 面积 $S = 72.15$ cm^2，$E = 6\%$.

5. 周期 $T = (56.60 \pm 4.5)$ s.

6. 温度 $t = (21 \pm 0.2)$ ℃.

四、按有效数字的运算法则计算下列各式

1. $28.661 - 20.06$

2. 78.65×10.0

3. $20.0^2 \times 3.142$

4. $\dfrac{99.8}{2.000^2}$

5. $\dfrac{12.65 - 8.75}{13.50 - 8.75}$

6. $50.0^2 \times \dfrac{3\ 265 - 1\ 563}{12.6^2 - 10.5^2}$

五、试推导出如下测量问题中的不确定度传递公式：

1. 测量透镜的焦距 f，测量量为物距 u 和像距 v. 焦距的计算式为

$$\frac{1}{f} = \frac{1}{u} + \frac{1}{v}$$

2. 测量重力加速度 g，采用单摆法，测量量为摆长 L 和摆动周期 T. 重力加速度

的计算式为

$$g = 4\pi^2 \frac{L}{T^2}$$

3. 测量玻璃的折射率 n，测量量为入射角 i 和折射角 r. 折射率的计算式为

$$n = \frac{\sin i}{\sin r}$$

4. 测量上端镂空的圆柱体的体积 V，测量量为圆柱体的半径 a 和高 H，以及上端镂空圆柱体的半径 b 和高 h. 体积的计算式为

$$V = \pi a^2 H - \pi b^2 h \, (a > b)$$

5. 测量某作匀变速直线运动物体的加速度 a，测量量为运动物体的初速度 v_0 和末速度 v，以及两者之间相对应的距离 s. 加速度的计算公式满足

$$v^2 = v_0^2 + 2as$$

6. 用流体静力称衡法测量固体的密度，测量量为固体在空气中的质量 m，在水中的质量 m_1，已知水的密度为 ρ_0，固体密度的计算公式为

$$\rho = \frac{m}{m - m_1} \rho_0$$

六、某同学用电子天平、螺旋测微器和游标卡尺测量一个合金圆柱体的密度. 已知电子天平的最小指示值为 0.01 g，不确定度限值为 0.04 g. 螺旋测微器的最小刻度为 0.01 mm，不确定度限值为 0.004 mm；游标卡尺的最小刻度为 0.02 mm，不确定度限值为 0.02 mm. 用螺旋测微器和游标卡尺分别在不同位置测量圆柱体的直径和高，所得结果如表 1.6.1 所示. 用电子天平称圆柱体的质量，$m = 15.00$ g，只称一次.

表 1.6.1　合金圆柱体的直径 D 和高 H

D/mm	10.502	10.488	10.516	10.480	10.495	10.470
H/mm	20.00	20.02	19.98	20.00	20.00	20.02

试求合金圆柱体的密度，并计算其不确定度.

七、某同学测量金属丝的电阻率. 金属丝直径的测量采用螺旋测微器，在金属丝不同位置分别测量了 10 次，所得结果如表 1.6.2 所示，已知螺旋测微器的分度值为 0.01 mm，不确定度限值为 0.004 mm；测量金属丝的长度用毫米刻度尺，采用十分之一估读法，不确定度限值为 0.01 cm，因为金属丝较长，测量时将金属丝平均折为 5 段，每段测量结果为 0.664 8 m；金属丝的电阻采用三位半的数字欧姆表直接测量，测量结果为 18.6 Ω.

表 1.6.2 金属丝直径的测量(螺旋测微器初读数 −0.005 mm)

测量次数	1	2	3	4	5	6	7	8	9	10
直径/mm	0.360	0.358	0.357	0.362	0.360	0.361	0.359	0.360	0.359	0.361

1. 在测量金属丝直径时,重复 10 次数据均有差异,这是什么误差? 如果不作初读数校正,将会引入什么误差? 试求出金属丝直径的平均值及不确定度.

2. 试对金属丝长度进行不确定度评定.

3. 试求出金属丝的电阻率,并对计算结果进行不确定度评定.

第二章 数据处理

在实验中,要从记录下来的原始测量数据中,寻求相关量的关系或验证某种规律,还必须对原始数据作适当的处理和计算,从而提取出包含在原始数据中与所研究问题相关的正确信息和结论.这种对原始数据的计算和加工过程称为数据处理.

数据处理方法不仅仅是一种实验数据的处理方法,也是一种指导实验数据采集的方法.在实验前,实验者可以预先思考数据处理所要使用的方法,然后根据相应的需求采集数据,从而使得数据采集更加有效和规范.

§2.1 列表法

在数据记录和处理的过程中,将数据以表格的方式呈现,不仅有助于实验者从数据中检查和发现实验中的问题,也有助于实验者寻求物理量之间的相关关系.列表法是一种基本的数据处理方法.

设计记录表格应注意如下原则:

1. 表格中所列物理量应按照变量由小变大或由大变小的顺序进行排列,且应统一在列或行的标题栏中标明其名称和单位.

2. 表格中所记录的数据要符合有效数字的原则.

3. 表格中应记下测量表格中各量所用的仪器及其规格,以及环境条件.

例如,在光敏电阻的伏安特性实验中,电源电压与取样电阻两端电压的测量数据如表 2.1.1 所示.另外,实验过程中的实验条件、数据处理过程中的中间数据、运算结果也在表 2.1.1 中作了呈现.

表 2.1.1　光敏电阻的伏安特性实验数据

光源电压 18.00 V,光源与光敏电阻的距离:50 mm,光照度:300 lx,取样电阻 1.000 kΩ.

序号	电源电压/V	取样电阻 两端电压/V	光敏电阻 两端电压/V	光电流/mA
1	2.000	0.595	1.405	0.595
2	4.000	1.173	2.827	1.173
3	6.000	1.792	4.208	1.792
4	8.000	2.371	5.629	2.371
5	10.000	3.052	6.948	3.052
6	12.000	3.642	8.358	3.642

§2.2 作图法

作图法可以形象直观地将各物理量的测量数据在坐标图上表示出来,有利于实验者获得两个变量之间的关系.在某些情况下,利用图线还可以获得在实际实验时无法直接测量的数据.

一、实验图线绘制

实验者在进行作图时,一般应该采用规范的坐标纸用铅笔绘制,在有条件的情况下,也可以采用计算机绘制.作图时有如下的基本步骤或规范:

1. 图纸的选择

作图最常用的是毫米方格纸.有时也可以根据图示变量之间的关系选用单对数坐标纸、双对数坐标纸或极坐标纸.切忌采用手绘的方法在白纸上获得坐标纸的图样.

2. 绘制坐标轴

应以自变量作横坐标(x 轴),应变量作纵坐标(y 轴),注明坐标轴代表的物理量的符号和单位.在绘制坐标轴时,坐标轴的起点坐标不一定为零.

3. 图纸大小的选择

根据测量数据的变化范围和其有效位数决定,原则是使作出的图线布满整个图纸.坐标比例选择的原则是测量数据中的可靠数字在图中也应是可靠的,而最后一位欠准数字在图中亦是估计的,即不要因作图而引入额外的误差.坐标比例宜取 $1:1$、$1:2$ 或 $1:5$ 等,一般不取 $1:3$、$1:7$ 等,因为这样不便在图上标出实验点.

坐标比例确定后,坐标轴上应标上整数值的标度.

4. 实验点的标记

在作图纸上清晰地标出实验点.常用来标记实验点的符号有"+""⊙""△""×"等.如果同一张图纸上画两条以上的图线,则必须用不同的标记符号加以区分.

5. 图线的描绘

每个实验点均含有一定的误差,因而连成的图线不可能通过每个实验点.原则是连成一根光滑的图线,使其通过较多的实验点,但不能连成折线.对于不在图线上的点,应使它们均匀分布在图线两侧.

6. 图的注解和说明

在图的上方空白区域写出图线的名称及必要的条件,并可注明由图线求得的某些有用的参量,例如斜率、截距等.

图 2.2.1 给出了不恰当的作图案例,在该图中,坐标轴从 0 开始,导致图线仅

位于图中一部分区域,图纸有效利用范围小,另外还用折线将每一个点串在一起,没有画出最优的直线.

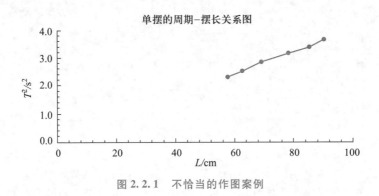

图 2.2.1　不恰当的作图案例

二、作图法的应用

利用已作好的图线,可以定性地求得待测量或得出相关量的经验公式.

1. 求经验公式. 对于两个物理量之间是线性关系的,可以通过图线求出两个物理量之间的函数关系,具体方法为:

首先,求出直线的斜率. 在直线上找到两个非实验点,读出其坐标值 $A(x_1, y_1)$、$B(x_2, y_2)$,注意这两个点,并且要在实验数据范围内距离尽可能远,且这两个点所对应的纵横坐标中至少有一个是整数. 此时其斜率为

$$b = \frac{y_2 - y_1}{x_2 - x_1} (单位)\qquad(2.2.1)$$

其次,求出直线的截距为

$$a = \frac{x_2 y_1 - x_1 y_2}{x_2 - x_1} (单位)\qquad(2.2.2)$$

则直线方程为

$$y = a + bx\qquad(2.2.3)$$

【例 2.2.1】　对 2.1 节表 2.1.1 的数据作图,并求出所示直线的经验公式.

解:对 2.1 节表 2.1.1 的结果作图,如图 2.2.2 所示. 在图上找出两个距离足够远的点 $A(2.00, 0.89)$ 和 $B(8.00, 3.49)$,则它的斜率和截距分别为

$$b = \frac{3.49 - 0.89}{8.00 - 2.00} \text{ mA/V} = 0.433 \text{ mA/V}$$

$$a = \frac{8.00 \times 0.89 - 3.49 \times 2.00}{8.00 - 2.00} \text{ mA} = 0.023 \text{ mA}$$

所以光敏电阻的伏安特性为

$$I = 0.439U + 0.023 \text{ (mA)}$$

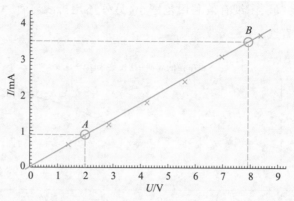

图 2.2.2　光敏电阻的伏安特性曲线

2. 利用外推法,即通过对测得的实验曲线延长的方法,求得那些实际上难于测量的点的值,例如 $x=0$ 或 $y=0$ 等点.例如在利用气垫导轨验证牛顿第一定律时,实验中获得了一系列斜面高度下的加速度值,它们满足关系 $a=g\dfrac{h}{L}$.在作图纸上作出 $a-h$ 关系图后,将该直线延长至 $h=0$,即可以得到没有外力时滑块的加速度,从而验证牛顿第一定律.

3. 曲线改直.对于两个物理量之间是非线性关系的,则需要对物理量之间的关系进行变换,在作图纸上作出直线,从而可以方便求出斜率和截距.例如,单摆的摆长和周期之间的关系为 $T=2\pi\sqrt{\dfrac{L}{g}}$,$T$ 和 L 之间的关系是非线性的.在实验中测得一组 T 和 L 数据后,可以将周期的数据求平方即 T^2,从而所得数据满足 $T^2=4\pi^2\dfrac{L}{g}$,即 T^2 和 L 之间为线性关系,其斜率为 $k=\dfrac{4\pi^2}{g}$.

【例 2.2.2】　透镜物距和像距满足公式 $\dfrac{1}{a}+\dfrac{1}{b}=\dfrac{1}{f}$,测量获得一系列像距 a 和物距 b,如表 2.2.1 所示,用作图法求出透镜的焦距.

表 2.2.1　透镜的物距-像距数据表

序号	1	2	3	4	5	6	7	8	9
像距 a/cm	100.00	60.00	30.00	25.00	20.00	17.00	15.00	12.00	11.20
物距 b/cm	11.20	12.50	15.00	16.70	20.50	25.00	30.00	60.00	100.00

解:以物距 b 为横坐标,像距 a 为纵坐标作图,得到图 2.2.3.

由该图可知,不能直接从图上获得透镜的焦距.

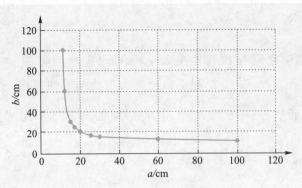

图 2.2.3　透镜的物距–像距图

因此计算出 $\dfrac{1}{a}$ 和 $\dfrac{1}{b}$，以 $x=\dfrac{1}{a}$ 为横坐标，$y=\dfrac{1}{b}$ 为纵坐标作图，则 $x+y=\dfrac{1}{f}$，作 y–x 图，如图 2.2.4 所示，则截距为 $\dfrac{1}{f}$.

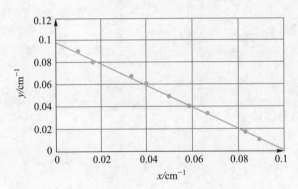

图 2.2.4　进行数据处理后的物距的倒数–像距的倒数图

按照例 2.2.1 的处理方法，获得经验公式 $y=-0.983\ 5x+0.098\ 4$，故得

$$f=\frac{1}{0.098\ 4}\ \text{cm}=10.2\ \text{cm}$$

最后需要指出的是，图解法在数据描点、画直线的过程中具有一定的随机性，求出的斜率会引入附加的误差，因而在图解法求得斜率和截距时，一般不计算不确定度.

§2.3　逐差法

若两个物理量之间存在线性关系 $y = a + bx$，实验测得的一列对应数据为 $x_1, x_2, \cdots, x_n$ 和 $y_1, y_2, \cdots, y_n$. 把测量数据分为前后相等的两组，若 n 为偶数，则前 $\frac{n}{2}$ 为一组，后面从 $\frac{n}{2}+1$ 到 n 为一组，把后组的测量量依次减去前组对应的测量量，即有

$$\Delta y_1 = y_{\frac{n}{2}+1} - y_1 = b\left(x_{\frac{n}{2}+1} - x_1\right)$$

$$\Delta y_2 = y_{\frac{n}{2}+2} - y_2 = b\left(x_{\frac{n}{2}+2} - x_2\right)$$

$$\cdots$$

$$\Delta y_{\frac{n}{2}} = y_n - y_{\frac{n}{2}} = b\left(x_n - x_{\frac{n}{2}}\right)$$

将以上各式求和再取平均数即可求得 b，有

$$b = \frac{\overline{\Delta y}}{\left(x_{\frac{n}{2}+i} - x_i\right)} = \frac{\sum\limits_{i=1}^{\frac{n}{2}} \left(y_{\frac{n}{2}+i} - y_i\right)}{\sum\limits_{i=1}^{\frac{n}{2}} \left(x_{\frac{n}{2}+i} - x_i\right)} \quad \left(i \text{ 取 } 1, 2, 3, \cdots, \frac{n}{2}\right) \tag{2.3.1}$$

求得 b 后，可以用累加法求 a，即

$$\sum_{i=1}^{n} y_i = na + b \sum_{i=1}^{n} x_i \tag{2.3.2}$$

所以

$$a = \frac{\sum\limits_{i=1}^{n} y_i - b \sum\limits_{i=1}^{n} x_i}{n} \quad (i \text{ 取 } 1, 2, 3, \cdots, n)$$

以上处理数据的方法称为逐差法. 在使用逐差法处理数据时，可以采用简化的方法处理不确定度. 该简化方法为，将 $y_{\frac{n}{2}+i} - y_i$ 近似看作等精度多次测量，按等精度多次测量计算 $y_{\frac{n}{2}+i} - y_i$ 的 A 类不确定度，按不确定度传递公式计算 B 类不确定度，然后计算 $y_{\frac{n}{2}+i} - y_i$ 的合成不确定度.

在使用逐差法处理数据时，每个测量数据均参与了运算，这一方面实现了对数据的充分利用，另一方面由于无法识别单个数据点的优劣，因而如果测量过程中存在异常数据，则会对结果造成较大影响.

【例 2.3.1】 测定钢丝弹性模量实验中,已知所加砝码的质量 m 与钢丝伸长引起的光杠杆标尺读数的变化 l 成正比,测得的砝码质量 m 与标尺相应的读数如表 2.3.1 所示,试用逐差法求 l 与 m 的线性比例系数 b.

表 2.3.1 数 据 表

i	m_i/kg	x_i/cm	$l(=x_{i+5}-x_i)/\text{cm}$
1	1.00	-2.20	3.50
2	1.50	-1.50	3.40
3	2.00	-0.79	3.46
4	2.50	-0.10	3.46
5	3.00	0.62	3.43
6	3.50	1.30	
7	4.00	1.90	
8	4.50	2.67	
9	5.00	3.36	
10	5.50	4.05	

解:把 10 次测量结果分成前后两组,逐次相减求平均数得

$$\overline{\Delta m}=\frac{1}{5}\left[(m_6-m_1)+(m_7-m_2)+\cdots+(m_{10}-m_5)\right]\text{kg}=2.50\text{ kg}$$

$$\bar{l}=\frac{1}{5}\left[(x_6-x_1)+(x_7-x_2)+\cdots+(x_{10}-x_5)\right]\text{cm}=3.45\text{ cm}$$

所以

$$b=\frac{\bar{l}}{\overline{\Delta m}}=\frac{3.45}{2.50}\text{cm/kg}=1.380\text{ cm/kg}$$

$$a=\frac{\sum\limits_{i=1}^{10}x_i-b\sum\limits_{i=1}^{10}m_i}{n}=\frac{9.31-1.38\times32.50}{10}\text{ cm}=-3.554\text{ cm}$$

求得的 l 与 m 的线性关系式为

$$l=-3.554+1.380\ m$$

下面讨论逐差法情况下比例系数 b 的不确定度评定.

将 $l=x_{i+5}-x_i$ 近似为多次等精度测量,则其分布符合统计规律,其 A 类不确定度为

$$u_A(l)=\sqrt{\frac{\sum\limits_{i=1}^{n}\left[(l_i)-\bar{l}\right]^2}{n(n-1)}}=0.016\text{ cm}$$

考虑直尺的读数为正态分布,其误差限为 $\Delta = 0.05$ cm,$u_B(l) = \dfrac{\Delta}{3} = 0.017$ cm.

所以

$$u(l) = \sqrt{0.016^2 + 0.017^2}\ \text{cm} = 0.023\ \text{cm}$$

对于砝码质量,它的 B 类不确定度为

$$u_B(\Delta m) = \frac{\Delta m}{3} = \frac{0.005}{3}\ \text{kg} = 0.001\ 7\ \text{kg}$$

因为 $b = \dfrac{\bar{l}}{\Delta m}$,故有

$$\frac{U(b)}{b} = \sqrt{\left(\frac{u(l)}{\bar{l}}\right)^2 + \left(\frac{u_B(\Delta m)}{\Delta m}\right)^2} = \sqrt{\left(\frac{0.023}{3.45}\right)^2 + \left(\frac{0.001\ 7}{2.50}\right)^2} = 0.006\ 7$$

$$U(b) = 1.380 \times 0.006\ 7\ \text{cm/kg} = 0.009\ \text{cm/kg}$$

所以有

$$b = (1.380 \pm 0.009)\ \text{cm/kg}$$

§2.4 最小二乘法

采用图解法和逐差法对满足线性关系的 x 与 y 进行处理时,获得直线的斜率和截距并不是最优的,因而需要考虑更为优化的线性拟合方法.

设研究的两个变量 x 与 y 存在线性关系 $y = a + bx$,实验测得的一列对应数据为 $x_1, x_2, \cdots, x_n$ 和 $y_1, y_2, \cdots, y_n$,这些点在坐标系中的分布如图 2.4.1 所示.

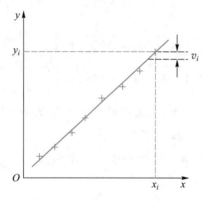

图 2.4.1 最小二乘法示意图

测量数据 x 和 y 具有一定的误差,假设 x 的误差可以忽略不计,仅考虑 y 的测量误差.将测量获得的数据代入 $y = a + bx$ 中,若要使等式成立,就必须加入偏差项 v,即写成

$$y_i - (a + bx_i) = v_i \quad (i = 1, 2, 3 \cdots, n) \tag{2.4.1}$$

这里的未知数是 a、b、v_i 等,所以不能解出 a、b 值. 为了达到作图法中"使测量点均匀分布在直线两边"的效果,应使图 2.4.1 中各测量点沿垂直于 x 轴的方向到该直线的距离的平方和最小,即按最小二乘法原理,要求上列各式偏差的平方和应为最小,即下式的 Q 取最小值.

$$Q = \sum_{i=1}^{n} v_i^2 = \sum_{i=1}^{n} (y_i - a - bx_i)^2 \tag{2.4.2}$$

Q 取最小值的条件是

$$\begin{cases} \dfrac{\partial Q}{\partial a} = 0, \dfrac{\partial Q}{\partial b} = 0 \\[2mm] \dfrac{\partial^2 Q}{\partial a^2} > 0, \dfrac{\partial^2 Q}{\partial b^2} > 0 \end{cases}$$

故有

$$\begin{cases} \dfrac{\partial Q}{\partial a} = -2 \sum_{i=1}^{n} (y_i - a - b x_i) = 0 \\ \dfrac{\partial Q}{\partial b} = -2 \sum_{i=1}^{n} (y_i - a - b x_i) x_i = 0 \end{cases} \tag{2.4.3}$$

该方程组常称为正规方程. 解之可求得 Q 为极小条件下参量 a、b 的值, 其称为最佳拟合值, 并用 $\hat{a}$、$\hat{b}$ 表示, 其解出结果为

$$\begin{cases} \hat{a} = \dfrac{\sum x_i^2 \sum y_i - \sum x_i \sum x_i y_i}{n \sum x_i^2 - (\sum x_i)^2} \\ \hat{b} = \dfrac{n \sum x_i y_i - \sum x_i \sum y_i}{n \sum x_i^2 - (\sum x_i)^2} \end{cases} \tag{2.4.4}$$

进一步计算, 当 a、b 取 (2.4.4) 式的值时, 有 $\dfrac{\partial^2 Q}{\partial a^2} > 0, \dfrac{\partial^2 Q}{\partial b^2} > 0$, 故 (2.4.4) 式中的 a、b 即为满足最小二乘法原理所求得的最佳拟合直线的两个参量. 将 a、b 的值代入 (2.4.1) 式, 最佳拟合直线就确定了.

变量 x 与 y 间线性关系的优劣程度在一定程度上可以使用相关系数 r 来反应. 相关系数的计算式如下:

$$r = \frac{\sum (x_i - \bar{x})(y_i - \bar{y})}{[\sum (x_i - \bar{x})^2 \sum (y_i - \bar{y})^2]^{1/2}} \tag{2.4.5}$$

相关系数 r 之值在 ± 1 之间, r 值越接近 1, 说明测量数据越紧靠所求的直线; 相反, 如果 r 值偏离 1 越大, 说明 x、y 之间的线性越差. $r = 0$, 则表示 x 与 y 完全不相关. 图 2.4.2(a)、(b)、(c)、(d) 表示了在不同情况下的 r 值.

实验中常需要计算最佳拟合值 a 和 b 的不确定度. 因为已经假设 x 的误差可以忽略不计, 仅考虑 y 的测量误差, 同时假设 y 在测量时所用的仪器不确定度远小于其 A 类不确定度, 经过一定的计算, 则可以获得 $\hat{a}$ 和 $\hat{b}$ 的 A 类不确定度的表达式如下:

$$\begin{cases} u_A(b) = \dfrac{S_y}{\sqrt{\sum x_i^2 - \dfrac{(\sum x_i)^2}{n}}} \\ u_A(a) = S_y \sqrt{\dfrac{\sum x_i^2}{n \sum x_i^2 - (\sum x_i)^2}} \end{cases} \tag{2.4.6}$$

其中 $S_y = \sqrt{\dfrac{\sum (y_i - (a + b x_i))^2}{n-2}}$, 为测量数据 y 的标准偏差.

利用 (2.4.4)—(2.4.6) 式进行计算较为繁琐, 工作量巨大, 容易出现计算上的错误. 现在许多计算器都具有了最小二乘法的直线拟合功能. 只要在计算器上使用

该功能,同时输入 x 与 y 的测量数据,即可得到截距 a、斜率 b、相关系数 r 和不确定度 $u_A(b)$、$u_A(a)$.

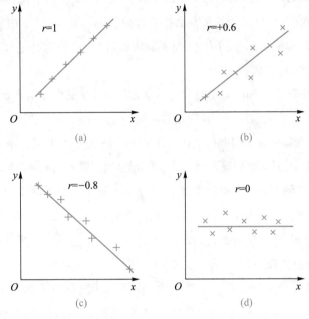

图 2.4.2　相关系数的意义

【例 2.4.1】　使用最小二乘法对第 2.3 节的例 2.3.1 数据进行处理,求出 l 与 p 的线性比例系数 b.

解:使用计算器的最小二乘法功能,进行直线拟合,得到的结果为

$$b = 1.384\ 85\ \text{cm/kg}; U(b) = 0.006\ 59\ \text{cm/kg}$$

$$a = -3.569\ 76\ \text{cm}; U(a) = 0.023\ 4\ \text{cm}$$

$$r = 0.999\ 9$$

所以

$$b = (1.385 \pm 0.007)\ \text{cm/kg}$$

§2.5　使用软件进行数据处理

计算机技术的发展为数据处理提供了极大的方便. 在数据处理的过程中使用 Excel、Origin 等软件,可以极大地提高数据处理的效率和准确性. 下面具体以"液体比热容的测量"实验中的数据作图为例,说明如何利用 Excel 作图并进行线性拟合.

一、数据的录入和运算

在使用 Excel 软件作图时,需要首先将自变量和应变量的数据输入到工作表中,自变量一列、应变量一列,自变量应位于应变量的左侧,并且一一对应. 在"液体比热容的测量"实验中,测量的是液体温度随时间的变化,因而时间 t 是自变量,温度 T 是应变量. 图 2.5.1 所示的 Excel 界面中,时间数据输入到了第一列,温度数据输入到了第二列.

"液体比热容的测量"实验需要绘制的是 $\ln(\Delta T)$-t 的关系曲线,在这里 $\Delta T = T - T_0$, T_0 为环境温度,因而在作图之前首先需要计算出 $\ln(\Delta T)$. 因此在 Excel 表的第三列,利用 Excel 的运算功能,生成 $\ln(\Delta T)$.

二、散点图的生成

用鼠标左键配合"Ctrl"键选中要作图的两列数据,在图 2.5.1 中,选中第一列和第三列,然后点击菜单栏的"插入"选项,找到"插入散点图"的功能,点击其中的"散点图"图标,即可以在页面上自动生成散点图,如图 2.5.1 所示.

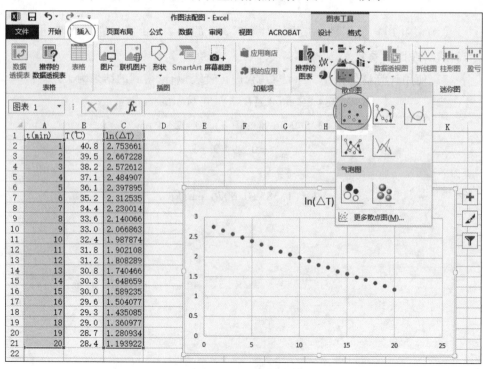

图 2.5.1　散点图的生成

单击生成的散点图,在图的右上角会出现代表"图表元素"的"+"号,单击"+"号,在弹出的"图表元素"对话框中将"坐标轴标题"选中,此时,散点图的 x、y 轴均可以写上坐标轴的名称和单位,图表的标题也可以根据需要进行修改.在图 2.5.2 中,已经为"$\ln(\Delta T)-t$"关系图写上了图标、坐标轴的名称和单位.

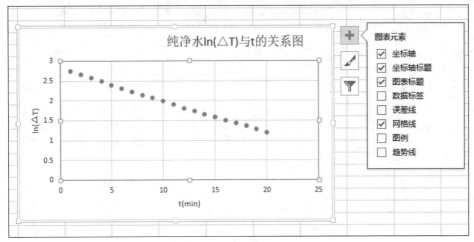

图 2.5.2 坐标轴名称和单位的添加

单击图的坐标轴,则在 Excel 文件的右侧出现"设置坐标轴格式"的对话框,首先可以对坐标轴的边界和单位进行设定,然后将对话框下拉,找到"刻度线标记","主要类型"和"次要类型"均选择内部,如图 2.5.3 所示.

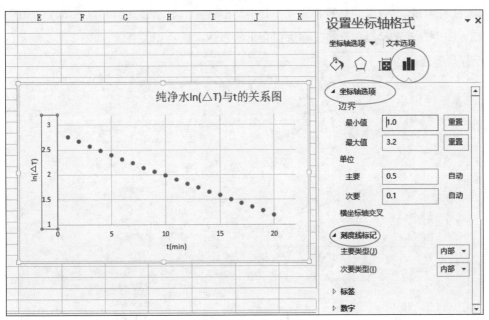

图 2.5.3 坐标轴的调整

点击"设置坐标轴格式"中的"填充线条",下拉对话框,找到"箭头末端类型"

选择合适的末端箭头,此时一个散点图就做好了,如图 2.5.4 所示.

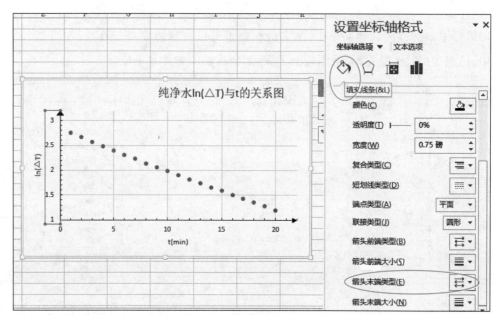

图 2.5.4 坐标轴箭头设置

三、拟合直线

再次调出"图表元素"对话框,勾选"趋势线",系统默认线性,如果有其他要求,可以点击"趋势线"右侧的箭头进行选择.鼠标左键点击图中显示的趋势线,则在 Excel 右侧显示"设置趋势线格式",下拉对话框,选中"显示公式"和"显示 R 平方值",则在图中自动显示根据最小二乘法拟合出的表达式以及相关系数,如图 2.5.5 所示.

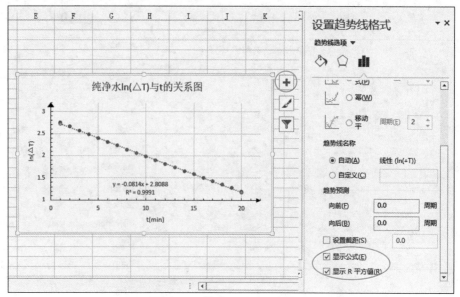

图 2.5.5 最小二乘法拟合直线

至此,利用 Excel 制作的图就结束了.下一步,我们可以利用右键点击图片区域,选择"复制"功能直接将图片复制到目的文件中,也可以利用 Excel 的"打印"功能,选择打印选定图表,从而将图表打印出来.

习题

一、用惠斯通电桥测定铜丝在不同温度下的电阻值,数据如表 2.6.1 所示,试采用作图法获得铜丝电阻与温度的关系.

表 2.6.1 铜丝电阻与温度的关系数据

序号	1	2	3	4	5	6	7	8
温度 $t/℃$	24.0	26.5	31.1	35.0	40.3	45.0	49.7	54.9
电阻 R/Ω	2.897	2.919	2.969	3.003	3.059	3.107	3.155	3.207

二、采用如图 2.6.1 所示的电路测量 RC 电路的放电时间常量,使用电压表测量电阻 R 两端电压随时间的变化,获得的数据如表 2.6.2 所示.试采用最小二乘法求该电路放电的时间常量 τ 及电容的值,已知 $\tau = RC$,R 两端电压随时间的变化满足规律 $U_R = Ee^{-t/RC}$,$R = 1\ \text{k}\Omega$.

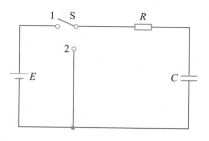

图 2.6.1 RC 充放电电路

表 2.6.2 RC 电路放电过程中电阻两端电压随时间变化的关系

测量顺序	1	2	3	4	5	6	7
时间 T/s	0	0.5	1	1.5	2	2.5	3
电压 U/V	3.89	3.03	2.36	1.839	1.433	1.116	0.869
测量顺序	8	9	10	11	12	13	14
时间 T/s	3.5	4	4.5	5	5.5	6	6.5
电压 U/V	0.677	0.527	0.410	0.320	0.249	0.194	0.151

三、采用如图 2.6.2 所示的电路测量电池的电动势和内阻,通过改变 R_2 改变电池的输出电压和电路中的电流,从而得到表 2.6.3 中的数据.试分别采用作图法、逐差法和最小二乘法处理数据,获得电池的电动势和内阻(忽略电表内阻的影响).

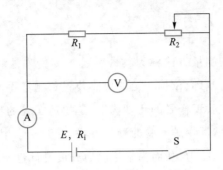

图 2.6.2　伏安法测量电池的电动势和内阻

表 2.6.3　输出电压与电路电流的关系

测量次数	1	2	3	4	5	6
U/V	0.800	0.900	1.000	1.100	1.200	1.300
I/mA	195.46	186.36	177.23	168.21	159.06	149.99
测量次数	7	8	9	10	11	12
U/V	1.400	1.500	1.600	1.700	1.800	1.900
I/mA	140.93	131.82	122.76	113.66	104.55	95.39

物理实验中测量的测量方法称为物理实验的测量方法.物理实验的测量方法是以一定的物理理论为基础,依据一定的仪器装置和测量手段进行的.物理实验的测量方法凝聚了许多实验工作者的巧妙构思,是物理实验的精髓.在学习物理实验的过程中,注重学习和掌握物理实验的测量方法,有助于学生从本质上理解物理实验,培养学生的辩证反思能力,从而为学生以后开展设计性实验打下基础.

　　本章分四节分别介绍了比较法、放大法、模拟法和参量转换法等四种测量方法.在每一节中均先对一种测量方法进行介绍,然后再开展针对性的实验,从而加深学生对测量方法的理解和运用.

　　这里值得指出的是,尽管本章对这四种方法分别进行了独立介绍,但在实际的物理实验中这四种方法可能又是相互渗透、相互联系、综合运用的,无法截然分开.

§3.1　比较法

NOTE

　　在物理实验中将要测量的对象与测量工具进行对比,获得待测量的量值的过程就是比较法,例如使用长度测量工具测量物体的长度,使用电学测量仪表获得电压、电流或电阻等电学量均为比较法.比较法是物理实验中最为基础和常用的一种实验测量方法.

　　比较法可以分为直接比较法和间接比较法两种.能够直接用测量工具获得物理量的为直接比较法,直接比较法在使用的时候需要有相应的量具和标准件.例如使用直尺测量某物体的长度,就是将直尺上的长度标准与待测物体进行对比,因而是直接比较法.

　　如果没有直接可用的量具和标准件,需要采用中间过程进行转换的测量方法则称为间接比较法.例如利用水银制作的大气压计,它将大气压强的测量转化为对水银柱高度的测量,就是间接比较法.

　　本节所选择的三个实验,实验1是长度量的测量,该实验中使用的长度测量工具有游标卡尺、螺旋测微器和读数显微镜,在测量的过程中采用将测量对象与这些长度测量工具直接进行对比的方法,因而属于直接比较法的运用.实验2是电学量的测量(万用表的使用),该实验中使用了指针式万用表和数字式万用表两种测量工具,指针式万用表将电压、电流或电阻转化为指针旋转的角度,测量这些量的方法属于间接比较法;数字式万用表测量电压时实质上是在电路内部将待测电压与标准电压做对比,因而是直接比较法,但是数字式万用表测量电流或电阻时则是间接比较法.实验3是示波器的调整与使用,实验通过在示波器的显示器上观察和测量电压波形所占的格数获得待测电压的幅值和周期,通过测量李萨如图形与 x 轴、

y 轴的切点数获得待测波形的频率,这些属于间接比较法.

在物理实验的测量过程中,由于测量方案设计的问题导致某些物理量在分布上往往具有不对称性,这种不对称性会引起测量结果的系统误差.例如在用伏安法测量某电阻时,电流表外接法的电压表会有分流,电流表内接法的电流表自身会起到分压作用,这使得测量结果会偏大或偏小.为此,要在分析这种不对称的基础上设法将不对称变为对称,从而达到消除系统误差的目的,这称为补偿法.补偿法一般是一种直接比较法.

本节涉及的实验 4 为"用冷热补偿法测定固体的比热容",在该实验中经过加热的待测固体与液体在量热器中进行热交换.当量热器内的温度高于环境温度时,系统会往外界散热,从而造成测量结果存在系统误差.当系统温度低于环境温度时,系统从外界吸热,当系统高于环境温度时,系统向外界散热.为此,在实验时首先将量热器内的液体降至环境温度以下,然后再与待测固体混合.通过合理设置实验参数,可以使吸热和散热平衡,从而消除系统误差.

实验 1　长度量的测量

长度测量是物理实验中许多物理量测量的基础,长度测量的精度决定了待测物理量所能达到的精度.本实验中的三种测量仪器突破了直尺最小刻度 1 mm 的测量精度,凝聚了科研工作者的智慧.

现代游标卡尺由法国人威尼尔在 17 世纪所发明.我国西汉末年的新莽铜卡尺则是世界上已知最早的滑动卡尺.

【预习提示】

1. 游标卡尺游标上的刻度、螺旋测微器和读数显微镜测微鼓轮上的刻度,与主尺上刻度的关系分别是什么? 这三种测量仪器,分别是如何将测量精度提高到毫米以下的?

2. 这三种测量仪器,分别是如何读取测量结果的?

3. 在使用读数显微镜测量长度时,螺距差是如何产生的?

【实验目的】

1. 了解游标卡尺的结构,学会使用游标卡尺测量长度;

2. 了解螺旋测微器的结构,学会使用螺旋测微器测量长度;

3. 了解显微镜的结构,学会使用显微镜测量长度.

【实验原理】

1. 游标卡尺

游标卡尺的结构如图 1.1 所示,主要由主尺、外量爪、内量爪、游标和探尺组成.其中,内量爪与外量爪的左爪部分和主尺相连,而右爪部分和探尺与游标连在

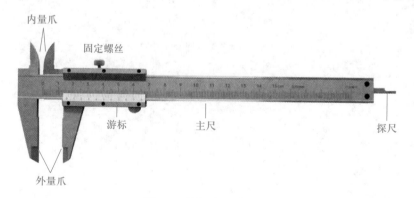

图 1.1　游标卡尺的结构

一起,游标紧贴主尺滑动.外量爪用来测物体的外径或长度,内量爪测量内径,探尺测量深度.不用时,将量爪闭合,游标的零刻度线和主尺的零刻度线应当对齐.

游标卡尺的测量范围有 $0 \sim 150$ mm、$0 \sim 200$ mm 和 $0 \sim 300$ mm 等多种,测量者在使用时应该了解其测量范围是否满足测量对象的需要.游标卡尺主尺的最小刻度是毫米,常用的游标卡尺的分度值则有 0.1 mm、0.05 mm 和 0.02 mm 三种,它们分别叫作 10 分、20 分和 50 分游标卡尺.

游标的分度值的计算方法为:设游标上每个分格的长度为 x,相应于主尺上的刻度值为 y,其差值 $\Delta x = y - x$ 称为该游标卡尺的分度值,它是游标卡尺能读准的最小数值.

如图 1.2 所示的 20 分游标卡尺,主尺的分度值为 1 mm,游标的 20 个分格和主尺的 39 个分格等长.设游标的最小分格长度为 x,则

$$20x = 39 \times 1 \text{ mm}, \quad x = 1.95 \text{ mm}$$

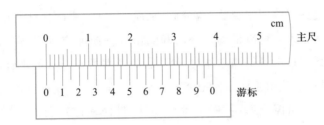

图 1.2 游标卡尺的分度值

在使用图 1.2 所示的游标卡尺进行测量时,若待测物的长度正好可使游标上第一个分格右边的线与主尺 2 mm 刻度线对齐,即主尺上 2 个分格和游标的 1 个分格相对应,即 $y = 2$ mm,故该待测物的长度,即该游标卡尺的分度值为

$$\Delta x = y - x = 2 \text{ mm} - 1.95 \text{ mm} = 0.05 \text{ mm}$$

即用它来测量长度可测读到 0.05 mm.

50 分游标卡尺通常将游标的 50 个分格和主尺的 49 个分格(每格长度为 1 mm)等长,该游标卡尺的分度值为 0.02 mm,用它来测量长度可测读到 0.02 mm.

游标卡尺在读数时应以 mm 为单位,其使用方法是首先读取主尺上位于游标 0 刻度线之前的整数部分,再读取游标刻线与主尺刻线对齐处所对应的游标值,这是小数部分,然后两部分相加,即得测量对象的长度.

若游标上第 k 条刻线与主尺上某刻线对齐,则小数部分为 $\Delta l = k \cdot \Delta x$.

如图 1.3 所示,游标卡尺的分度值为 $\Delta x = 0.05$ mm,根据游标的 0 刻线读得主尺的整数部分为 11 mm,游标的第 11 根刻线与主尺某刻线对齐,故物体的长度为

$$L = 11 \text{ mm} + 0.05 \times 11 \text{ mm} = 11.55 \text{ mm}$$

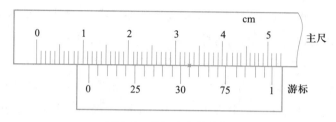

图 1.3　游标卡尺的读数

一般说来,游标上往往都已标明刻线的示值,如图 1.3 所示,所以游标部分的读数也可直接读出,这是很方便的.

注意:使用游标卡尺时,应首先检查在量爪闭合时,主、副尺的零刻线是否对齐.若没对齐,应做零点修正.

2. 螺旋测微器

螺旋测微器是比游标卡尺更为精密的长度测量工具,它的结构如图 1.4 所示,主要由测砧、测微螺杆、固定套筒、微分筒、棘轮等组成.测微螺杆与微分筒和棘轮相连,测量时,转动棘轮可以带动微分筒和测微螺杆向前或后退.在向前旋转棘轮使得测砧和测微螺杆卡紧待测物体时,棘轮会打滑并发出卡卡的声音,此时就应该停止转动,这样可防止由于测量而把待测物夹得太紧,以致损坏待测物和千分尺内部的精密螺纹.转动停止后,可以卡紧制动栓,进而从固定套筒和微分筒上读取数据.

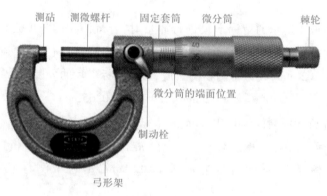

图 1.4　螺旋测微器的结构

螺旋测微器的量程为 $0 \sim 25$ mm,分度值为 0.01 mm,估读后可到小数点第三位,故又称千分尺.固定套筒上的标尺有毫米刻度线和半毫米刻度线,它们分别位于准线的上方和下方.微分筒上一周刻有 50 个分格.当微分筒在固定套筒上转动一圈时,它的端面就在固定套筒上前进或后退 0.5 mm,所以微分筒每转过一个分格,表示端面前进或后退 $\frac{1}{50} \times 0.5$ mm $= 0.01$ mm.这样借助于螺旋的转动,将螺旋的角位移变为杆的直线位移,就可以进行精密的长度测量.

当测砧和测微螺杆密合时,微分筒的 0 刻线应与固定套筒的准线重合,微分筒的端面与固定套筒的 0 刻线重合,此时表示待测长度为 0.000 mm,称为初读数.有的螺旋测微器由于调整不当、年久失修等问题,初读数不为零,需要在测量长度时扣除初读数.

在读取待测物体的长度时,首先根据微分筒的端面读取固定套筒上标尺的读数,即 0.5 mm 以上的部分;然后再根据固定套筒准线对准微分筒刻度线的位置,读取 0.5 mm 以下的部分,并注意估读,最后将两部分读数相加即得最终的读数.在读取数据时,测量者经常忽视半毫米刻线,从而使得测量数据错误.

在图 1.5 中,固定套筒上的读数为 6.5 mm,微分筒上的读数为 0.203 mm,所以最终的读数为 6.703 mm.

3. 读数显微镜

图 1.6 为实验室中常用的一种读数显微镜的结构示意图,其中目镜、物镜和调焦旋钮组成了观察系统,主尺和鼓轮组成了读数系统.主尺量程为 50 mm,刻有 50 个分度,分度值为 1 mm;鼓轮刻有 100 个分度,分度值为 0.01 mm.当转动鼓轮时,载物平台即在垂直于镜筒轴线方向沿主尺移动.利用目镜筒内紧靠焦面内侧安装的一块十字准线分划板,即可对准待测物的测量点进行读数测量.

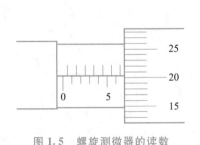

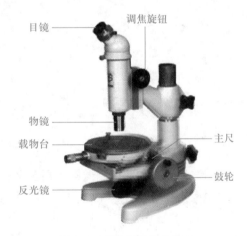

图 1.5 螺旋测微器的读数   图 1.6 读数显微镜的结构

读数显微镜的调整方法如下:

(1)目镜调节.调节目镜与准线分划板的距离,直到测量者通过目镜看清读数准线为止.

(2)对待测物调焦.将待测样品放在载物平台上,微调物镜与样品间的距离.调节时,为了保护样品和物镜,总是先旋转调焦旋钮,将显微镜筒旋至样品上方最低位置.然后,再将显微镜筒自下而上升高进行调焦,直至看清待测物,并且没有视差.

（3）测量读数.转动鼓轮使载物台作横向移动,调节载物平台使待测样品的像位于视场之中.此时再仔细旋转鼓轮,使读数准线依次对准待测部分像的两端,两读数之差即为待测部分的长度.

在测量过程中,读数显微镜只能沿同一个方向转动鼓轮,而不能在一次测量中来回转动鼓轮,以免引入螺距差.

【实验仪器】

游标卡尺,螺旋测微器,读数显微镜,待测物体（有机玻璃圆筒、铜线、钢球、铆钉等）.

【实验内容】

1. 设计数据记录表格,用列表法记录数据.

2. 有一如图 1.7 所示的圆筒,用游标卡尺测量其外直径 D、内直径 d、外高 H 和内深 h,根据测量结果计算圆筒的体积和不确定度.

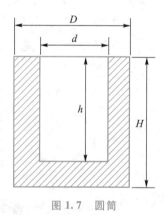

图 1.7　圆筒

3. 用游标卡尺和螺旋测微器分别多次测量铜线的直径 D 和钢球的直径 d.

4. 用读数显微镜观察铆钉,多次测量铆钉最小的直径 D.

【思考题】

1. 有一长方形金属薄板,长约 15 cm,宽约 5 cm,厚约 2 mm,试从相对误差角度考虑,测量该板体积时,应如何选择不同规格的长度测量仪器进行测量?

2. 游标卡尺在测量长度时,需要估读吗? 测量结果中存在欠准数字吗?

3. 试对漆包线直径重复测量 2 次、3 次……25 次,然后绘制 $S_{\bar{x}}$-n 关系图,讨论测量次数 n 的增加对减小 $S_{\bar{x}}$ 的作用.

实验 2　多用表的使用

多用表可以用来测量电流、电压、电阻等,具有量程广、使用和携带方便等优点.

【预习提示】

1. 指针式多用表和数字多用表在测量电阻、电压等物理量时,在操作上有什么不同?

2. 指针式多用表和数字多用表在读数时,有什么区别?

【实验目的】

1. 了解指针式多用表和数字多用表的区别;

2. 掌握多用表测量电压、电流和电阻的方法,掌握电位器和可调电容的使用方法;

3. 能够对测量结果进行不确定度评定.

【实验原理】

一、指针式多用表

指针式多用表是通过指针在表盘上偏转位置的变化来指示被测量的数值. 指针式多用表的核心是一个磁电式直流电表(也称为指针偏转式直流电表),它的指针固定在一个处于磁场中的矩形线圈上. 当有电流流过时,线圈受电磁力矩作用而偏转,偏转角的大小与通过的电流成正比. 磁电式直流电表经过改装,可以成为多量程、多功能的多用表.

指针式多用表的极限误差与表的准确度等级有关. 若已知指针式多用表的准确度等级 α 及表的量程 X_m,则该多用表的极限误差为

$$e = \alpha\% \cdot X_m \tag{2.1}$$

指针式多用表的使用方法和注意事项如下.

1. 测量前,需要先进行零位调整,并正确连接表笔.

(1) 零位调整:使用前应首先检查指针是否在零位,若不在零位,调整零位调整器,使指针调至零位. 在测量电阻时还需要进一步进行欧姆调零,方法是将两表笔短路,调节"调零"旋钮使指针指在零点(注意欧姆的零刻度在表盘的右侧),如调不到零点,说明多用表内电池电压不足,需要更换新电池.

(2) 正确连接表笔:红表笔应插入标有"+"的插孔,黑表笔插入"–"的插孔. 测直流电流和直流电压时,红表笔连接被测电压、电流的正极,黑表笔接负极. 注意

NOTE

"+"插孔通过导线接表内电池的负极,"-"插孔通过导线接表内电池的正极.

2. 测量中,正确接入多用表,并选择功能,不允许带电换量程,读数时要注意电阻和电压电流挡的差别.

(1) 多用表接入:测量电压时,多用表应与被测电路并联;测量电流时,要把被测电路断开,将多用表串联接在被测电路中.

(2) 合理选择量程:测量电压、电流时,应首先估计所测量的电压或电流的大小,可选择较大的量程,再逐步调低量程,最终使表针偏转至满刻度的 1/2 或 2/3 以内;测量电阻时,应使表针偏转至中心刻度附近(电阻挡的设计是以中心刻度为标准的). 测 10 V 以下的交流电压时,应该用 10 V 专用刻度标识读数,它的刻度是不等距的.

(3) 测量值的读取:测量电压(电流)时,所选择的量程代表了本量程下所能测量到的最大值,将量程选择值与刻度盘的最大值进行对比,对比的结果再与指针依据刻度盘所测数据相乘,就是最终的电压(电流).测量电阻时,需要将指针所标识的读数乘以量程倍率,才是所测之值.多用表使用完毕,将转换开关放在交流电压最大挡位,避免损坏仪表.

3. 测量结束后,关闭多用表,并将转换开关置于悬空位置.

4. 注意事项

(1) 多用表长期不用时,应取出电池,防止电池漏液,腐蚀和损坏多用电表内零件.

(2) 由于多用表的电阻挡 $R \times 10$ k 采用 9 V 电池,不可检测耐压值很低的元件.

(3) 测量电流时应估计被测电流的大小,选择正确的量程,MF500 型的保险丝为 0.3～0.5 A,被测电流不能超过此值.某些多用表有 10 A 的挡位,可以用来测量较大电流.

(4) 测交流电压、电流时,注意被测量必须是正弦交流电压、电流,而被测信号的频率也不能超过说明书上的规定.

(5) 测量电阻时,两手不能同时接触电阻,防止人体电阻与被测电阻并联造成测量误差.

(6) 每变换一次量程,都要重新调零.如果不能调零,可能是多用表的绕线电阻(阻值为几欧的电阻)烧断,需拆开进行维修并校正.

二、数字多用表

数字多用表采用了集成电路模数转换器和数显技术,将被测量的数值直接以数字形式显示出来.数字多用表显示清晰直观,读数正确,与模拟多用表相比,其各项性能指标均有大幅度的提高.数字多用表是在直流数字电压表的基础上配备各种变换器构成的.

数字多用表的误差表示方法与磁电式电表不同.它的误差主要取决于多用表的读数和量程.以常用的三位半数字电压表为例,它的误差为

$$\Delta U = \pm (\alpha \% \, U_x + 字数) \tag{2.2}$$

其中 U_x 为电表的读数,$\alpha \% \, U_x$ 称为读数误差,反映了多用表内部 A/D 转换器和功能转换器的综合误差."字数"反映了数字化处理所带来的误差.α 和字数均与多用表的量程、功能等有关.在使用多用表时,应首先查阅多用表的说明书获得该技术指标.

数字多用表的使用方法和注意事项如下:

1. 测量前,正确连接表笔

数字多用表一般有四个表笔插孔,测量时黑表笔插入 COM 插孔,红表笔则根据测量需要,插入相应的插孔.测量电压和电阻时,应插入 V、Ω 插孔;测量电流时注意有两个电流插孔,一个是测量小电流的,一个是测量大电流的,应根据被测电流的大小选择合适的插孔.与模拟表不同,数字多用表的红表笔接表内电池的正极,黑表笔接表内电池的负极.

2. 测量中,正确选择量程

根据被测量选择合适的量程范围,测直流电压置于 DCV 量程、交流电压置于 ACV 量程、直流电流置于 DCA 量程、交流电流置于 ACA 量程、电阻置于 Ω 量程.在测量时,应选择有效数字最多的量程.

3. 测量完毕,应立即关闭电源,并将量程置于交流电压最高挡.

4. 注意事项

(1) 当数字多用表仅在最高位显示"1"或"−1"时,说明已超过量程,须调整量程.

(2) 用数字多用表测量电压时,应注意它能够测量的最高电压(交流有效值),以免损坏多用电表的内部电路.

(3) 测量未知电压、电流时,应将功能转换开关先置于高量程挡,然后再逐步调低,直到合适的挡位.

(4) 测量交流信号时,被测信号波形应是正弦波,频率不能超过仪表的规定值,否则将引起较大的测量误差.

(5) 测量 10 Ω 以下的小电阻时,必须先短接两表笔,并测出表笔及连线的电阻,然后再在测量中减去这一数值,否则误差较大.

【实验仪器】

指针式多用表,数字多用表(便携式和台式两种),电阻(R_1、R_2、电位器 R_3),电

容(C_1、C_2、可变电容器 C_3),二极管,电池等.

【实验内容】

下面的测量均要求读出尽可能多的有效数字.

1. 测量电阻

(1)用三种多用表分别测量 R_1、R_2、R_1 和 R_2 串联、R_1 和 R_2 并联的阻值;

(2)用三种多用表分别测量电位器的旋钮位于 9 点、12 点、15 点钟位置时电位器的阻值.

2. 测量直流电压

将 R_1、R_2 和变阻器串联,接在直流电源两端,调节变阻器的旋钮位于 9 点、12 点、15 点钟位置,分别用三种多用表测量 U_{R_1}、U_{R_2} 和 $U_{电位器}$.

3. 测量电容

(1)用两种数字多用表分别测量 C_1、C_2、C_1 和 C_2 串联、C_1 和 C_2 并联的电容;

(2)用便携式数字多用表测量可变电容器 C_3 在各个标度线上的电容.

4. 测量二极管

分别用三种多用表测定二极管,判断出二极管的 p 极和 n 极.

【思考题】

1. 如何确定多用表测量结果的仪器基本误差?

2. 如何用多用表来检查电路中的一些故障(譬如短路、断路等)?

3. 数字多用表电压挡在空载时,示数不为零且不断变化,为什么?

实验 3　示波器的调整和使用

示波器是一种能观察各种电信号波形并可测量其电压、频率等的电子测量仪器.示波器还能对一些能转换成电信号的非电学量进行观测,因而它还是一种应用非常广泛的、通用的电子显示器.

1897 年德国物理学家 Karl Ferdinand Braun 发明了世界上第一台阴极射线管示波器.他出于好奇向阴极射线管的水平偏转片施加一个振荡信号,然后向纵向偏转片发送一个测试信号,结果在小荧光屏上产生瞬态的电波图像.这一发明逐步发展成一台测量仪器,并且其性能在后续的 50 多年里不断改善.1947 年泰克公司的工程师霍华德·卫林实现了示波器的实用化和商业化.直到现在,示波器演变出了模拟示波器、数字示波器、混合示波器等种类,并广泛应用于信号测量、通信等各行各业.示波器原理上只应用了简单的物理理论,但却创造了了不起的成就并广泛应用至今.由此可见,创新并不难,只要有好奇心和敢于实践的能力,就有可能成功.

【预习提示】

1. 示波器的每一根信号采集线都由红、黑两根线组成,在测量信号时,这两根线的作用分别是什么?

2. 在使用示波器测量信号时,若发现信号不稳定,信号沿水平方向向左或右移动,采用何种操作可以使信号稳定下来? 这种操作的原理是什么?

3. 什么是李萨如图? 有同学发现在使用示波器观察两个频率相等的正弦波信号合成的李萨如图时,该李萨如图不停地变化形状,这是为什么?

【实验目的】

1. 了解示波器的结构和示波器的示波原理;

2. 掌握示波器的使用方法,学会用示波器观察各种信号的波形;

3. 学会用示波器测量正弦交流信号电压;

4. 观察李萨如图,学会测量正弦信号频率的方法.

【实验原理】

示波器有模拟示波器与数字示波器两种类型,两种示波器在结构上有相同之处,也存在着很大的差别.从本质上来说,模拟示波器相当于用输入的信号直接驱动显示器,以便在示波器上显示信号波形,并进行测量;数字示波器则是通过模数转换把待测量的模拟信号转换为数字信号,它捕获的是一系列的样值,并对样值进行存储,随后再重构波形.

以下首先基于模拟示波器介绍示波器的工作原理,最后再介绍数字示波器.

1. 模拟示波器的基本结构

图 3.1 是模拟示波器的结构示意图,它主要是由示波管、X 轴与 Y 轴衰减器和放大器、锯齿波发生器、同步触发电路和电源等几部分组成.

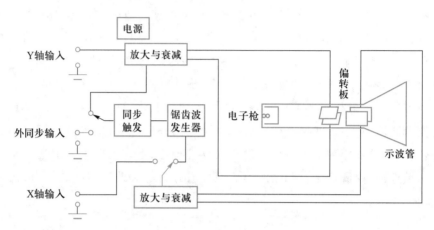

图 3.1　模拟示波器原理框图

示波管的主要作用是将输入的电信号以二维图形的形式展示出来.示波管主要由电子枪、偏转板、显示屏等部分组成.电子枪的作用是向显示屏方向发射大量的电子.这些电子在经过聚焦、加速后,再经过水平偏转板和竖直偏转板,轰击到涂有一层荧光物质的显示屏上激发荧光物质发光.竖直偏转板通过放大与衰减电路与 Y 轴输入相连.水平偏转板在示波器的 Y-T 模式时通过放大与衰减电路与内置的锯齿波发生器相连,在示波器的 X-Y 模式时则与 X 轴输入相连.偏转板在外加电压的作用下可以改变电子束的运动方向,从而在示波器上显示输入的信号波形.

在示波器的控制面板上,"聚焦"旋钮可以调节电子束在显示器上光点的大小,"辉度旋钮"可以调节光点的亮度."Time/DIV"旋钮可以实现信号在 X 轴上的放大或缩小,"V/DIV"旋钮可以实现信号在 Y 轴上的放大或缩小.

示波器工作的 Y-T 模式与 X-Y 模式的切换,需要在示波器面板上寻找相应的操作键或旋钮,不同型号的示波器采用不同的方法.在使用的时候,可以通过查阅说明书或在示波器面板上寻找"Y-T"符号,再进一步进行模式切换的操作.

2. 示波器的示波原理

示波器能使一个随时间变化的电压波形显示在荧光屏上,是靠两对偏转板对电子束的控制来实现的.图 3.2 显示了 Y-T 模式下波形的显示方式.在图 3.2 中,左上为输入的 Y 轴正弦电压信号 u_y,它施加在竖直偏转板上;右下为内置的锯齿波

电压信号 u_x,它施加在水平偏转板上,正弦波电压信号和锯齿波电压信号满足 $f_x = f_y$;右上的图形为显示屏上显示的图形.在"0"时刻,$u_x = u_y = 0$,电子在两极板间电场的作用下偏至左侧,即图 3.2 中右上方的"0"点位置,随着 u_x 线性增大,电子束随时间线性向右偏转,同时在 u_y 作用下向上运动,在"1"时刻,波形运动到右上方"1"的位置,进而随时间又运动到"2"、"3"和"4"的位置,从而显示出完整的 u_y 波形.在这里,电子束从左至右的过程称之为"扫描".

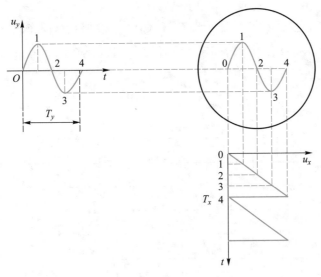

图 3.2　示波器的示波原理图解

3. 同步

在使用示波器观察和测量信号的时候,一般有"同步"和"触发"两种方式可以使信号在示波器的显示器上稳定显示.

"同步"指的是被测信号与锯齿波信号同步,此时被测信号的频率 f_y 与锯齿波信号频率 f_x 相等或是其整数倍,即 $f_y = nf_x$.当满足"同步"条件时,每次锯齿波的扫描起点都能准确地落在被测信号的同一相位点,从而使每一次扫描的电子束在显示器上形成的轨迹是重合的,显示器能够显示稳定的波形.通过改变示波器上的扫描频率旋钮,可以改变扫描频率 f_x,使条件 $f_y = nf_x$ 满足.如果"同步"条件不能得到满足,每一次的扫描起点则会是不同的相位点,于是每次扫出的波形不重复,在这种情况下显示器显示的波形会不断地移动.

"触发"指的是在示波器上设定条件,将被测信号与这些条件对比,当满足条件时,被测信号则开始在显示器上被扫描显示,当扫描结束后电路会处于等待状态,直至下一次设定条件满足时开始下一遍的扫描.具体为:使用"触发"功能时,Y 轴输入的被测信号(内触发)被送至触发电路,当被测信号达到某一选定的触发电平时,触发电路输出触发脉冲启动锯齿波发生器,使被测信号从触发电平开始在显示器上被扫描显示,直至一个锯齿波周期结束."触发"保证了每次扫描都会使波形从同一相位点开始显示,因而每次扫描的波形都完全重合.

在大学物理实验中,一般使用内触发功能,即在实验的时候将"触发源"设定为输入的待测信号.之后调整"触发电平",选择好"上升沿触发"或"下降沿触发",让触发电平的绝对值不高于待测信号的峰值.

4. 测量

在进行交流电压测量时,需要调节"V/DIV"使波形在纵向充满视场,以获得一个易于读取的信号幅度.同时,如图 3.3 所示读出波形在纵向所占格数 N,则该正弦波的峰峰值为

$$U_{\text{P-P}} = N \times \text{V/DIV} \tag{3.1}$$

5 V/DIV

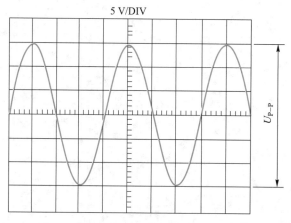

图 3.3　交流电压测量

在测量信号频率时,调节 Time/DIV,使波形的 n 个周期充满视场,获得 n 个周期在 X 轴方向所占的格数 M,则可以得到的信号频率为

$$f = \frac{1}{T} = \frac{n}{M \times \text{Time/DIV}} \tag{3.2}$$

在测量两个信号之间的相位差时,首先需要在示波器的显示屏上稳定显示两个输入信号,如图 3.4 所示.读出一个周期所占格数 M,再读出两列波相近峰值所跨的格数 L,则相位差为

$$\Delta \Phi = (L/M) \times 360° \tag{3.3}$$

5. 观察李萨如图形

启动示波器的 X–Y 开关,此时示波器工作在 X–Y 方式.X 轴信号由 CH1 输入,Y 轴信号由 CH2 输入.

在示波器 X 轴和 Y 轴同时输入不同的正弦信号时,光点的运动是两个相互垂

直的简谐振动的合成,若它们的频率的比值 f_x : f_y = 整数时,合成的轨迹是一个封闭的图形,称为李萨如图.李萨如图的图形与两信号的频率比和相位差都有关系,李萨如图与两信号的频率比有如下简单的关系:

$$\frac{f_x}{f_y}=\frac{n_y}{n_x} \tag{3.4}$$

n_x、n_y 分别为李萨如图的外切水平线的切点数和外切垂直线的切点数,如图 3.5 所示.

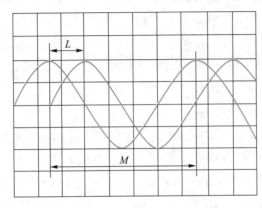

图 3.4 相位差的测量

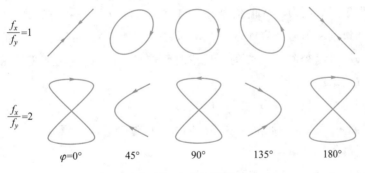

图 3.5 李萨如图形

6. 数字示波器

图 3.6 是数字示波器的结构示意图.数字示波器由 Y 轴的衰减与放大、采样与 A/D 转换、触发电路、输出等几部分组成.数字示波器工作时,待测信号先经过一个电压放大与衰减电路,将待测信号放大(或衰减)到后续电路可以处理的范围内,接着由采样电路按一定的采样频率对连续变化的模拟波形进行采样,然后由模数转换器 A/D 将采样得到的模拟量转换成数字量,并将这些数字量存放在存储器中.这样,可以随时通过 CPU 和逻辑控制电路把存放在存储器中的数字波形显示在显示屏上供使用者观察和测量.

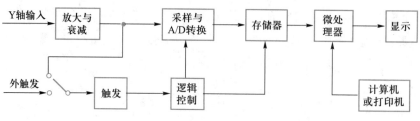

图 3.6 数字示波器原理框图

采集信号时,示波器将其转换为数字形式并显示波形.采集模式有取样、峰值检测和平均值三种.在取样模式下示波器以均匀时间间隔对信号进行取样以构建波形.此模式多数情况下可以精确呈现波形.峰值模式下示波器会在每个取样间隔中找到输入信号的最大值和最小值,并使用这些值显示波形,峰值模式有利于窄脉冲的采集和显示,但噪声会比较大.平均值模式下示波器会采集几个波形求平均值再显示,可以减少随机噪声.

微处理器是数字示波器的核心.微处理器负责读取示波器控制面板上的参数设定,并控制示波器内按设定进行工作,完成必要的运算、测量等任务.

数字示波器的显示器一般用液晶屏.与示波管不同的是,液晶屏是利用单个像素的亮暗状态来显示文字和图形,文字和图形在屏幕上显示的时间可以根据需要进行设定.

使用数字示波器对输入的信号进行测量,一般有如下三种方法:

(1)通过读取信号竖直或水平方向所占的刻度,乘以屏幕上显示的水平或垂直分辨率,即可以得到该信号的电压或时间信息.这一种方法和模拟示波器对信号的测量方法基本相同.

(2)利用"测量(MEASURE)"功能实现自动测量

按下"测量"键,在示波器屏幕弹出的菜单中选择对应的测量参量后,即可在屏幕上显示测量值.

(3)利用"光标(CURSOR)"功能实现测量

按下"光标"键后,示波器的屏幕上出现 X 轴或 Y 轴方向的光标线,并在显示器上显示两根光标线之间的电压或时间信息.移动光标线至测量点即可获得测量值.

【实验仪器】

双踪示波器(根据具体教学要求,选配数字示波器或模拟示波器),数字功率信号发生器,交流毫伏表,导线等.

【实验内容】

1. 示波器的初调

将示波器自带的校正信号输入到示波器的"Y 轴输入"端.调节示波器的触发功能,使荧光屏上出现稳定的波形,体会"触发源"、"触发电平"和"上升(下降)沿触发"等功能的意义.测量校正信号的频率和幅度,并与校正信号的标准值进行对比.

调节数字功率信号发生器输出方波和三角波,用示波器观察输出波形.

2. 信号电压有效值的测量

调节数字功率信号发生器输出正弦波,并接示波器的"Y 轴输入"端,调整触发使波形稳定.

使用示波器和交流毫伏表分别测量数字功率信号发生器输出信号电压的有效值,要求至少测量三组不同峰峰值的正弦交流信号,测量结果与信号发生器的示值进行对比,分别分析两种仪器测量结果的百分差.

3. 信号周期和频率的测量

使用示波器测量数字功率信号发生器输出信号的频率,要求至少测量三组不同周期的正弦交流信号.测量结果与信号发生器的示值进行对比,求出百分差.

4. 观察李萨如图

在示波器的两个通道分别输入频率不同,初相位相同的正弦波,观察李萨如图形,验证(3.4)式.改变其中一个正弦波的相位,观察李萨如图形的变化.

5. 选做实验:两个信号相位差的测量

在示波器的两个通道分别输入频率相同的正弦波,通过信号发生器改变其中一个信号的相位,从示波器上读出两个信号的相位差.

【思考题】

1. 观察波形时,若示波器正常,而荧光屏上无图像,会是哪些原因? 实验中应怎样得到待测量的波形?

2. 测量直流电压时,确定其水平扫描基线时,为什么"Y 轴输入"耦合选择开关要置于"⊥"?

3. 某同学用示波器测量正弦交流电压,与多用表测量的值比较相差很大,试分析其原因.

4. 如果在观察李萨如图的过程中,图形不稳定且随着时间不断发生变化,试分析其原因.

附录 3.1 双通道模拟示波器主要功能键介绍（以 YB4328 模拟示波器为例）

功能键		功能
屏幕调整	亮度（INTENSITY）	光迹亮度调节
	聚焦（FOCUS）	使光迹细而清晰
	光迹旋转（TRACE ROTATION）	调节光迹与水平线平行
	校准信号（CAL）	输出幅度、频率一定的方波信号，用以校准 Y 轴偏转系数和扫描时间系数
垂直部分	耦合方式（AC/GND/DC）	AC：信号中的直流分量被隔开，用以观察信号中的交流成分. GND：输入端处于接地状态，用于确定输入端为 0 电平时光迹所在水平位置. DC：信号与仪器通道直接耦合.
	通道 1/2 输入插座 CH1/CH2（X）	常规使用时作为垂直通道 1/2 的输入口；示波器工作在 X-Y 模式时作为 CH1 为水平轴信号输入口，CH2 为竖直轴的信号输入口.
	通道灵敏度选择开关（VOLTS/DIV）	选择垂直轴的偏转因数，分 11 个挡级调节.
	微调（VARIABLE）	用以连续调节垂直轴的偏转因数.该旋钮顺时针旋转到底时为校准位置，此时可根据"VOLTS/DIV"开关读盘位置和屏幕显示的信号幅度获得信号的峰值电压.
	通道扩展开关（PULL×5）	摁下此开关，增益扩展 5 倍.
	垂直位置（POSITION）	用以调节光迹在垂直方向的位置.
	垂直方式（MODE）	选择垂直系统的工作方式 CH1：只显示 CH1 通道的信号. CH2：只显示 CH2 通道的信号. 交替：两路信号交替显示，适用于扫描速率较高的情况. 断续：两路信号断续工作，适合于扫描速率较低的情况. 叠加：用于显示两路信号相加的结果. CH2 反相：摁下时 CH2 信号被反相，叠加效果变为相减.
触发部分	极性（SLOPE）	用于选择被测信号在上升沿或下降沿触发扫描.
	电平（LEVEL）	调节被测信号在变化至某一电平时触发扫描.
	扫描方式（SWEEP MODE）	自动（AUTO）：无触发信号输入时屏幕显示扫描光迹；有触发信号输入时电路自动转为触发扫描状态，调节触发电平可使波形稳定地显示在屏幕上. 常态（NORM）：无信号输入时，屏幕上无光迹显示；有信号输入时，且触发电平旋钮在合适位置，电路被触发扫描. 锁定：仪器工作在锁定状态，无需调节电平即可使波形稳定地显示在屏幕上. 单次：用于产生单次扫描.当触发信号输入时，扫描只产生一次.

续表

功能键		功能
触发部分	触发源（SOURCE）	CH1：双踪显示时，触发信号来自 CH1 通道. CH2：双踪显示时，触发信号来自 CH2 通道. 交替：双踪交替显示时，触发信号交替来自两个 Y 通道. 电源：触发信号来自市电. 外接：触发信号来自触发输入端口.
水平部分	扫描速率（SEC/DIV）	根据被测信号频率的高低，选择合适的挡级.逆时针旋转到底时为"X-Y"模式.
	微调（VARIABLE）	用于连续调节扫描速率.当微调置于校准位置时，可根据度盘位置和波形在水平轴的距离测出被测信号的时间参数.
	扫描扩展开关（×5）	摁下此开关，水平速率扩展 5 倍.
	水平位移（POSITION）	调节光迹在水平方向的位置

附录 3.2　数字示波器主要功能键介绍（以 **TDS1001B** 示波器为例）

功能键		功能
运行控制帮助	自动设置（AUTO SET）	自动设置示波器控制状态，以产生适用于输出信号的显示图形.
	运行/停止（RUN/STOP）	显示即时采样的波形/显示在按停止键之前采样的波形.
	单次（SINGLE SEQ）	采集单个波形，然后停止.
	帮助（HELP）	显示帮助菜单.
	默认设置（DEFAULT SETUP）	调出示波器的出厂默认设置.
垂直控制	CH1/CH2 菜单（MENU）	显示/（停止显示）CH1 通道的信号及操作菜单.
	数学菜单（MATH MENU）	显示波形数学运算菜单，并打开和关闭对数学波形的显示.
	垂直位置	将正在显示参数的通道的信号波形在屏幕上垂直上下位移.
	伏/格	改变屏幕显示信号的垂直分辨率，使波形高矮发生变化.
水平控制	水平菜单（HORIZ MENU）	显示水平控制系统的操作菜单.
	设置为 0（SET TO ZERO）	将水平位置设置为 0.
	水平位置	调整波形的水平位置.
	秒/格	调整扫描波形的时基（屏幕上横向每大格对应的时间，即 s/DIV）.
功能控制	测量（MEASURE）	显示自动测量菜单.
	采集（ACQUIRE）	显示"采集"菜单.设置采集参数.
	保存/调出（SAVE/RECALL）	显示"存储"菜单.存贮设置、屏幕图形或波形等，包含多个子菜单.
	光标（CURSOR）	显示测量光标和"光标"菜单，使用多用途旋钮改变光标的位置.
	显示（DISPLAY）	显示"显示"菜单.在次级菜单中可找到 XY 模式.
	系统设置（UTILITY）	显示"系统设置"菜单.如系统状态、选项、自校正等.

续表

	功能键	功能
功能控制	自动量程 （AUTO RANGE）	显示自动量程菜单.可以自动调整设置值以跟踪信号.
	参考（REF MENU）	可以显示打开或关闭参考内存波形.
	多用途旋钮	可以配合 Cursor 等菜单使用.
	保存/打印 （SAVE/PRINT）	保存图像、设置、波形等；当示波器连接到打印机,可以用此键打印屏幕图形.
触发控制	电平（LEVEL）	设置采集波形时所必须越过的电平.
	触发菜单 （TRIG MENU）	在屏幕设置触发菜单.可对触发信号源、触发模式、触发方式等进行改变.
	设为 50% （SET TO 50%）	触发电平设置为触发信号峰值的垂直中点.
	强制触发 （FORCE TO TRIG）	强制产生一个触发信号,不管触发信号是否适当,都完成采集.

*实验 4　用冷热补偿法测定固体的比热容

比热容是热学中一个重要的物理量. 物质比热容的测量是物理学的基本测量之一, 对于了解物质的结构、确定物质的相变以及新能源的开发和新材料的研制等方面, 都起着重要作用.

根据热平衡原理用混合法测定固体或液体的比热容, 是量热学中的一种常用方法, 所使用的基本仪器为量热器. 本实验测定铝锭的比热容, 在实验过程中, 采用冷热补偿法和图线外推法补偿量热系统与外界的热交换, 是量热学中减小系统误差的常用方法.

【预习提示】

1. 在混合法实验开始之前, 需要将量热筒内水的初温调整为比室温低 4 ~ 5 ℃, 为什么?

2. 在混合法实验中, 量热筒内水不能太多, 也不能太少, 为什么? 多少量是合适的?

3. 在将铝锭从加热器中拿出, 快速投入量热筒中时, 铝锭在进入水中时温度是多少?

【实验目的】

1. 了解用混合法测定固体的比热容的优点和条件;

2. 学会根据实验误差的分析和要求, 合理地选择温度和时间等重要参量并安排好实验步骤.

【实验原理】

某种质量为 m 的物质, 温度升高(或降低) Δt 时, 所吸收(或放出)的热量为

$$Q = mc\Delta t \tag{4.1}$$

式中 c 为该物质的比热容, 在一定的温度范围内, 它近似等于常量. 下面着重探讨如何测量式中的比热容.

热学理论认为, 温度不同的两个或几个物体相互热接触组成一个热学系统后, 热量将由高温物体传递给低温物体. 如果热交换过程中系统没有向外界环境散失热量也没有自外界环境吸收热量, 那么系统最终达到均匀稳定的平衡温度时, 高温物体放出的热量等于低温物体吸收的热量, 这就是热平衡原理:

$$Q_{放} = Q_{吸} \tag{4.2}$$

根据热平衡原理, 利用混合法可以测定固体的比热容. 将质量为 m、比热容为

NOTE

c、温度为 t_2 的高温物体与水、量热器内筒和搅拌器组成一个热学系统. 其中, 水、量热器内筒及搅拌器的温度均为 $t_1(t_1 < t_2)$, 而水的质量和比热容分别为 m_0、c_0, 量热器内筒及搅拌器的总质量和比热容分别为 m_1、c_1. 当系统最终达到热平衡时温度为 t, 根据 (4.1) 式和 (4.2) 式有

$$mc(t_2 - t) = (m_0 c_0 + m_1 c_1)(t - t_1)$$

$$c = \frac{(m_0 c_0 + m_1 c_1)(t - t_1)}{m(t_2 - t)} \tag{4.3}$$

(4.3) 式便是本实验的实验原理, 其中水的比热容 $c_0 = 4.182 \times 10^3 \text{ J/(kg} \cdot \text{℃})$, 根据该式可以测定待测固体的比热容 c.

根据 (4.3) 式, 似乎只要用温度计和物理天平分别直接测出 t、t_1、t_2、m、m_0 和 m_1 的值, 再将其代入 (4.3) 式即可算出比热容 c, 但是如何较为合理地测出这些物理量是本实验的关键.

1. 选取水的初温

实验中, 量热器总是会与外界存在热交换, 为了减小实验误差, 需合理选择水的初温 t_1. 操作中要使初温 t_1 在投放待测固体之前低于环境温度 t_0 (即室温), 温度差为 $(t_0 - t_1)$; 而混合后的热平衡温度 t 高于环境温度 t_0, 温度差为 $(t - t_0)$, 并且尽量使 $(t_0 - t_1) = (t - t_0)$. 这样, 在整个实验过程中, 前半过程和后半过程中系统吸收和散失的热量大体上相等, 使得系统与环境间的吸热和放热互相补偿抵消掉, 这种方法称为冷热补偿法.

2. 外推法确定混合前水的初温和混合后系统的终温

实际中, 热物体混合达到热平衡需要时间, 系统也会不断地和外界交换热量, 因此混合前水的初温和混合后系统的终温均不可能准确读出. 为校正由此而产生的系统误差, 本实验中采用如下方法: 混合前, 每隔一段时间测定一次水温 (比室温低)、倒入待测固体后测定水升温及系统温度达到最高点后自然冷却时温度的变化过程, 绘制水的时间 - 温度曲线, 如

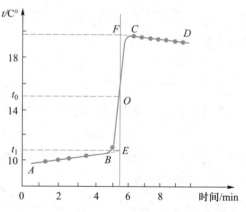

图 4.1　量热筒内的温度 - 时间曲线

图 4.1 所示, 根据牛顿冷却定律来修正温度.

AB 段表示混合前量热器及水在自然放置的状态下的缓慢吸热升温过程, BC 段表示混合过程, CD 段表示混合后冷却过程. 通过 O 点作与时间轴垂直的一条直线交 AB、CD 的延长线于 E 和 F, 使面积 BEO 与面积 CFO 相等. 这样, E 和 F 点对

应的温度就是热交换进行无限快的温度,分别为水的初温 t_1 和系统的终温 t.

【实验仪器】

量热器(图4.2),数字温度计(0.1 ℃),待测固体(圆柱形铝锭),电子秤(0.1克),冰块,加热器,秒表,棉线,镊子等.

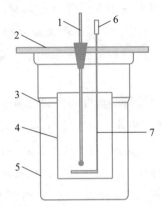

1—温度计; 2—绝热盖; 3—绝热架
4—金属内筒; 5—外筒; 6—绝热柄; 7—搅拌器

图4.2 量热器

【实验内容】

1. 了解实验仪器

逐一查看实验仪器,明确其使用方法,弄清这些仪器如何测定实验原理中的相关物理量.

2. 明确实验方案

根据实验原理中涉及的物理量、阐述的方法以及实验仪器的功能,设计实验方案,明确物理量测量的先后顺序.

3. 选择主要物理量的量值

(1)选择水的初温

以室温 t_0 为依据,大致使水的初温 t_1 和系统的终温 t 满足关系 $(t_0-t_1) \approx (t-t_0)$.实验时需用降温物质(如冰块)将水温降至室温 t_0 以下,以达到所需的 t_1 值.在本实验中,$(t_0-t_1) \approx (t-t_0) \approx 4$ ℃时,实验效果较好.在实验时,将量热器的内筒取出,盛入适量自来水,并放入冰块降温.建议使水下降的温度比预定的 t_1 值,再低约0.5 ℃,然后将内筒放入量热器内让其温度缓慢回升,并用搅拌器适当搅动.

(2)质量大小的选择

尝试选择水和被测物之间的质量比例关系,以确保温差明显,即 (t_0-t_1) 或

$(t-t_0)$的值要明显.通常可以先确定被测圆柱形铝锭的质量,在确保水初温基本不变的情况下,多次更换水的质量,进行尝试,最终找到比较合适的质量.

4. 实验操作要点

(1)取适量自来水,用冰块降温;降到所需温度范围后,需用镊子将冰块取出,再调整量筒里水的质量 m_1.

(2)给铝锭加热时,原则上应用水蒸气进行加热.但若实验中受条件限制,粗略地做法是直接将铝锭放入水中加热,并建议盖上加热器的盖子,以确保受热均匀.待水沸腾后约1分钟后可以将铝锭迅速取出放入量热器,且不要让水溅起来,同时迅速盖好量热器盖.

(3)铝锭被加热后达到的温度 t_2,可间接通过沸水的温度获得.

(4)使用量热器的搅拌器和数字温度计时,搅拌时要上下晃动;温度计探头要没于液面下,但不能直接与铝锭接触,也不能与量热器内筒壁接触.

(5)用秒表记录时间,建议在将加热后的铝锭放入量热器之前,每隔30 s读取一次温度值,当投放铝锭后每隔5 s读取一次,待温度上升基本稳定后又每隔30 s读取一次.

5. 实验数据处理及误差分析

(1)温度的修正

首先利用温度和时间这组数据,作"时间-温度"图线;其次,依据室温 t_0,由根据牛顿冷却定律来获取水的初温 t_1 和系统终温 t.

(2)计算比热容

计算时取水的比热容 $c_0 = 4.18$ J/(g·℃);搅拌器与量热器内筒均为铜,其比热容 $c_1 = 0.39$ J/(g·℃);温度计探头质量对实验影响很小,忽略不计;铝的比热容参考值为 $c = 0.88$ J/(g·℃).

(3)误差分析

测量工具及实验的操作过程都可能给实验带来误差,需要对其进行全面分析,并着重分析温度对所测比热容 c 误差的影响(参见附录1).

[思考题]

1. 室温是一个较为稳定的参量,它在实验中起到什么作用? 在实验中是如何利用温度补偿法,消除散热影响的?

2. 若用沸水加热铝锭,会对实验结果产生什么影响? 若温度计碰到铝锭,又会产生什么影响?

3. 将铝锭从沸水中拿出并放到量筒中,铝锭会携带部分水,同时铝锭会向空气散热并降温,试分析这些因素对实验结果的影响.

4. 水的质量要适当,太多或太少会有什么影响?

对(4.3)式,可以求出

$$\frac{\Delta c}{c}=\frac{\Delta m_0}{m_0}+\frac{\Delta m_1}{m_1}+\frac{\Delta(t-t_1)}{t-t_1}+\frac{\Delta(t_2-t)}{t_2-t}$$

实验中使用天平测量质量的精度比温度计测量温度的精度高得多,所以误差主要来源于对温度的测量,于是

$$\frac{\Delta c}{c}\approx\frac{\Delta t+\Delta t_1}{t-t_1}+\frac{\Delta t_2+\Delta t}{t_2-t}$$

实验所用补偿法又要求$(t_0-t_1)\approx(t-t_0)$,必然有 $t_2-t\gg t-t_1$,上式进一步简化为

$$\frac{\Delta c}{c}\approx\frac{\Delta t+\Delta t_1}{t-t_1}$$

§3.2　放大法

在物理量的测量过程中经常会出现待测量过小的情形,例如力学中的微小形变、光学中的光波波长、电学中的微弱电信号等,这些物理量无法引起测量仪表的明显反应.为此可以先采用某种方法或途径将待测量进行放大,然后再进行测量,这样的方法即为 放大法.放大法有机械放大、光学放大、电学放大和累积放大等形式.

机械放大主要是利用机械部件之间的几何关系将物理量在测量过程中加以放大,从而提高测量仪器的分辨率.长度测量工具中的游标卡尺和螺旋测微器均是机械放大的典型代表.游标卡尺利用游标可以将原来的分度值由 1 mm 提高到 0.02 mm,螺旋测微器的测微鼓轮旋转 1 格,鼓轮的端面仅向前移动 0.01 mm,微小位移能够获得 100 倍的放大.历史上著名的扭秤实验中,卡文迪许利用了一个镜面进行光的反射,实现偏转角的放大测量,从而实现了引力常量的精确测量.自 20 世纪 80 年代以来,华中科技大学的罗俊院士及其团队就致力于采用扭秤技术精确测量引力常量 G,该团队先后解决了限制精密扭秤精度的多项关键技术.2018 年 8 月 30 日,国际顶级学术期刊 Nature 以长文形式报道了罗俊院士及其团队获得的目前国际最高精度的引力常量测量值.

视角放大是典型的光学放大法,采用了视角放大的装置有望远镜和显微镜等.除了视角放大,光学放大也可以是利用光学装置对待测量进行放大,例如本节将要学习的"拉伸法测量金属丝的弹性模量"实验,该实验装置的核心是小镜子和望远镜组成的光杠杆系统,它能够将金属丝的微小伸长量成倍放大,从而可以在望远镜里进行测量."金属线膨胀系数的测定"实验采用了改进的光杠杆系统,它在望远镜与镜面距离减小的情况下保持了放大倍数不变,从而减小了仪器所占用的实验室空间.

电学放大主要是利用放大电路将待测的微弱电信号进行放大.利用电学放大首先要将待测量利用传感器转换为电信号,然后再进行放大.电学放大广泛存在于我们所使用的电子仪表之中.在上节的"示波器的调整和使用"实验中,示波器的内部结构中"X 轴放大器"、"Y 轴放大器"均能够实现对微弱信号的放大.

累积放大主要是用来减小实验过程中所产生的系统误差.在"利用单摆测量重力加速度"实验中,测量单摆周期就采用了累积放大法,这是因为测量者在采用秒表测量单摆的周期时,秒表的启动和停止都会造成周期的计时误差,通过测量单摆的多个周期,将计时引入的误差平均到多个周期中,就减小了单个周期中计时误差所占的百分比.

除了以上所述的实验,放大法在其他很多实验中也有着广泛的运用,也会有着更为灵活的形式,同学们在后续的实验学习中可以进一步体会.

*实验 5　用拉伸法测金属丝的弹性模量

弹性模量描述了弹性体材料抵抗外力产生形变的能力,在机械设计和材料性能的测试中,它是一个必须考虑的重要力学参量,如何提高材料的弹性模量也是人们一直不断研究的课题之一.2017 年中国科学家尝试用非晶态的金属玻璃包裹金属纳米晶体颗粒,制成了一种新型的镁基双相纳米合金材料,其强度接近理论值,该成果在 *Nature* 杂志上发表①.

拉伸法是测定材料弹性模量值常用的方法.

【预习提示】

1. 本实验中一个重要的操作步骤为光杠杆的调节,在光杠杆的调节过程中,为什么在望远镜中看到与望远镜光轴在同一水平线上的标尺刻度,就表明光杠杆调节完成了?

2. 在采用拉伸法测量金属丝弹性模量时,为什么要采用加砝码、减砝码两个过程完成金属丝伸长量的测量?

【实验目的】

1. 了解光杠杆的结构、工作原理;
2. 掌握光杠杆的调节方法,能够使用光杠杆测量金属丝的弹性模量;
3. 学习使用逐差法测量数据.

【实验原理】

1. 弹性模量的概念

一粗细均匀的金属丝,设原长为 L,截面积为 S,沿其长度方向加一拉力 F 后,金属丝伸长了 ΔL.我们称单位截面积上受到的作用力 $\dfrac{F}{S}$ 为应力,单位长度的伸长量 $\dfrac{\Delta L}{L}$ 为应变.根据胡克定律,在金属丝的弹性限度内,应力与相关应变成正比,即

$$\frac{F}{S}=E\frac{\Delta L}{L} \tag{5.1}$$

式中比例系数 E 称为该金属丝的弹性模量,数值上等于产生单位应变的应力,单位为 $N \cdot m^{-2}$.弹性模量 E 是描述弹性体材料受力后形变大小的参数,E 愈大,使材料

① *Nature*,2017,545:80—83

发生一定的弹性形变所需的应力愈大,或在一定的应力作用下所产生的弹性形变越小.

设金属丝的直径为 d,则 $S = \dfrac{\pi}{4}d^2$,代入上式并整理得

$$E = \frac{4FL}{\pi d^2 \Delta L} \tag{5.2}$$

式中金属丝的伸长量 ΔL 为一不易测准的小量. 在实验上,一般可以采用 CCD 法、光杠杆放大法来实现该伸长量的测量,本实验采用光杠杆放大法测量 ΔL.

2. 光杠杆的放大原理

图 5.1 为光杠杆结构示意图,其主要结构为平面镜和 T 型支架. T 型支架的两个前足 A、B 与平面镜在同一平面内,在实验的时候 A、B 位于弹性模量实验仪中托板的槽沟里. T 型支架的后足 C 置于金属丝的卡头上,可以随着金属丝的伸长或缩短而移动. T 型支架的后足 C 在移动过程中,光杠杆以 AB 的连线为轴进行转动,C 点至 AB 连线的垂直距离为 K.

图 5.1　光杠杆结构图

图 5.2 为光杠杆放大原理图. 在光杠杆的正前方放置望远镜和直标尺,望远镜和直标尺与光杠杆的距离为 1.5 ~ 2.0 m. 光杠杆按规定安置和调节后,光杠杆的镜面是竖直的,从望远镜中能清楚地看到平面镜反射的直标尺像,读取与望远镜叉丝横线重合的标尺读数 y_0,该值应与望远镜轴线所对应的直标尺刻度一致. 砝码盘上增加负载之后,钢丝伸长 ΔL,光杠杆后足随金属丝的卡头下移距离 ΔL,光杠杆镜面连同横架一起绕前两足连线转过一微小角度 θ,设此时与望远镜中叉丝横线重合的标尺读数为 y,显然 $\angle yOy_0 = 2\theta$. 设 D 为光杠杆镜面到标尺的距离,当 θ 很小时,

$$\theta \approx \frac{\Delta L}{K} \approx \frac{y - y_0}{2D}$$

可得钢丝的伸长量表达式为

$$\Delta L = \frac{K}{2D}(y-y_0) \tag{5.3}$$

$A = \dfrac{2D}{K}$称为光杠杆的放大倍数.将(5.3)式代入(5.2)式,$F=mg$,$\Delta y=y-y_0$,则有

$$E = \frac{8mgDL}{\pi d^2 K \Delta y} \tag{5.4}$$

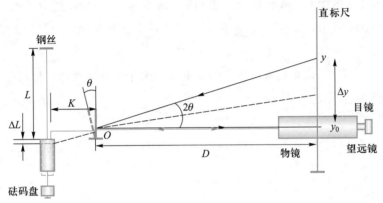

图 5.2 光杠杆放大原理图

【实验仪器】

弹性模量测定仪,光杠杆,望远镜和直标尺,米尺,游标卡尺,螺旋测微器等.

【实验内容】

1. 弹性模量实验仪的调整

(1) 弹性模量实验仪上有两个平台,分别为中托板和下平台.实验前首先在下平台上放置水平仪,调整弹性模量实验仪的三个底角螺丝,使水平仪的气泡位于中间,表明弹性模量实验仪呈竖直状态.再将水平仪放置在中托板上,调节中托板水平,此时金属丝的中夹头在平台圆孔中能上下自由移动.

(2) 将光杠杆前两足 A 和 B 放在中托板槽内,后足 C 置于钢丝的中夹头上但不接触金属丝.拿一张白纸,将光杠杆拿下在白纸上摁一下,留下 A、B 和 C 的标记,然后将光杠杆放回到中平台原来的位置.调整光杠杆的镜面,使在约 2 m 远处看镜面时能看到观察者自己的脸部,此时表明镜面竖直.

(3) 在钢丝下端砝码托盘上加初始负载,拉直金属丝.

(4) 利用 A、B 和 C 的标记测量光杠杆前后足间的垂直距离 K,具体的方法为作 C 点至 AB 连线的垂线,利用游标卡尺测量垂线的长度.

(5) 利用直标尺测量金属丝从上夹头至中夹头之间的长度 L,利用螺旋测微器测量金属丝的直径 d.

2. 光杠杆的调节

（1）上下移动望远镜并调节望远镜的光轴水平,使光轴基本和光杠杆镜面处于同一水平位置上.

（2）左右移动望远镜和直标尺,直到沿望远镜上目测到平面镜中直标尺的清晰的像;调节望远镜目镜,看清叉丝横线,再调物镜,在望远镜中能看清标尺的刻度线,要求刻度线的像与叉丝横线无视差;再微调望远镜位置,使读数清晰地呈现在整个视野的中间,微调光杠杆镜面,使叉丝横线基本上与镜筒同一高度的直标尺刻度线相重合.

（3）调节完毕后,在测量过程中禁止移动光杠杆、望远镜和直标尺位置,记下此时读数 y_0.

3. 数据测量

逐次增加一定质量的砝码,望远镜中相应读数为 y_1、y_2、$\cdots$,再逐次减砝码,相应的读数为 $\cdots$,y_2'、y_1'、y_0'.

4. 数据处理

利用逐差法进行数据处理,求出平均值 $\overline{\Delta y}$,代入公式计算,最后计算金属丝的弹性模量 E 及其不确定度.

【思考题】

1. 试计算你的实验装置中光杠杆的放大倍数. 若已知 $D = 150$ cm,$K = 7.500$ cm,设我们能感知标尺分度值 $\frac{1}{10}$ 的变化,则相应地我们能分辨的钢丝的伸长量为多大?

2. 在金属丝下端的砝码盘上加初始负载和不加负载,有什么差别?

3. 在加砝码和减砝码的过程中,有同学发现相同质量的砝码对应了不同的伸长,你知道这是为什么吗?

实验6　金属线膨胀系数的测定

绝大多数物质都具有"热胀冷缩"的特性,这是由于物体内部分子热运动加剧或减弱造成的.材料的线膨胀系数是材料受热膨胀时,在一维方向上的伸长,线膨胀系数是选用材料的一项重要参数.

【实验目的】

1. 了解测定金属杆线膨胀系数的难点;
2. 学会光杠杆改进优化的方法;
3. 掌握二级光杠杆的调节方法,并能够测量金属杆的线膨胀系数.

【实验原理】

1. 线膨胀系数的概念

固体受热后发生体积膨胀,分别在 x、y、z 方向的膨胀称为线膨胀.对于杆状物体,只研究在杆长方向的膨胀,当原长为 L 的杆状物,在一定温度范围内,受热后其伸长量 Δl 与原长 L 成正比,与所加温度增量 Δt 近似成正比,即

$$\Delta l = \alpha L \Delta t \tag{6.1}$$

式中比例系数 α 称为线膨胀系数,其单位为 ℃$^{-1}$.在温度变化不太大的情况下,对一定的物质材料,α 是一个常量.材料不同,α 值不同,如塑料 α 值很大,金属 α 值次之,石英玻璃 α 值很小.

2. 光杠杆的改进和优化

与"拉伸法测金属弹性模量"实验中的光杠杆不同,本实验采用了改进的光杠杆实验系统,该系统由金属杆端的杠杆放大系统和望远镜端的改进光杠杆两部分组成,该系统的总放大倍数为两部分放大倍数的乘积.

杠杆放大系统首先将金属杆的伸长量进行放大,如图 6.1 所示,光杠杆后足与支点之间的距离是金属杆到支点距离的 2 倍,所以杠杆放大系统的放大倍数 $A_1 = 2$.

图 6.2 为改进后的光杠杆装置示意图.改进版的光杠杆直标尺和光杠杆反射镜在同一侧,处于同一平面,在望远镜一侧再设置一个平面镜.直标尺通过平面镜在平面镜后方成像.如果直标尺与平面镜之间的距离为 D,则光杠杆反射镜与直标尺像之间的距离为 $2D$.

图 6.1　金属杆伸长的杠杆放大系统示意图

利用实验 5 的结果,此光杠杆的放大倍数为

$$A_2 = \frac{4D}{K} \tag{6.2}$$

上式中 K 同样为光杠杆下方三个支点中 C 点与 AB 连线之间垂直距离. 可见图 6.2 中的光杠杆较之实验 5 中的光杠杆放大倍数增大了 2 倍.

光杠杆与图 6.1 中的杠杆放大系统结合后, 总的放大倍数为

$$A = A_1 A_2 = \frac{8D}{K} \tag{6.3}$$

初温下在望远镜上读取的标尺读数为 P_0, 当金属杆受热后伸长 Δl, 在望远镜上读到的标尺读数 P_1, $P_1 - P_0$ 即为放大后的金属杆伸长量. 由以上的分析可知所测微小长度:

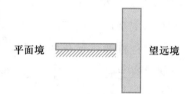

$$\Delta l = \frac{P_1 - P_0}{A} = \frac{K(P_1 - P_0)}{8D} \tag{6.4}$$

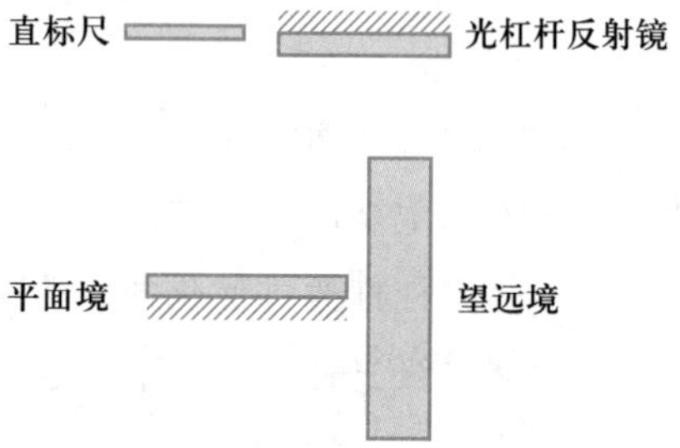

图 6.2　改进后的光杠杆装置示意图

3. 实验公式

根据 (6.1) 式和 (6.4) 式, 所测铜管的线膨胀系数:

$$\alpha = \frac{b(P_1 - P_0)}{8D[L(t_2 - t_1)]} \tag{6.5}$$

【实验仪器】

金属杆加热系统, 测温系统, 杠杆系统, 望远镜系统, 光杠杆等.

【实验步骤】

1. 按照图 6.2 所示光杠杆装置示意图安放光杠杆, 并调节光杠杆三个足尖的高度, 使光杠杆的反射镜面基本垂直于水平面.

2. 用眼睛从望远镜的上方观察光杠杆小镜中是否有标尺像. 如果没有, 左右移动辅助反射镜–望远镜固定架, 直到能看到标尺在光杠杆中的反射像, 然后将望远镜的准星对准标尺的反射像, 调节物镜使小镜中标尺的像清晰可辨, 再调节目镜, 使望远镜中的十字叉丝清晰. 如此反复, 直到消除视差为止.

3. 接通温控电源, 为金属杆加热, 连续加温 160 ℃, 每升高 20 ℃通过望远镜读一次数据, 在降温过程中相同的温降再测一遍数据.

4. 关闭电源, 用米尺量出小反射镜到光杠杆的距离 D, 用游标卡尺测出光杠杆后足尖到前足线的垂直距离 b.

5. 采用逐差法处理数据, 并计算金属杆的线膨胀系数.

*实验 7　利用单摆测量重力加速度

单摆是物理学中最简单的模型之一.通过对单摆的研究发现,单摆运动呈现了由线性运动向混沌的过渡,伽利略对单摆的研究体现了典型的近代科学方法论.

单摆周期的精密测量是提高重力加速度测量精度的关键,本实验使用电子秒表并采用了累计计时法以减小计时误差.原子钟是一种计时装置,精度可以达到几千万年甚至几亿年才误差 1 秒,而光钟则具有实现更高准确度的潜力,被公认为下一代时间频率基准.2004 年,华东师范大学的马龙生教授在美国著名杂志《Science》上发表了题为"Optical Frequency Synthesis and Comparison with Uncertainty at the 10^{-19} Level"的学术论文①.当时美国国家标准与技术研究所对此评价为"为下一代原子光钟铺平了道路".由此,马龙生教授于 2010 年被授予拉比奖,以表彰他"在发展光钟、飞秒激光光谱以及将频率测量精度提高到 19 位数字"的研究过程中做出的决定性贡献.

【预习提示】

1. 在实验中需要测量不同长度单摆摆长下单摆的周期,在给定的实验装置下如何改变单摆的摆长,改变几次摆长,每一个摆长之间的关系如何?

2. 如何准确地测量单摆的摆长? 如何保证摆角小于 5°?

3. 在实验中如何减小秒表的启动、停止所带来的计时误差?

【实验目的】

1. 掌握周期累计测量减小误差的方法和直线图解法处理数据的方法;

2. 学会使用秒表、镜尺等仪器;

3. 了解摆角等对振动周期的影响.

【实验原理】

1. 单摆的运动分析

单摆在经典物理学中是作为一个简谐振子模型,用来研究周期运动.如图 7.1 所示,一根不能伸长的长度为 L 的细线末端系上一质量为 m 的小重球,将该小重球自平衡位置拉至一边,然后释放,小重球即在平衡位置左右作周期性的往返摆动.

设单摆的摆角为 θ,在 θ 较小时($\theta<5°$)有 $\sin\theta=\theta-\dfrac{\theta^3}{3!}+\dfrac{\theta^5}{5!}-\cdots\approx\theta$,忽略空气的

① Science,2004,303(5665):1843—1845

摩擦阻力,则单摆在摆动过程中所受的回复力为

$$F_q = -mg \cdot \sin\theta \approx -mg\theta$$

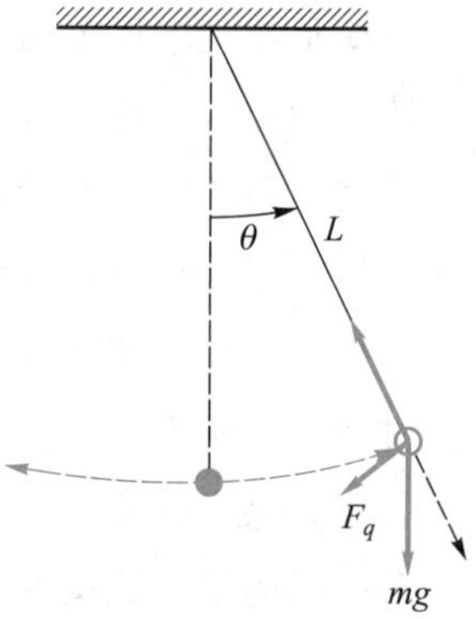

该力的效果类似于弹性力,但实质上又不是弹性力,称为准弹性力,在准弹性力作用下单摆的摆动称为简谐振动.根据牛顿第二定律,摆球动力学方程在切线方向的分量式为

$$F_q = -mg\theta = mL\frac{\mathrm{d}^2\theta}{\mathrm{d}t^2}, \frac{\mathrm{d}^2\theta}{\mathrm{d}t^2} = -\frac{g}{L}\theta$$

令 $\omega^2 = \dfrac{g}{L}$,则可以得到单摆的角位移的二阶线性常微分方程.

$$\frac{\mathrm{d}^2\theta}{\mathrm{d}t^2} + \omega^2\theta = 0$$

图 7.1　单摆的受力分析

解之可得单摆作简谐振动时的角位移表达式为

$$\theta = \theta_m \cos(\omega t + \varphi_0)$$

由以上分析可见,当摆角 $\theta < 5°$ 时,由 $\omega = 2\pi f$ 可得单摆的振动周期 T 和摆长 L、重力加速度 g 之间的关系为

$$T = 2\pi\sqrt{\frac{L}{g}} \tag{7.1}$$

利用该式,测得单摆的摆长 L 和摆动的周期 T,既可以获得对应的重力加速度 g. 也可以利用 T^2-L 之间的线性关系,通过改变摆长,测出相应于各摆长的周期,绘制 T^2-L 图,由该直线的斜率 $B = \dfrac{4\pi^2}{g}$,即可求出 g.

当摆角很大时($\theta > 5°$),单摆的振动就不能看作是简谐振动,此时运动仍然具有周期性,但此时的运动周期不仅与单摆本身的性质有关,还会与摆幅的大小有关.进一步理论推导可得周期与摆角关系取二级近似为

$$T = T_0\left(1 + \frac{1}{4}\sin^2\frac{\theta}{2}\right) \tag{7.2}$$

式中 T_0 为摆角接近于 0° 时的周期.若在某一固定摆长下,测得不同的摆角 θ 和相应的周期 T,可由 T-$\sin^2\dfrac{\theta}{2}$ 图线验证上述关系.

2. 累积计时法减小计时误差

在实验中一般采用秒表、光电计时器等测量单摆运动的周期.用秒表测量任何一个时间间隔时,都要启动和制动秒表.由于按表的动作和目测信号之间很难完全同步,按表动作往往提前或滞后,这一般属于随机误差.如果不计秒表本身的系统误差,这两次按表引入的误差与所测时间的长短无关.因而,所测的时间间隔越长,

测量的相对误差就越小. 根据此原理, 单摆实验中对周期 T 的测量, 用周期累积计时法, 变成对时间间隔 $t = nT$ 的测量. 至于具体需要连续测多少个周期, 应根据测量精度的要求, 通过计算决定.

在测量时, 应当在摆球的摆动过程中选择摆球经过其运动轨迹的最低点即平衡位置的瞬间作为计时位置. 在研究摆角变化的实验中, 必须以该点作为计时位置才能满足周期测量时的同相位的条件.

【实验仪器】

摆球, 细线, 镜尺, 电子秒表等.

【实验内容】

1. 摆长的测量

实验中采用镜尺测量单摆的摆长, 镜尺的结构如图 7.2 所示. 在一把米尺上附有一块可以上下滑动的平面镜, 其上还刻有一准线, 准线的位置由米尺读出. 若测量某物体的长度时, 可将镜尺移近物体的一个端点, 使准线与物的端点对准, 即眼睛观测时, 物(端点)、准线、物在镜中的像三者在一直线上, 然后读出该准线所在米尺位置的读数. 同样可以测出物体另一端点在米尺上的读数, 两者之差, 即为该物体的长度.

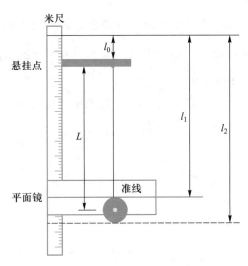

图 7.2 单摆摆长的测量

单摆的摆长 L 是悬线的悬点到摆球的中心之间的距离. 设摆线的长度为 l, 摆球直径是 d, 则 $L = l + \dfrac{1}{2}d$. 对应图 7.2 所示的装置, 若用镜尺分别测出摆线悬点读数 l_0、摆球上端点读数 l_1 和下端点读数 l_2, 则摆长为

$$L = \frac{l_1 + l_2}{2} - l_0 \qquad (7.3)$$

2. 固定摆长 L 测出相应周期 T, 求重力加速度 g

用累计计时法进行周期 T 的测量, $T = \dfrac{t}{100}$, 并重复 5 次取平均; 要求 $L > 80$ cm, l_0、l_1 和 l_2 均为单次直接测量, 三个量的极限误差均估计为 1 mm, L 的极限误差为 3 mm. 由 (7.1) 式求 g 及其不确定度.

3. 改变摆长共 6 次,测出相应周期,用作图法求 g

摆长要求在 50 cm 以上,各摆长之间间隔均匀,约 5 cm 左右;仍用累计计时法一次测出相应于各摆长的周期;横坐标(L轴)以 1 mm 代表 0.1 cm,纵坐标(T^2轴)以 1 mm 代表 0.01 s^2 绘制 T^2-L 直线图,在直线上取间隔较大的两个非实验点(L_1, T_1^2)和(L_2, T_2^2),求斜率 $B = \dfrac{T_2^2 - T_1^2}{L_2 - L_1}$,进一步求 $g = \dfrac{4\pi^2}{B}$.

4. 选做实验

研究周期和摆角之间的关系. 固定摆长为某个值,在不同摆角时测周期 T,绘制 T-$\sin^2\dfrac{\theta}{2}$ 直线图,从图线的斜率和截距的比值是否等于 $\dfrac{1}{4}$ 来验证(7.2)式.

【思考题】

1. 若已知当地重力加速度 g,用公式 $T = 2\pi\sqrt{\dfrac{L_0}{g}}$ 测定某一等值单摆长 L_0,要求其相对误差 $<0.1\%$. 若 $T \approx 2$ s,不考虑系统误差,在用累计计时法测周期过程中应测多少个周期为宜?

2. 设摆长为 1 m,摆球水平位移为 10 cm,将对周期的测量产生多大影响?

§3.3　模拟法

在实际的物理实验过程中,有时候存在"研究对象体积非常庞大或过于微小、研究成本过大或研究具有某种危险性、研究过程过于缓慢或迅速"等问题,使得研究者难以直接对研究对象进行系统的研究.在这种情况下利用与研究对象或过程具有相似性的模型来进行研究和测量是必要的.在研究某物理过程或对象时制造与该对象或过程有一定关系的模型,用对该模型的研究代替对原物理过程或对象的研究的方法称为模拟法.模拟法有数学模拟、物理模拟和计算机模拟等多种形式.

数学模拟是以数学和逻辑为工具,基于一定的假设条件,对复杂的物理过程建立数学模型,在确定参数后求解以获得不同条件下过程特性的计算结果.在进行数学模拟的时候,人们往往需要借助大型计算软件.数学模拟代替了用实际设备和物料进行的实验,因而可以大大节省成本和时间.例如,碰撞在生活和科学中很常见,弹性球碰撞模型是力学中最基本的模型之一,对于理解宏观碰撞现象以及微观分子相互作用具有重要意义.从理论上说,给出了两个入射粒子初始状态后,就可以通过能量守恒与动量守恒定律来确定其碰撞后的运动状态,即粒子的出射情况.然而,在实验中很难控制粒子的入射状态,也难以精确测量粒子的出射数据.此时就可以借助数学模拟,首先对粒子的出射情况进行建模,然后借助计算软件获得各种入射状态下出射粒子的速度和运动方向.

物理模拟是以真实的物理实验为基础,基于实验室物理实验与真实实验的相似性,用实验室的物理实验来模拟"在空间规模上扩大或缩小、在时间上延长或缩短"的真实物理实验的方法.物理模拟可以用来研究数学模拟,"用模拟法测绘静电场"实验是物理模拟的典型实验,在使用物理模拟的时候,要求模拟实验和真实实验服从的物理规律具有相同的数学形式,并且满足相同的边界条件.在采用电流场模拟描绘静电场时电流场与静电场都遵守高斯定理,具有相同的数学形式,电流场中电极的形状与静电场中带电导体的形状相同,电流场中的导电介质电阻率分布均匀且远小于电极的电阻率,保证了电流场中的电极表面也近似是一个等势面,同时两者具有相同的边界条件,这些保证了电流场能够用于模拟静电场.

近年来各个高校不断加强虚拟仿真实验的建设,虚拟仿真实验是计算机模拟的一种.计算机模拟是以真实物理实验为基础,通过建立合适的数学模型,并将该模型编译为计算机程序,实现实验仪器和过程的可视化,从而利用计算机来研究物理实验的方法.

NOTE

一个带电体在其周围空间的电场分布,通常用电场强度 E 和电势 U 来描述;但是要对一个真正的静电场进行直接测量,是一件困难的事情,这是因为静电测量的灵敏度低,同时测量用的仪表势必破坏静电场的分布形状.恒定电流场和静电场的规律极为相似,本实验中用恒定电流场模拟静电场.由于作为标量的 U 在测量和计算时比矢量 E 要简单得多,本实验就是通过测定电势分布模拟静电场的分布.

【预习提示】

1. 在采用模拟法描绘静电场的时候,电极和导电微晶的介电常量应该有什么样的差别?为什么?

2. 在描绘两共轴无限长均匀带电圆柱体间的静电场时,如果中心接低电势,对测量结果有没有影响?

【实验目的】

1. 掌握运用模拟法开展物理实验所需要满足的条件.

2. 能够用模拟法获得点电荷等带电体的电场分布规律.

【实验原理】

1. 静电场与恒定电流场

NOTE

静电场和电流场是不同的场,但是都可以引入电势 U,而电场强度 $E = -\nabla U$;它们都遵守高斯定理.对于静电场,通过任意一个闭合曲面 S 的电场强度通量 Φ_E 等于该面所包含的所有电荷量的代数和与介电常量的比值.当闭合曲面 S 内无电荷时,

$$\oint_S E \cdot dS = 0 \quad \text{(闭合曲面 } S \text{ 内无电荷)}$$

对于恒定电流场,设想在导体内取任一闭合曲面 S,则在某段时间里由此面流出的电荷量等于在这段时间里 S 面内包含的电荷量的减小,即

$$\oint_S j \cdot dS = -\frac{dq}{dt} \quad \text{(闭合曲面 } S \text{ 内无电源)}$$

已知一个场的环路积分、通量积分及边界条件可以唯一确定这个场,这可以由电动力学场的唯一性定理得到.对于静电场而言各物理量都不是随时间变化的,其环路积分为

$$\oint E \cdot dL = 0$$

同时其通量积分为

$$\oint \boldsymbol{E} \cdot \mathrm{d}\boldsymbol{S} = \frac{Q}{\varepsilon}$$

并且其电荷量 Q 不随时间发生变化.

对比恒定电流场,因为其恒定,则各物理量也不随时间发生变化,也就是满足式

$$\oint \boldsymbol{E} \cdot \mathrm{d}\boldsymbol{L} = 0$$

同时由电荷守恒定律知

$$\oint \boldsymbol{j} \cdot \mathrm{d}\boldsymbol{S} = \frac{\mathrm{d}Q}{\mathrm{d}t}$$

对于恒定电流,则 $\oint \boldsymbol{j} \cdot \mathrm{d}\boldsymbol{S} = 0$,所以得 $\frac{\mathrm{d}Q}{\mathrm{d}t} = 0$,也就是其电荷量 Q 也是不随时间发生变化的,即 $\oint \boldsymbol{E} \cdot \mathrm{d}\boldsymbol{S} = \frac{Q}{\varepsilon}$ 中的电荷量 Q 也是不变的,这和静电场中 E 满足的条件相同,但是在保证边界条件相同时,我们不能保证静电场中的电荷量和恒定电流场中的电荷量是完全相同的,所以静电场与恒定电流场是相似的而非相同的,换言之这两种情况的电场线形状是相同的.

$$\oint \boldsymbol{E} \cdot \mathrm{d}\boldsymbol{L} = 0$$

在静电场和恒定电流场中都成立,所以可以定义电势 U 满足 $\boldsymbol{E} = -\nabla U$,通过测定电势来描绘电场线的分布情况.

静电场与恒定电流场的这种相似性给人们一个启示.如图 8.1(a)所示,当几个电势为 U_1、U_2、U_3 的带电体激发的静电场中 P 点的电势为 U 时,那么,将形状与带电体相同的良导体置于导电介质中的相同位置,加上直流电压,使它们的电势也是 U_1、U_2、U_3,如图 8.1(b)所示,则在导电介质中对应 P 点位置的 P' 点的电势 U' 将和 U 相同.反过来如果测量出恒定电流场中 P' 点的电势为 U',则相应静电场中 P 点的电势 U 将和 U' 相同.这表示通过测量恒定电流场的电势分布可以了解相应静电场的电势分布.

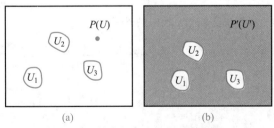

图 8.1　静电场与电流场的相似性

这种利用规律形式上的相似,由一种测量代替另一种测量的方法就是模拟法.

通过恒定电流场的方法来模拟静电场,为了保证其具有相同或相似的边界条件,恒定电流场应满足以下的模拟条件:① 恒流电场中的电极形状和位置必须和

静电场中带电体的形状和位置相同或相似,用电极间电压恒定来模拟静电场中带电体上的电荷量恒定.② 静电场中的导体在静电平衡条件下,其表面是等势面,表面附近的电场强度与表面垂直.与之对应的恒定电流场则要求电极表面也是等势面,且电流线与表面垂直.为此必须使恒定电流场中电极的电导率远大于导电介质的电导率;由于被模拟的是真空中或空气中的静电场,故要求恒定电流场中导电介质的电导率要处处均匀;此外,模拟电流场中导电介质的电导率还应远大于与其接触的其他绝缘材料的电导率,以保证模拟场与被模拟场边界条件完全相同.

2. 两共轴无限长均匀带电圆柱体间的静电场

如图 8.2(a)所示,在真空中有一半径为 r_a 的无限长圆柱形导体 A 和一个内径为 r_b 的无限长圆筒形导体 B,它们同轴放置,分别带等量异号电荷.由高斯定理可知,在垂直于轴线的任一个截面 S 内,都有均匀分布的辐射状电力线,这是一个与坐标 Z 无关的二维场.在二维场中电场强度 E 平行于 S 平面,其等势面为一簇同轴圆柱面.因此,只需研究任一垂直横截面上的电场分布即可.

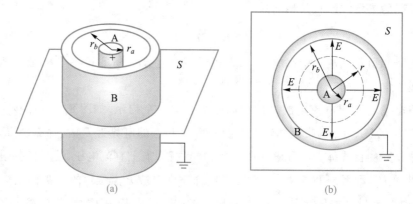

图 8.2　带电圆柱体的静电场

距轴心 O 半径为 r 处[图 8.2(b)]的各点电场强度为:$E = \dfrac{\lambda}{2\pi\varepsilon_0 r}$

式中 λ 为 A (或 B)的电荷线密度.其电势为

$$U_r = U_a - \int_{r_a}^{r} E \cdot \mathrm{d}r = U_a - \frac{\lambda}{2\pi\varepsilon_0}\ln\frac{r}{r_a} \tag{8.1}$$

若 $r = r_b$ 时,$U_b = 0$,则有 $\dfrac{\lambda}{2\pi\varepsilon_0} = \dfrac{U_a}{\ln\dfrac{r_b}{r_a}}$,代入(8.1)式得:

$$U_r = U_a \frac{\ln\dfrac{r_b}{r}}{\ln\dfrac{r_b}{r_a}} \tag{8.2}$$

距中心 r 处场强为

$$E_r = -\frac{\mathrm{d}U_r}{\mathrm{d}r} = \frac{U_a}{\ln \dfrac{r_b}{r_a}} \cdot \frac{1}{r} \tag{8.3}$$

进一步可将(8.2)式化为

$$\ln r = \ln r_b + \left(\ln \frac{r_a}{r_b}\right)\frac{U_r}{U_a} \tag{8.4}$$

如果取 $\ln r$ 为纵坐标，$\dfrac{U_r}{U_a}$ 为横坐标，则上式表示的是一条截距为 $\ln r_b$ 和斜率为

$\ln \dfrac{r_a}{r_b}$ 的直线.

3. 恒定电流场

若上述圆柱形导体 A 与圆筒形导体 B 之间不是真空，而是均匀地充满了一种电导率为 σ 的不良导体，且 A 和 B 分别与直流电源的正负极相连，如图 8.3 所示，则在 A、B 间将形成径向电流，建立起一个恒定电流场.下面讨论该不良导体中的电场强度 E_r'.

若圆柱形同轴不良导体片的厚度为 t. 设材料的电阻率为 $\rho\left(\rho = \dfrac{1}{\sigma}\right)$，设从半径为 r 的圆周到半径为 $r+\mathrm{d}r$ 的圆周之间的不良导体薄块的电阻（t 是高度）为 $\mathrm{d}R$，则 $\mathrm{d}R$ 为

$$\mathrm{d}R = \frac{\rho}{2\pi t} \cdot \frac{\mathrm{d}r}{r} \tag{8.5}$$

由(8.5)式可得半径 r 到 r_b 之间的圆柱片电阻为

$$R_{rr_b} = \frac{\rho}{2\pi t}\int_r^{r_b} \frac{\mathrm{d}r}{r} = \frac{\rho}{2\pi t}\ln \frac{r_b}{r} \tag{8.6}$$

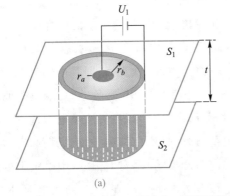
(a)

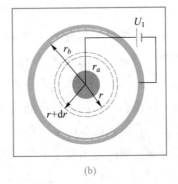
(b)

图 8.3　带电圆柱体的电流场

由此可知，半径 r_a 到 r_b 之间圆柱片的电阻为

$$R_{r_a r_b} = \frac{\rho}{2\pi t} \ln \frac{r_b}{r_a} \qquad (8.7)$$

若设 $U_b = 0$，则径向电流为

$$I = \frac{U_a}{R_{r_a r_b}} = \frac{2\pi t U_a}{\rho \ln \frac{r_b}{r_a}} \qquad (8.8)$$

距中心 r 处的电势为

$$U_r = I R_{r r_b} = U_a \frac{\ln \frac{r_b}{r}}{\ln \frac{r_b}{r_a}} \qquad (8.9)$$

则恒定电流场 E'_r 为

$$E'_r = -\frac{\mathrm{d} U'_r}{\mathrm{d} r} = \frac{U_a}{\ln \frac{r_b}{r_a}} \cdot \frac{1}{r} \qquad (8.10)$$

(8.10)式也可以写为

$$\ln r = \ln r_b + \left(\ln \frac{r_a}{r_b} \right) \frac{U_r}{U_a}$$

可见(8.9)式与(8.3)式具有相同形式,说明恒定电流场与静电场的电势分布函数完全相同,即柱面之间的电势 U_r 与 $\ln r$ 均为直线关系,并且 $\frac{U_r}{U_a}$ 即相对电势仅是坐标的函数,与电场电势的绝对值无关.显而易见,恒定电流的电场 E' 与静电场 E 的分布也是相同的,因为:$E' = -\frac{\mathrm{d} U'_r}{\mathrm{d} r} = -\frac{\mathrm{d} U_r}{\mathrm{d} r} = E.$

实际上,并不是每种带电体的静电场及模拟场的电势分布函数都能计算出来,只有在 σ 分布均匀而且几何形状对称规则的特殊带电体的场分布才能用理论严格计算.上面只是通过一个特例,证明了用恒定电流场模拟静电场的可行性.

为什么这两种场的分布相同呢？我们可以从电荷产生场的观点加以分析.在导电质中没有电流通过时,其中任一体积元(宏观小,微观大,即其内仍包含大量原子)内正负电荷数量相等,没有净电荷,呈电中性.当有电流通过时,单位时间内流入和流出该体积元内的正或负电荷数量相等,净电荷为零,仍然呈电中性.因而,整个导电质内有电流通过时也不存在净电荷.这就是说,真空中的静电场和有恒定电流通过时导电质中的场都是由电极上的电荷产生的.事实上,真空中电极上的电荷是不动的,在有电流通过的导电质中,电极上的电荷一边流失,一边由电源补充,在动态平衡下保持电荷的数量不变.所以这两种情况下电场分布是相同的.

4. 静电场测绘方法

由(8.10)式可知,场强 E 在数值上等于电势梯度,方向指向电势降落的方向.考虑到 E 是矢量,而电势 U 是标量,从实验测量来讲,测定电势比测定场强容易实现,所以可先测绘等势线,然后根据电场线与等势线正交的原理,画出电场线.这样就可由等势线的间距确定电场线的疏密和指向,将抽象的电场形象地反映出来.

【实验仪器】

静电场描绘仪(包括导电微晶、双层固定支架、同步探针等).

如图 8.4 所示,描绘仪采用双层式结构,上层放记录纸,下层放导电微晶.电极已直接制作在导电微晶上,并将电极引线接出到外接线柱上,电极间制作有电导率远小于电极且各向均匀的导电介质.接通直流电源就可进行实验.在导电微晶和记录纸上方各有一探针,通过金属探针臂把两探针固定在同一手柄座上,两探针始终保持在同一铅垂线上.移动手柄座时,可保证两探针的运动轨迹是一样的.由导电微晶上方的穿梭针找到待测点后,按一下记录纸上方的探针,在记录纸上留下一个对应的标记.移动同步探针在导电微晶上找出若干电势相同的点,由此即可描绘出等势线.

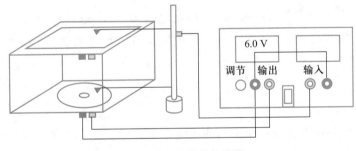

图 8.4　实验装置接线图

【实验内容】

1. 实验准备

在实验时将 DC-A 型静电场测试仪电源的输出两接线柱与导电微晶描绘仪(四组中的待测一组)接线柱相连,将测试仪电压表的输入和电源输出的黑色接线柱相连,将测试仪的输入红色接线柱和探针架上的红色接线柱相连接,将探针架放好,并使探针下探头置于导电微晶电极上,开启开关,指示灯亮,有数字显示.

调节 DC-A 型静电场测试仪电源前面板上的调节旋钮,使左边数显表显示所需的电压值,单位为 V,一般调到 10 V,便于运算.然后沿纵或横方向移动探针架,则右边的数显表示值随着运动而变化,从而可以测出每条等势线上的任何一个点的电势大小.

在描绘架上铺平白纸或坐标纸,用橡胶磁条吸住,当表头所显示读数是所需数值时,轻轻按下记录纸上的探针并在白纸上旋转一下即能清楚记下黑色小点.

2. 模拟二共轴无限长均匀带电圆柱体间的静电场

二共轴无限长均匀带电圆柱体间的静电场基本上被封闭在电极之内,电极外电场极弱,所以模拟比较准确.

① 用游标卡尺测量 A 电极(圆柱电极)的外半径和 B 电极(圆环电极)的内半径.

② 用探针找出电压 U_r = 1.00、2.00、3.00、4.00、5.00 V 的位置,并在白纸上标出相应的点,每条等势线标出 8 ~ 16 点,然后连接即可在白纸上画出等势线(圆).测量每一点到等势线中心的距离,计算出平均值和理论值进行比较,或者绘出等势线半径的对数 $\ln r$ 和 $\dfrac{U_r}{U_a}$ 的关系曲线,验证斜率等于 $\ln \dfrac{r_a}{r_b}$,截距等于 $\ln r_b$.

③ 根据曲线的性质说明等势线是以内电极中心为圆心的同心圆.

3. 描绘长直平行圆柱间的静电场

① 在描绘架上铺上坐标纸,寻找至少 6 个电压为 U_r = 2.00 V 的等势点,在坐标纸上标出相应的点.

② 寻找至少 6 个电压为 4 V 的等势点,在坐标纸上标出相应的点.

③ 再依次找出电压为 6 V、8 V 的等势点各 12 个,并在坐标纸上标出相应的点,画出等势线.

【注意事项】

1. 由于导电微晶边缘处电流只能沿边缘流动,因此等势线必然与边缘垂直,使该处的等势线和电场线严重畸变,这就是用有限大模型模拟无限大的空间电场时必然会受到的“边缘效应”的影响.如要减小这种影响,则要使用“无限大”的导电微晶进行实验,或者人为地将导电微晶的边缘切割成电场线的形状.

2. 导电微晶边缘的表面电导率分布不是绝对均匀的,测出的等势线与理论上给出的结果,稍有偏差.

*实验 9　虚拟仿真实验——磁电式多用电表的设计

【实验目的】

1. 了解虚拟仿真实验系统的使用方法及仪器的操作方法;

2. 了解磁电式多用电表的基本结构;

3. 能够将微安表改装为电压表、欧姆表,学会扩大电表量程的方法;

4. 学会电表的校准方法,能绘出校准曲线,能定出电压表的等级.

【实验原理】

1. 直流电流表

多用电表的直流电流挡是利用不同的分流电阻与微安表并联,达到扩大量程的目的. 图 9.1 是电流扩程的原理图. 设电流表原量程为 I_g,内阻为 R_g,扩程后的量程分别为 I_1、I_2、I_3,则有

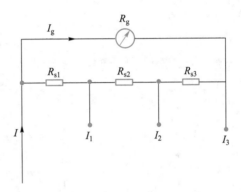

图 9.1　直流电流表多量程原理图

$$\begin{cases} R_{S1}+R_{S2}+R_{S3}=\dfrac{I_g \times R_g}{I_3-I_g} \\[2mm] R_{S1}+R_{S2}=\dfrac{I_g \times (R_g+R_{S3})}{I_2-I_g} \\[2mm] R_{S1}=\dfrac{I_g \times (R_g+R_{S2}+R_{S3})}{I_1-I_g} \end{cases} \quad (9.1)$$

通过对以上三式联立求解,可得 R_{S1}、R_{S2}、R_{S3} 的表达式如下:

$$\begin{cases} R_{S1}=\dfrac{I_3 I_g R_g}{I_1(I_3-I_g)} \\[2mm] R_{S2}=\dfrac{I_3 I_g R_g(I_1-I_2)}{I_1 I_2(I_3-I_g)} \\[2mm] R_{S3}=\dfrac{(I_2-I_3)I_g R_g}{I_2(I_3-I_g)} \end{cases} \quad (9.2)$$

可见,电表扩程倍率越大,分流电阻越小.

2. 多量程电压表

采用磁电式电流表表头电流表可以扩展为多量程电压表,磁电式电流表扩展为多量程电压表的原理为根据改装后的量程大小串联不同大小的分压电阻.

磁电式电流表为微安表,它本身能够测量的电压有限. 如图 9.2(a)所示,若设

微安表的量程为 I_g,表头内阻为 R_g, 将初始的电流表直接用以测量电压,其测量电压范围为 $U_g = I_g \times R_g$,显然所能测到的电压范围很小. 假设需改装成的电压表量程为 U_m,可在微安表上串联一个扩展电阻 R_s 以起到分压的作用,这时微安表不能承受的那部分电压将降落在 R_s 上,而微安表上仍然降落原来的电压值 U_g,由欧姆定律得到 $I_g \times (R_g + R_s) = U_m$,可以计算需要串联上的电阻 R_s 的值:$R_s = \dfrac{U_m}{I_g} - R_g = \left(\dfrac{U_m}{U_g} - 1\right) R_g$.

在微安表上串联不同阻值的扩展电阻,就可以将磁电式微安电表扩展为多量程电压表.

图 9.2(b)为改装的双量程电压表,其中 R_1,R_2 通过下列方程得到:

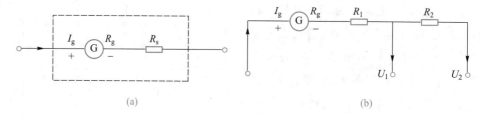

图 9.2　(a) 微安表扩展为电压表原理图;(b) 双量程电压表

$$\begin{cases} I_g \times (R_g + R_1) = U_1 \\ I_g \times (R_g + R_1 + R_2) = U_2 \end{cases} \tag{9.3}$$

即可得

$$\begin{cases} R_1 = \dfrac{U_1}{I_g} - R_g = (U_1 - U_g)\dfrac{1}{I_g} \\ R_2 = \dfrac{U_2}{I_g} - R_1 - R_g = (U_2 - U_1)\dfrac{1}{I_g} \end{cases} \tag{9.4}$$

更多量程可以同样方法得到.

3. 多量程欧姆表

欧姆表的电路图如图 9.3(a)所示,其中虚线框内部分为欧姆表内部电路,E 为电源,表头内阻为 R_g,满刻度电流为 I_g,R 为限流电阻,虚线框外的 R_x 为待测电阻. 令 $R_\Omega = R_g + R$,由欧姆定律可知,电路中的电流 I_x 由(9.5)式决定:

$$I_x = \dfrac{E}{R_\Omega + R_x} \tag{9.5}$$

对于给定的欧姆表(R_Ω,E 已给定),I_x 仅由 R_x 决定,即 I_x 与 R_x 之间有一一对应的关系,如图 9.3(b)所示. 根据这种对应关系将表头刻度标示成电阻,即成欧姆表.

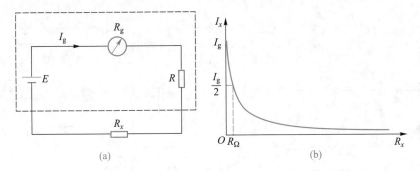

图 9.3 （a）欧姆表原理图；（b）欧姆表电流与外接电阻的关系图

由图 9.3(b)和(9.5)式可知,当 R_x 无穷大时,$I_x = 0$,表头指针指在 $I_x = 0$ 处(对应于 $R_x = \infty$);当 $R_x = 0$ 时,回路中电流最大,如(9.4)式,表头为满刻度值(对应于 $R_x = 0$).

$$I_x = I_g = \frac{E}{R_\Omega} \tag{9.6}$$

由此可知:

（1）当 $R_x = R_g + R = R_\Omega$ 时,$I_x = \frac{1}{2}I_g$,指针正好位于满刻度的一半,即欧姆表刻度的中心电阻值,它等于该欧姆表的总内阻.这就是欧姆中心电阻值的意义.

（2）由(9.6)式和图 9.3(b)可知,I_x 与 $R_\Omega + R_x$ 是非线性关系.当 $R_x \ll R_\Omega$ 时,有 $I_x \approx I_g$,此时偏转接近满刻度,随 R_x 的变化不如下一挡不明显,所以测量误差比下一挡大;当 $R_x \gg R_\Omega$ 时,$I_x \approx 0$,随 R_x 变化不明显,所以测量误差也大.所以,在实际测量时,指针在刻度盘中间 1/3 区域范围内,测量才比较准确.

（3）改变中心电阻的值,即可改变电阻挡的量程.如中心电阻为 $R_\Omega = 100 \ \Omega$,测量范围为 20 ~ 500 Ω;中心电阻为 $R_\Omega = 1 \ 000 \ \Omega$,测量范围为 200 ~ 5 000 Ω,依次类推.

4. 微安表头内阻的测量

由上可知,改装电表和表头的两个主要参数表头量程 I_g 和表头内阻 R_g 有关,改装前需要测定 R_g 的值.

微安表表头内阻可以采用半偏法或替代法测定.半偏法的参考电路如图 9.4 所示,其中 R_1 和 R_2 为可调电阻箱,R_3 为保护电阻.闭合 S_1,打开 S_2,调节 R_1 使表头满量程;然后闭合 S_2,调节 R_2,使表头的示数为满量程的一半.如果电路中的电阻满足 $R_1 + R_2 \gg R_g$,则可以认为此时 R_2 的值即为表头的内阻 R_g.

替代法的电路如图 9.5 所示,其中 R_1 为可调电位器,R_2 和 R_N 为电阻箱.测量时先将开关 S_2 接到 a 点,调节 R_1,在待测表头不会超量程的条件下使电流表的示数显示一个较大的值;然后将 S_2 接到 b 点,调节 R_N,使电流表的示数不变,此时 R_N 的值即为表头的内阻 R_g.

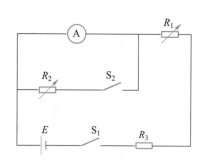

图 9.4 半偏法测定电流表内阻

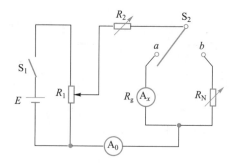

图 9.5 替代法测定电流表内阻

【实验仪器】

虚拟仿真实验操作环境提供的仿真设备有:1.5 V电池、微安表、六挡位多挡开关、四个99 999.9型电阻箱、表笔、待测信号箱、单刀开关等.

虚拟仿真实验操作环境的界面如图9.6所示,各部分的功能概述如下:

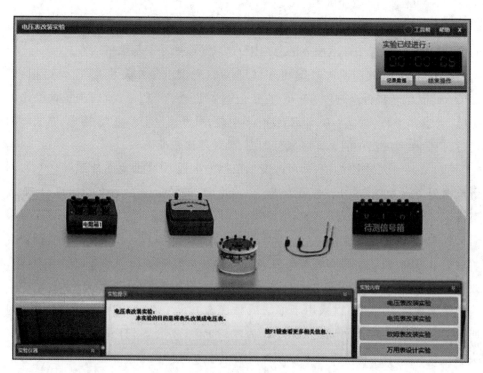

图 9.6 虚拟仿真实验程序操作界面

1. 功能显示框

位于界面右上角,显示实验实际用时、记录数据按钮、结束实验按钮、注意事项按钮;右上角工具箱:各种使用工具,如计算器等.

2. help 和关闭按钮

位于界面右上角,help 可以打开帮助文件,关闭按钮功能就是关闭实验.

3. 实验仪器栏

位于界面左下角,用于存放实验所需的仪器,可以点击其中的仪器,用鼠标左键拖放至桌面,鼠标触及仪器,实验仪器栏会显示仪器的相关信息;仪器使用完后,则不允许拖动仪器栏中的仪器了.

4. 提示信息栏

位于界面下方正中,显示实验过程中的仪器信息,实验内容信息,仪器功能按钮信息等相关信息,按 F1 键可以获得更多帮助信息.

5. 实验状态辅助栏

位于界面右下角,显示实验名称和实验内容信息(多个实验内容依次列出),当前实验内容显示为红色,其他实验内容为蓝色;可以通过单击实验内容进行实验内容之间的切换.切换至新的实验内容后,实验桌上的仪器会重新按照当前实验内容进行初始化.

在实验过程中,实验者通过计算机的鼠标完成相关的操作.具体为:

将鼠标移到仪器上,摁住鼠标左键并移动鼠标,则可以移动仪器,改变仪器在平台上的位置.

将鼠标对准仪器,双击仪器,则可以打开仪器的操作界面.

在仪器的操作界面用鼠标点击阻值调节旋钮,可以调节电阻箱的阻值.

当鼠标移动到实验仪器接线柱的上方,拖动鼠标,便会产生"导线".当鼠标移动到另一个接线柱的时候,松开鼠标,两个接线柱之间便产生一条导线,连线成功;如果松开鼠标的时候,鼠标不是在某个接线柱上,画出的导线将会自动消失,此次连线失败.

具体的操作可以查看实验的指导书等资料.

【实验内容】

从微安表表盘读取表头满量程电流 I_g 和对应的表头内阻,实验中要求使用微安表 500 μA 挡位进行实验设计.

1. 电压表改装实验

将微安表改装为量程等于 5 V 的电压表,设计实验电路,计算出所需分压电阻值.利用设计的电路进行实验连线,完成仪器的调节,并根据改装好的电压表测量出待测信号箱的未知电压值.利用虚拟仿真程序进行操作的方法如下:

① 打开虚拟仿真实验界面,选择"电压表改装实验".

② 实验连线

将鼠标移动到实验仪器接线柱的上方,拖动鼠标,便会产生"导线".当鼠标移动到另一个接线柱时,松开鼠标,两个接线柱之间便产生一条导线,连线成功;如果松开鼠标时,鼠标不是在某个接线柱上,画出的导线将会自动消失,此次连线失败.根据串联分压原理,自行设计电路并正确连线,完成连线操作.

根据电路图连接好电路,然后在数据表格中点击"连线"模块下的"确定状态"按钮,保存连线状态.

③ 微安表调零

双击打开微安表面板,通过鼠标左击或右击调零旋钮,使微安表指针指向零刻度线位置,完成微安表调零.

④ 计算分压电阻值

实验中要求学生必须使用微安表的 500 μA 挡位进行实验改装.根据改装的量程(实验中要求将微安表改装为量程为 5 V 的电压表),从微安表表盘上读取表头内阻为 560 Ω.设微安表电流挡位的满偏电流为 I_0,表头内阻为 R_0,改装后的电压表满偏量程为 5 V,分压电阻为 R',则由分压公式得:$R' = \dfrac{U}{I_0} - R_0$.

⑤ 调节电阻箱

双击打开电阻箱窗体,用鼠标点击阻值调节旋钮,调节电阻箱,使电阻箱的阻值等于计算得到的分压电阻值.

⑥ 测量待测信号箱的未知电压值

将改装好的电压表通过表笔连接到待测信号箱"V"字上面的接线柱(注意正负极的连接),并将多挡开关置于所使用的挡位,根据改装后的电压表测量未知信号的直流电压值,并将测量结果填写到数据表格中.

2. 电流表改装实验

将微安表改装为量程等于 10 mA 的电流表,设计实验电路,计算出所需分流电阻值.利用设计的电路进行实验连线,完成仪器的调节,并根据改装好的电流表测量出待测信号箱的未知电流值.

3. 欧姆表改装实验

将微安表改装为量程比率为×1 的欧姆表,设计实验电路.利用设计的电路进行实验连线,完成仪器的调节,并根据改装好的欧姆表测量出待测信号箱的未知电阻值.

4. 万用表改装实验

利用提供的实验仪器,将微安表改装为万用表,并要求万用表的电压挡量程为 5 V,电流挡量程为 10 mA,欧姆挡比率为×1.充分利用多挡开关和单刀开关,将所有仪器封装为一个整体(只用表笔作为测量输入),设计实验电路.利用设计的电路

进行实验连线,完成仪器的调节,并根据改装好的万用表分别测量出待测信号箱的
未知电压、电流以及电阻值.

【思考题】

1. 实验中分别采用替代法和半偏法测量某微安表的内阻,发现两种方法所获
得的结果相差较大,可能的原因有哪些? 试进行分析.

2. 如何实现欧姆表的多挡设计? 试画出电路图,并简要说明实现多挡设计的
原理.

§3.4　参量转换法

在开展物理实验的过程中,当待测物理量由于某种原因无法采用测量工具直接测量时,就需要借助各种传感器,将这些物理量转换为在实验中可以直接采集的电信号或光信号,由这些可测量的电信号或光信号获得待测物理量,这就是物理实验的参量转换法.

将待测量的物理量转换为电学量进行测量,可以用到的传感器有温度传感器、压电传感器、磁电传感器、光电传感器等.本节的"温度传感器温度特性的测量"实验研究了温度传感器的电阻随温度变化的关系.例如,Pt100 在 0～100 ℃ 范围内温度与电阻近似是线性关系,NTC 传感器的电阻随温度的变化则呈现了负指数关系.在明确相关关系后就可以针对性地设计电路,将温度的变化以电压的形式反映出来.因此在使用参量转换法设计物理实验的时候,除了使用传感器,还应该附加转换单元,这样才能够达到测量的目的.

除了"温度传感器温度特性的测量"实验,本节还安排了"光敏电阻光电特性的研究"实验,用来研究光敏电阻阻值在一定工作电压下随光照的变化关系;"亥姆霍兹线圈的磁场分布"实验通过霍尔传感器将待测磁信号转化为电信号,使得线圈所产生的磁场能够直接被测量.

将待测量转换为光信号进行测量的传感器有电光调制器、声光调制器、磁光调制器等,它们能够将对应的电信号、超声信号和磁信号转换为光信号进行测量.

除了以上所述的传感器,还有一些其他的传感器.例如在第四章测量声速时会用到的压电传感器等,同学们可以在以后学习过程中体会它们的工作方式.

NOTE

*实验 10　温度传感器温度特性的测量

温度传感器是由金属材料或半导体材料制成的热敏器件,其电阻率会随温度的变化而改变.利用温度传感器测温是常用的一种测温方法,在科学研究和工业自动控温中用途相当广泛.

【预习提示】

1. 在采用分压法测量温度传感器温度特性时,对取样电阻有什么要求?

2. 在实验过程中,温度传感器流过电流时,自身产生的热量对实验有没有影响?

【实验目的】

1. 了解并测量温度传感器的温度特性;

2. 学会用作图法处理非线性数据的方法;

3. 学会利用温度传感器测量温度.

【实验原理】

1. 金属电阻的温度特性

金属导体的电阻值随温度变化的特性称为热阻效应,利用此原理制成的传感器就是金属热电阻式温度传感器(热阻式).热电阻适于测定较大范围的平均温度,常温时测量精度高,温度特性稳定.广泛使用的热电阻制作材料有铂、铜、镍等.

(1) 电阻温度系数

各种导体的电阻随着温度的升高而增大,在常温下,电阻与温度之间存在着线性关系,可用下式表示:

$$R_T = R_0(1+\alpha T) \tag{10.1}$$

式中,R_T 是温度为 T ℃时的电阻,R_0 为 0 ℃的电阻,α 为电阻系数

严格地说,α 与温度有关,但在 0 ~ 100 ℃ 范围内,α 的变化很小,可以认为不变.

(2) 铂电阻

铂电阻在常用的热电阻中精确度较高,广泛用于 –200 ~ 650 ℃ 范围内的温度测量.铂电阻与温度之间的关系,在 0 ~ 630.74 ℃ 温度范围内为

$$R_T = R_0(1+AT+BT^2) \tag{10.2}$$

在 –200 ~ 0 ℃ 的温度范围内为

$$R_T = R_0[1+AT+BT^2+C(T-100)T^3] \tag{10.3}$$

(10.2)式和(10.3)式中,R_0 和 R_T 分别为 0 ℃和 T ℃时铂电阻的电阻值,A、B、C 为温度系数,由实验确定.要确定电阻 R_T 与温度 T 的关系,首先要确定 R_0 的数值,R_0 的值不同,R_T 与 T 的关系也不同.对于常用的工业 Pt100 铂电阻,0 ℃时 $R_0 = 100.0$ Ω,100 ℃时 $R_{100} = 138.5$ Ω,$A = 3.908\ 02 \times 10^{-3}$℃$^{-1}$,$B = -5.801\ 95 \times 10^{-7}$℃$^{-2}$,$C = -4.273\ 50 \times 10^{-12}$℃$^{-4}$.在 0 ~ 100 ℃范围内 R_T 与 T 之间的表达式可近似为线性函数

$$R_T = R_0(1 + A_1 T) \tag{10.4}$$

式中 A_1 为温度系数,近似为 3.85×10^{-3}℃$^{-1}$.

2. 半导体热敏电阻的类型和特点

热敏电阻是阻值对温度变化非常敏感的(热敏式)一种半导体温度传感器.它体积小,结构简单,灵敏度高,可测量很小部位的温度,在自动化、遥控、无线电技术等方面都有广泛的应用.

热敏电阻在电路中的符号如图 10.1 所示.热敏电阻根据电阻率随温度的变化关系分为三种不同的类型,分别为 NTC(Negative Temperature Coefficient,负温度系数)型热敏电阻、PTC(Positive Temperature Coefficient,正温度系数)型热敏电阻和 CTC(Critical Temperature Coefficient,临界温度)型热敏电阻,具体如图 10.2 所示.

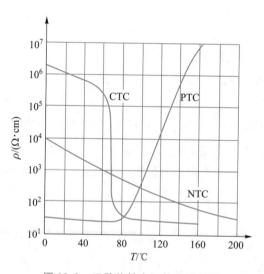

图 10.1　热敏电阻的符号　　　　图 10.2　三种热敏电阻的温度特性

由图 10.2 可知,PTC 型和 CTC 型热敏电阻在一定温度范围内,阻值随温度变化剧烈变化,因此可以用作开关元件.在温度测量中使用较多的是 NTC 型热敏电阻.

在使用热敏电阻时应注意:

(1)热敏电阻只能在规定的温度范围内工作,否则会损害元件,导致性能不稳定.

（2）作为温度传感器,同样应尽量避免热敏电阻自身发热,因此在测量时流过热敏电阻的电流必须很小.

3. NTC 型热敏电阻的温度特性

由图 10.2 可知,NTC 型热敏电阻具有负温度系数,即阻值随着温度升高而下降,其温度特性符合负指数规律.在不太大的温度范围内(小于 450 ℃),NTC 型热敏电阻的电阻–温度特性可以用下面的经验公式表示:

$$R_T = A\mathrm{e}^{\frac{B}{T}} \tag{10.5}$$

式中 R_T 为 NTC 型热敏电阻在热力学温度(单位:K,读作开尔文)为 T 时的电阻值,A 和 B 是热敏电阻的材料常数,B 一般在 2 000 ~ 6 000 K 范围内.由(10.5)式可知温度为 T_0 时,

$$R_0 = A\mathrm{e}^{\frac{B}{T_0}} \tag{10.6}$$

比较(10.5)式和(10.6)式可得:

$$R_T = R_0 \mathrm{e}^{B\left(\frac{1}{T} - \frac{1}{T_0}\right)} \tag{10.7}$$

即只要知道常数 B 和温度为 T_0 时的电阻值 R_0,就可以计算出在任意温度 T 时的电阻值 R_T.

NTC 型热敏电阻的温度系数 $\alpha(T)$ 定义为

$$\alpha(T) = \frac{1}{R_T}\frac{\mathrm{d}R_T}{\mathrm{d}T} = -\frac{B}{T^2} \tag{10.8}$$

例如,当 $B = 4\,000$ K,$T = 293.15$ K(20 ℃)时,热敏电阻的 $\alpha(T) = -4.7$ ％/K,约为铂电阻的 12 倍.可见 NTC 型热敏电阻由于温度改变引起阻值的变化较大,适合测量微小温度变化.但是 $\alpha(T)$ 会随温度降低而迅速增大,因此电阻–温度特性的非线性十分显著,在使用时一般要对其进行线性化处理,对(10.7)式两边取对数,得:

$$\ln R_T = B\left(\frac{1}{T} - \frac{1}{T_0}\right) + \ln R_0 \tag{10.9}$$

由(10.9)式可见,$\ln R_T$ 与 $\frac{1}{T}$ 呈线性关系,实验中测量不同温度下的 R_T 值,作 $\ln R_T$–$\frac{1}{T}$ 曲线,用直线拟合即可求出常数 B,并由(10.8)式求得某一温度时的温度系数 $\alpha(T)$.

4. 恒电流法测量 NTC 型热敏电阻的温度特性

按照图 10.3 连接分压电路,根据温度传感器室温下的电阻值,选取合适的取样电阻值 R_q(注意:温度传感器的电流应尽

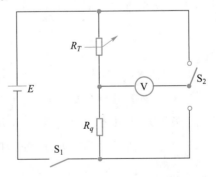

图 10.3　恒电流法测量待测电阻电路图

量地小,避免温度传感器自身发热对实验测量的影响).分别测量串联后热敏电阻与取样电阻两端的分压值,然后通过以下关系式得到温度传感器的阻值 R_T:

$$R_T = \frac{U_T}{U_q} R_q \qquad (10.10)$$

式中 R_q 为取样电阻, U_q 为取样电阻两端的电压, U_T 为热敏电阻两端的电压.

【实验仪器】

数显恒温水浴锅,Pt100 热电阻,NTC 型热敏电阻,温度计,数字多用电表。

【实验内容】

1. 观察 Pt100 热电阻和 NTC 型热敏电阻的温度特性

记录室温 t_0。用数字多用电表电阻挡测量并记录 Pt100 热电阻和 NTC 型热敏电阻在室温下的电阻值,用手握住热敏电阻,观察阻值变化并记录.

2. 测 Pt100 的 R–T 曲线

（1）设计数据记录表格,依次设定恒温水浴装置的 40 ℃ 、50 ℃ 、60 ℃ 、70 ℃ 、80 ℃ 、90 ℃,使用恒电流法分别测量 Pt100 热电阻在上述温度点时两端的电压值,计算相应的电阻值.

（2）绘制 Pt100 热电阻的 R–T 曲线,考虑线性关系,求 Pt100 热电阻的温度系数 A_1,并与标准值比较.

3. 测量 NTC 型热敏电阻的温度特性

（1）在进行实验内容 2 的同时,用恒电流法测量 NTC 型热敏电阻在 40 ℃ 、50 ℃ 、60 ℃ 、70 ℃ 、80 ℃ 、90 ℃ 各温度点时两端的电压值,计算相应电阻值.

（2）绘制 NTC 型热敏电阻的 $\ln R_T \sim \frac{1}{T}$ 曲线,验证 $\ln R_T$ 和 $\frac{1}{T}$ 的线性关系,求出常数 B 和室温时的温度系数 $\alpha(T)$.

【思考题】

1. 半导体热敏电阻与金属热电阻比较,有哪些特点?

2. 数据处理软件(如 Origin 等)具有多项式拟合功能,试将 Pt100 的 R–t 数据进行二次多项式拟合,求出系数 A 、B 并与标准值比较.

3. 数据处理软件(如 Origin 等)具有指数拟合功能,试将 NTC 型热敏电阻 R–$\frac{1}{T}$ 数据进行指数拟合,求出常数 B.

*实验 11　亥姆霍兹线圈的磁场分布

亥姆霍兹线圈能够在线圈内较大区域范围内产生均匀度较高的磁场,并且由于线圈具有开敞性质,易将其他仪器置入或移出,所以常为其他实验提供均匀磁场.

【预习提示】

1. 实验中如何保证霍尔传感器中心的高度位于亥姆霍兹线圈的轴线上?

2. 实验中如何消除外磁场对测量结果的影响?

3. 在测量亥姆霍兹线圈轴线上的磁感应强度分布时,如何保证两个线圈中的电流相等同向,且均为 100 mA?

【实验目的】

1. 了解载流线圈轴线上磁场的分布,验证毕奥–萨伐尔定律;

2. 学会磁场的测量方法,掌握验证磁场叠加原理的方法;

3. 掌握亥姆霍兹线圈的调整方法,能够测量线圈内的磁场大小和方向分布规律.

【实验原理】

1. 载流圆线圈轴线上的磁场

对载流圆线圈周围磁场的研究是认识一般载流回路产生磁场的基础.载流线圈通以恒定电流,它的周围将产生一个不随时间变化的恒定磁场.按照毕奥–萨伐尔定律,圆电流周围任意一点的磁感应强度为

$$B = \frac{\mu_0}{4\pi} \int_L \frac{I \mathrm{d}\boldsymbol{l} \times \boldsymbol{r}}{r^3} \tag{11.1}$$

可以得到载流圆线圈轴线上的各点的磁感应强度 $\boldsymbol{B}$ 的大小为

$$B = \frac{\mu_0 N \overline{R}^2 I}{2 \left(R^2 + x^2 \right)^{3/2}} \tag{11.2}$$

式中 I 为流经线圈的电流, $\overline{R}$ 为线圈的平均半径, x 为该点到圆心的距离, μ_0 为真空磁导率, N 为线圈的匝数,磁感应强度的方向沿着轴线.满足右手螺旋定则.圆心 O 处的磁感应强度大小为

$$B_0 = \frac{\mu_0 N I}{2 \overline{R}} \tag{11.3}$$

2. 亥姆霍兹线圈轴线上的磁感应强度

亥姆霍兹线圈是一对大小相等、形状相同、彼此平行放置的同轴线圈,它们之间的距离正好等于它们的半径.当两线圈中通以方向相同、大小相同的电流时,在

其公共轴线中点附近产生一个较广的均匀磁场区. 它的这个特点在生产、科研中有较大的实用价值. 根据磁场叠加原理,亥姆霍兹线圈轴线上某点的磁感应强度值为

$$B' = \frac{1}{2}\mu_0 NI\overline{R}^2\left\{\left[\overline{R}^2 + \left(\frac{\overline{R}}{2} + x\right)^2\right]^{-3/2} + \left[\overline{R}^2 + \left(\frac{\overline{R}}{2} - x\right)^2\right]^{-3/2}\right\} \tag{11.4}$$

其中 N 为每个线圈匝数. 而在亥姆霍兹线圈的中心 O 处磁感应强度为

$$B_0 = \frac{8}{5^{3/2}} \cdot \frac{\mu_0 NI}{\overline{R}} \tag{11.5}$$

要特别指出的是,磁场叠加原理不仅适用于亥姆霍兹线圈,对于任何电流回路系统产生的磁场都适用.

3. 磁场的方向

毕奥–萨伐尔定律不仅给出了磁感应强度的大小,也给出了磁感应强度的方向. 在磁场中绕某点转动探测器,当磁感应强度值最大时,探测器法线的方向就是磁感应强度的方向. 当磁感应强度值最小(理论上应该为零)时,垂直于探测器法线的方向就是磁感应强度的方向.

【实验仪器】

仪器由亥姆霍兹线圈实验平台(包括两个圆线圈、固定夹、不锈钢直尺等组成),数字式直流稳流电源,集成霍尔传感器制成的高灵敏度毫特计等组成. 实验仪器装置如图 11.1 所示.

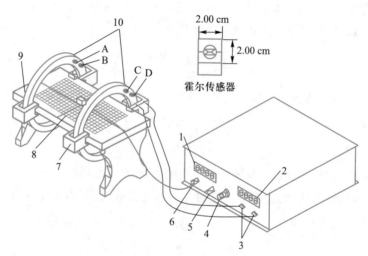

1—毫特计读数窗;2—稳流电流表读数窗;3—直流电源输出端;4—电流调节旋钮;5—调零旋钮;
6—探测器插头;7—固定夹;8—霍尔传感器;9—大理石台面;10—圆线圈(A、B、C、D 为接线柱)

图 11.1　亥姆霍兹线圈装置示意图

仪器中两个载流线圈,每个绕线 500 匝,圆线圈的平均半径 $\bar{R}=10.00$ cm. 大理石平台的台面上有沿大理石长边方向的纵线和沿大理石短边方向的横线,相邻两条纵线或横线之间的距离均为 1.00 cm. 毫特计是三位半的数字表,量程为 0 ~ 2.000 mT,分辨率为 1×10^{-6} T. 稳流电源输出 50 ~ 400 mA 连续可调电流.

【实验内容】

1. 验证毕奥-萨伐尔定律

调整实验仪器,使得霍尔探测器能够探测到圆线圈中心轴线处的磁场. 将直流电源的输出端接到这个圆线圈接线柱上,调节输出电流为 100 mA. 测量单线圈轴线上各点的磁感应强度值,以圆线圈所在平面为坐标原点($x=0$ cm),从 $x=-12$ cm 开始,直到 $x=12$ cm 为止. 注意在实验中,每测一点必须在线圈电流为零时对毫特计调零. 将测量结果和理论值比较,求出百分差.

2. 验证磁场叠加原理

调节两个线圈之间的距离和高度,使它们共轴,且两线圈之间的距离等于它们的平均半径.

以两个线圈中点为坐标原点($x=0$ cm),测量范围为 $x=-5$ cm 和 $+5$ cm. 分别测出两个线圈单独通以 100 mA 电流时,公共轴线上各点的磁感应强度值 B_a、B_b,再测出亥姆霍兹线圈同时通以 100 mA 电流时,公共轴线上各点的磁感应强度值 B_{a+b}. 在同一张毫米方格纸上作 B_a-x、B_b-x、B_{a+b}-x、(B_a+B_b)-x 曲线,比较它们,从而验证磁场叠加原理.

3. 测量任意两个共轴载流线圈轴线上磁感应强度的分布

改变两个线圈的间距,测出公共轴线上各点的磁感应强度的值,画出 B-x 曲线,了解两个线圈之间轴线上的磁场分布和两个线圈的间距之间的关系. 图 11.2 为不同间距时,两个线圈之间轴线上的磁场分布情况.

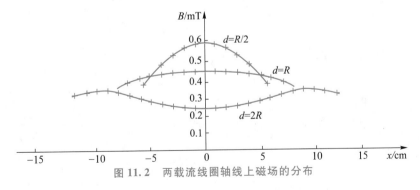

图 11.2 两载流线圈轴线上磁场的分布

4. 描绘磁感应线

将一张毫米方格纸置于大理石台面上,旋转探测器,毫特计上读数最大时,探测器的法线方向就是磁感应强度的方向;毫特计读数最小时,垂直于探测器法线的方向就是磁场方向.由此,我们就能描绘出磁感应线.

【思考题】

1. 除了本实验中所介绍的磁场测量方法,你还能想到其他的测量方法吗?

2. 如何设计实验,以验证磁场符合矢量叠加原理?

3. 将亥姆霍兹线圈的两个线圈串联通以 100 mA 电流和并联通以 200 mA 电流,有何差别?

实验 12　光敏电阻光电特性的研究

【实验目的】

1. 了解光电导型传感器的工作特点;
2. 掌握改变光照度的几种方法;
3. 能够使用给定器材,测量光敏电阻的伏安特性和照度特性曲线.

【实验原理】

1. 光电导效应

光敏电阻的物理基础是光电导效应.当光照射到某些半导体材料上时,透入到材料内部的光子能量足够大,部分电子吸收光子的能量,从原来的束缚态变成导电的自由态,这时在外电场的作用下,流过半导体的电流会增大,即半导体的电导会增大,这种现象叫光电导效应,它是一种内光电效应.

光电导效应可分为本征型和杂质型两类.前者是指能量足够大的光子使电子离开价带跃入导带,价带中由于电子离开而产生空穴.在外电场作用下,电子和空穴参与电导,使电导增加.杂质型光电导效应则是能量足够大的光子使施主能级中的电子或受主能级中的空穴跃迁到导带或价带,从而使电导增加.杂质型光电导光谱响应的波长比本征型光电导的要大得多.

2. 光敏电阻

利用具有光电导效应的半导体材料制成的光敏传感器称为光敏电阻.光敏电阻的结构和符号如图 12.1 所示.

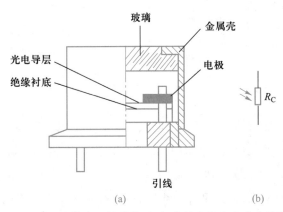

图 12.1　(a) 光敏电阻的结构;(b) 光敏电阻在电路中的符号

目前,光敏电阻的应用极为广泛,可见光波段和大气透过的几个窗口都有适用的光敏电阻.利用光敏电阻制成的光控开关在我们日常生活中随处可见.

当光电导效应发生时,光敏电阻电导率的改变量为

$$\Delta\sigma = \Delta p \cdot e \cdot \mu_P + \Delta n \cdot e \cdot \mu_n \tag{12.1}$$

在(12.1)式中,e 为电子电荷量绝对值,Δp 为空穴浓度的改变量,Δn 为电子浓度的改变量,μ_n 和 μ_P 分别是电子和空穴的迁移率.

当两端加上电压 U 后,光电流为

$$I_{ph} = \frac{A}{d} \cdot \Delta\sigma \cdot U \tag{12.2}$$

式中 A 为与电流垂直的光敏电阻截面积,d 为电极间的间距.在一定的光照度下,$\Delta\sigma$ 为恒定的值,因而光电流和电压呈线性关系.

光敏电阻的伏安特性如图 12.2(a)所示.从图中可以看出,光敏电阻在不变的光照下是一个纯电阻,其伏安特性线性良好.不同的光照度可以得到不同的伏安特性曲线,表明电阻值随光照度发生变化,光照度越高,电阻越小.光照度不变的情况下,电压越高,光电流也越大,而且没有饱和现象.与一般电阻一样,光敏电阻的工作电压和电流都不能超过规定的最高额定值.图 12.2(a)的曲线即表示光敏电阻的额定功耗.

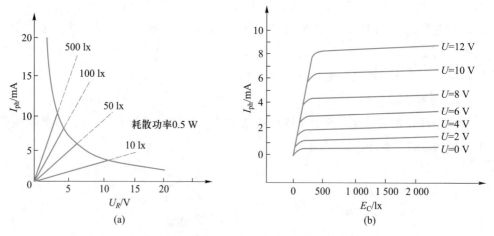

图 12.2　(a)光敏电阻的伏安特性曲线;(b)光敏电阻的光照特性曲线

光敏电阻的光照特性指的是光敏电阻两端电压一定时通过光敏电阻的电流与入射到光敏电阻上的光照度之间的关系.光敏电阻的光照特性如图 12.2(b)所示,图中入射光照度 E 的单位是勒克斯(lx).由图 12.2(b)可以看出光敏电阻的电流随光照度的增加而增加,但是呈现非线性关系.不同的光敏电阻的光照特性是不同的,但是在大多数的情况下,曲线的形状都与图 12.2(b)的结果类似.光敏电阻的光照特性是非线性的,因此不适宜作线性敏感元件,这是光敏电阻的缺点之一.所以在自动控制中光敏电阻常用作开关量的光电传感器.

3. 实验方法

（1）实验电路

本实验采用分压法连接电路,具体电路如图 12.3 所示.在图中光敏电阻与 1 kΩ 取样电阻串联,通过测量取样电阻上的电压获得流过光敏电阻的光电流.电路电源为 2 ~ 12 V 可调电源,电源电压减去取样电阻两端电压即可得到光敏电阻两端电压.

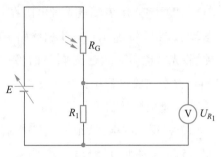

图 12.3　光敏电阻实验电路

（2）光源和照度

实验中使用小灯泡照明光敏电阻,通过改变小灯泡的工作电压或小灯泡至光敏电阻的距离可以改变光敏电阻上光的照度.

点光源向空间发射光波时遵循距离平方反比定律,即点光源在传播方向上某一点的照度 E 和该点到光源的距离 r 的平方成反比.在实验中将小灯泡看作是点光源,如果探测器距离小灯泡足够远,探测器的受光面垂直于光传播的方向,小灯泡的发光强度稳定,则可以近似认为探测器接收到的光照度随距离 r 的平方衰减,即:

$$E_C = \frac{I}{r^2} \tag{12.3}$$

上式中 I 为小灯泡的发光强度,单位是坎德拉(cd),光照强度 E 的单位为勒克斯(lx).在实验中测量小灯泡与光敏电阻之间的距离,则可以通过(12.3)式获得光敏电阻上光照强度.

小灯泡的发光强度与其实际功率 P 成正比,小灯泡在发光时其工作电压和工作电流分别为 U 和 I_A,则有:

$$I = kP = kUI_A \tag{12.4}$$

由(12.4)式和(12.4)式,在小灯泡与光敏电阻距离不变的情况下,可以得到

$$E_C = \frac{I}{r^2} = \frac{kUI_A}{r^2} = mUI_A \tag{12.5}$$

其中 m 为比例系数,在实验中测量得到小灯泡的工作电压以及通过小灯泡的电流,并通过照度计测量光敏电阻处的光照强度,则可以获得比例系数 m.

【实验仪器】

直流电源,光敏电阻,小灯泡及灯泡电源,遮光圆筒,电阻箱,数字万用表,导线若干.

【实验内容】

1. 用数字万用表测量光敏电阻在有光照、无光照时的电阻值.

2. 按图 12.3 所示接好实验线路,其中 R_1 为 1.00 kΩ,将光源装入遮光圆筒的一侧,将光敏电阻装入遮光圆筒的另一侧,注意使光敏电阻与光源之间的距离为 50 mm,并在实验过程中保持不变.

3. 光敏电阻的伏安特性测试

(1) 根据光源电压、距离与照度对照表调节光源电压,使光敏电阻处所接受的光照达到一定的照度,测出在光敏电阻上加不同电压时电阻 R_1 两端的电压 U_{R_1},计算出光电流数据 $I_{ph} = \dfrac{U_{R_1}}{1.00 \text{ kΩ}}$,同时算出此时光敏电阻的阻值,即 $R_G = \dfrac{U_{cc} - U_{R_1}}{I_{ph}}$.

(2) 通过调节光源电压改变光敏电阻处所接收到的光照度,重复步骤(1).

(3) 根据实验数据画出光敏电阻的一簇伏安特性曲线.

4. 光敏电阻的光照特性测试

(1) 调节图 12.3 所示电路两端的电压至一定值,测出光敏电阻在一系列光照度下的光电流数据,即 $I_{ph} = \dfrac{U_{R_1}}{1.00 \text{ kΩ}}$,同时算出此时光敏电阻的阻值,即 $R_G = \dfrac{U_{cc} - U_{R_1}}{I_{ph}}$.

(2) 改变电路两端的电压,重复步骤(1).

(3) 根据实验数据画出光敏电阻的一簇光照特性曲线.

【思考题】

1. 光敏电阻感应光照有一个滞后时间,即响应时间.如何来测试光敏电阻的响应时间?

2. 设计一个实验方案,验证光照强度与距离平方成反比的关系(所用光源近似为点光源).

3. 光敏电阻在无光照时电阻为多大? 光敏电阻的阻值与哪些量有关系?

第四章　普通物理实验

在开展物理实验的过程中,实验方案和实验步骤是两个关键的要素.实验方案是实验者基于实验任务出发,在实验原理和实验仪器的综合作用下形成的特定的实验任务解决方案.实验步骤则是在考虑了仪器操作、误差因素等之后对实验方案的细化.本章是在上一章测量方法学习的基础上,关注实验方案形成的教学内容.本章从力学和热学实验、电磁学实验、光学实验和应用型实验四个方面分类整理实验项目,前三类实验在方案和步骤上均从简单到复杂,应用型实验则对前三类实验的知识进行综合运用,体现了实验方案培养的进阶性.

同学们在学习本章实验的时候,可以主要从以下三个方面开展实验的学习,为以后开展设计性物理实验打下基础:

① 关注所学习实验中实验原理、实验仪器和测量方法在形成实验方案过程中的作用,理解特定实验步骤形成的原因.例如在采用最小偏向角法测量三棱镜的折射率时,如何从最小偏向角的概念出发,并结合分光计的结构,形成特定的最小偏向角测量方案和步骤.

② 思考一下自己所开展的实验有没有替代的仪器,能否形成新的实验方案.例如,"在气垫导轨上研究简谐振动"实验,如果换用焦利氏秤,如何开展影响振动周期因素的研究.

③ 对思考题中的一些拓展性的内容开展设计,形成自己的方案.

§4.1　力学和热学实验

本部分介绍力学和热学实验.

NOTE

实验 13　固体、液体密度的测量

密度是物质的基本属性,通过对物质密度的测量,我们可以对物质进行鉴别.

【预习提示】

1. 在实验过程中如何设计实验顺序,保证已知密度的水对测量结果没有影响?

2. 什么是比重瓶? 在实验中如何使用比重瓶以保证比重瓶内两次盛放的液体体积相同?

【实验目的】

1. 学习电子天平的使用方法;

2. 掌握用流体净力称衡法测定固体密度的原理和方法;

3. 掌握用比重瓶测量液体密度的原理和方法.

【实验原理】

物体单位体积的质量叫作物质的密度. 对于一个密度均匀的物体,若其质量为 m,体积为 V,则该物体的密度为

$$\rho = \frac{m}{V} \tag{13.1}$$

实验中,测出样品的质量 m 和体积 V,由上式可以求出样品的密度.

1. 用流体净力称衡法测量固体的密度

流体净力称衡法测量固体的密度实验示意图如图 13.1 所示,设盛放一定体积水的烧杯放在电子天平上,电子天平的示值为 m_0. 被测固体在空气中的质量为 $m_{固体}$(空气浮力忽略不计),将固体完全浸没在水中(不与烧杯壁和底接触),则电子天平的示值为 m_1. 根据牛顿第三定律可知待测固体在水中所受到的浮力为

$$F_{固体} = (m_1 - m_0)g \tag{13.2}$$

根据阿基米德定律,待测固体的体积为

$$V_{固体} = \frac{m_1 - m_0}{\rho_0} \tag{13.3}$$

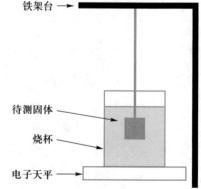

图 13.1　流体净力称衡法示意图

其中 ρ_0 为水的密度,则待测固体的密度为

$$\rho_{固体} = \frac{m_{固体}}{V_{固体}} = \frac{m_{固体}}{m_1 - m_0}\rho_0 \tag{13.4}$$

2. 用比重瓶测量酒精的密度

设比重瓶的质量为 m_2，将瓶内装满待测酒精后质量为 m_3，则待测酒精的质量为

$$m_{酒精} = m_3 - m_2 \qquad (13.5)$$

设比重瓶装满水后的质量为 m_4，则比重瓶内水的质量为

$$m_水 = m_4 - m_2 \qquad (13.6)$$

比重瓶的容积为

$$V_{比重瓶} = \frac{m_水}{\rho_0} = \frac{m_4 - m_2}{\rho_0} \qquad (13.7)$$

则待测酒精的密度为

$$\rho_{酒精} = \frac{m_3 - m_2}{m_4 - m_2}\rho_0 \qquad (13.8)$$

【实验仪器】

电子天平，比重瓶，烧杯（500 ml），固体样品（密度大于水），石蜡（密度小于水），酒精，清水，细线.

【实验内容】

1. 电子天平的调平

天平使用前，应首先观察天平自带水平仪内的水泡是否位于圆环的中央，若不在中央则通过调节天平的地脚螺栓，使水泡位于圆环中央，这时表明天平已经调平了. 打开电子天平电源开关，待电子天平显示质量示数时，若显示值不为零，摁下清零按钮，使示数为 0.

2. 用流体净力称衡法测量固体的密度

（1）称量待测固体在空气中的质量 $m_{固体}$.

（2）将烧杯盛上水，放置于电子天平上，电子天平的示数为 m_0.

（3）用细线拴住待测固体，挂到铁架台上，将待测固体完全浸没于水中，且不接触烧杯，此时电子天平的示数为 m_1.

（4）计算待测固体的密度 $\rho_{固体}$ 及其不确定度.

3. 用比重瓶法测量酒精的密度

（1）用电子天平称量空比重瓶的质量 m_2.

（2）在比重瓶中盛满酒精，盖上塞子使酒精溢出，用布将比重瓶外的酒精擦干净，用电子天平称量比重瓶和酒精的总质量 m_3.

（3）用水冲洗比重瓶，然后在比重瓶中盛满水，盖上塞子使水溢出，用布将比

重瓶外的水擦干净,用电子天平称量比重瓶和水的总质量 m_4.

（4）计算酒精的密度 $\rho_{酒精}$ 及其不确定度.

4. 选做实验:测量石蜡的密度

设计实验方案和实验步骤,测量石蜡的密度.

【思考题】

1. 在采用图 13.1 所示的装置测量某长形物体的质量时,如果物体长度大于烧杯高度,如何开展实验? 请给出必要的计算公式,简述实验方案.

2. 如何使用本实验所提供的装置测量餐巾纸等多孔物质的密度?

3. 如果待测量长形固体的质量略大于电子天平的量程,如何测量该固体的质量?

NOTE

*实验 14　在气垫导轨上测量速度和加速度

气垫导轨为力学实验提供了一维几乎无摩擦的系统.在气垫导轨上可以研究物体的一维运动、碰撞及振动等.本实验采用气垫导轨验证匀加速直线运动的公式和牛顿第一定律.

【预习提示】

1. 在使用气垫导轨前,首先要将导轨调至水平状态,实验中如何将导轨调至水平?

2. 实验中采用的光电计时器是如何工作的? 它如何获得滑块滑过某点的瞬时速度?

【实验目的】

1. 掌握光电计时器的使用方法,能够用光电计时器测量时间、速度和加速度;

2. 了解气垫导轨的特点,掌握气垫导轨的调节方法;

3. 学会使用图解法设计实验、验证物理规律.

【实验原理】

气垫导轨表面具有规则排列的小孔,如图 14.1(a)所示.在与气源连通后,从小孔处将会有压缩空气喷出,从而在导轨和放置于导轨上的滑块之间形成一层很薄的"气垫",使滑块漂浮在气垫上.此时,滑块在气垫上的运动仅受到很小的空气黏性摩擦阻力的作用,可以近似认为是无摩擦运动.

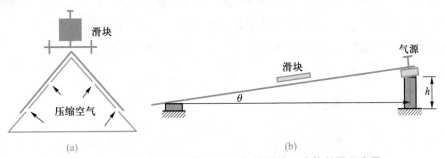

(a)　　　　　　　　　　　　　　　　(b)

图 14.1　(a)气垫导轨示意图;(b)气垫导轨组成的斜面示意图

将已调至水平的气垫导轨一端垫上垫块,便得到一个较为理想的平直光滑斜面,其示意图如图 14.1(b)所示.在忽略空气摩擦阻力的情况下,滑块在重力沿斜面的分力作用下作匀加速直线运动,该运动由如下三个基本公式描述:

$$v = v_0 + at \tag{14.1}$$

$$s = v_0 t + \frac{1}{2}at^2 \tag{14.2}$$

$$v^2 = v_0^2 + 2as \qquad\qquad (14.3)$$

式中 v_0 和 v 分别为物体在 $t=0$ 和 $t=t$ 时刻的瞬时速度,s 为物体在 t 时间内运动的距离,a 为物体的加速度.

在气垫导轨所组成的斜面上,滑块下滑时的加速度 a 和重力加速度 g 之间关系为

$$a = g\sin\theta = g\frac{h}{L} \qquad\qquad (14.4)$$

式中 θ 为气垫导轨的倾角,h 为导轨调平后一端垫起的高度,即垫块的厚度,L 为气垫导轨两端底脚螺丝之间斜面部分的长度.

牛顿第一定律指出,一切物体总保持匀速直线运动状态或静止状态,除非作用在它上面的力迫使它改变这种状态.由理论公式(14.4)可知,在 $h=0$ 时,滑块的加速度 $a=0$.在实验中可通过测量 a–h 曲线,线性外推,从而验证在 $h=0$ 时,a 是否为 0.若 $a=0$,说明导轨水平时,物体不受外力作用情况下会保持原来的匀速直线运动状态,从而可以验证牛顿第一定律.

【实验仪器】

气垫导轨及气源,滑块及 U 形挡光片,光电计时系统,游标卡尺,垫块等.

【实验内容】

1. 调节光电计时系统,使其正常工作

(1) 光电计时系统由计时器和两个光电门组成.光电门的结构如图 14.2 所示,U 形挡光片的结构如图 14.3 所示.光电门由红外发光二极管和光敏管组成.当 U 形挡光片经过光电门时,端面"1"将遮挡住发光二极管发出的光,进而使得光敏管接收不到红外线,这时光电门将发出开始计时的信号;当 U 形挡光片的端面"3"通过光电门时,又一次使光电门的光敏管接收不到红外线,从而发出停止计时的信号.

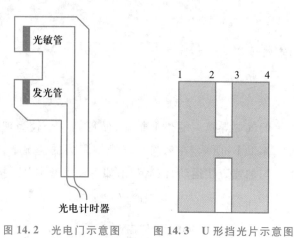

图 14.2　光电门示意图　　图 14.3　U 形挡光片示意图

如果计时器获得第一次挡光到第二次挡光之间的时间为 Δt,且挡光片端面 1 和 3 之间的距离为 Δs,于是挡光片经过光电门处的平均速度为

$$\bar{v} = \frac{\Delta s}{\Delta t} \tag{14.5}$$

在实验中,我们将该平均速度作为滑块通过光电门时的瞬时速度.计时器经过设定后,可以直接输出该速度的值.

（2）把两个光电门固定在导轨的适当位置上,并按规定和计时器连接好.接通计时器电源,调整计时器,使计时器输出速度值,用小纸片进行挡光试验,检查光电门和计时器是否正常工作.

（3）将挡光片固定在滑块上,先接通导轨上的气源,后将滑块放置导轨上,并调节滑块上的挡光片和光电门的相对位置,挡光片随滑块运动经过光电门时能实现自动挡光计时.

2. 调节导轨的水平状态

导轨一端下面有两个并排的底脚调节螺丝,用于调节导轨的横向水平(此项工作一般在实验室事先完成调节);另一端的单个螺丝用来调节导轨的纵向水平,其调节方法如下:

（1）首先进行静态调节:通气源,滑块静止置于导轨上某处,放手时观察滑块的运动状况.如往左运动,表示右高左低,调节底脚螺丝,反复多次,直至滑块保持不动,或稍有移动但无一定方向性为止,应选择多个位置试验.

（2）其次进行动态调节:如果导轨已调平,以一定初速度发射滑块,滑块应当作匀速直线运动,即滑块(实际是挡光片的宽度)通过两光电门的速度 v_1 和 v_2 近似相等.反复调节底脚螺丝,直到 v_1 和 v_2 相差不超过 5%.

3. 在倾斜导轨上测量并绘制 v^2-s 图,求加速度 a

（1）将厚度 $h > 3$ cm 的垫块置于单个底脚调节螺丝下,光电门 I 置于离顶端约 50 cm 处的 A_0 位置(见图 14.4).

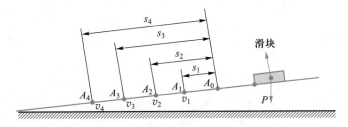

图 14.4　验证 v^2-s 实验的测量要求

（2）光电门 II 依次置于离光电门 I 距离为 10、20、30、40、50、60 cm 左右处,滑块每次均从顶端 P 处静止释放,测出滑块经过光电门 I 和 II 时的速度,要求对应于

同一个 s 重复 5 次测量取平均值 $\bar{v}$.

（3）绘制 v^2-s 图,图线若为一直线,则验证了(14.3)式,并由斜率求加速度 a,由截距可求得 v_0^2,再将它们分别和(14.4)式及(14.3)式计算得到的加速度 a 和初速度 v_0 进行比较.

s 由导轨一侧的毫米刻度尺测量,垫块厚度 h 和挡光片的宽度由游标卡尺测量,斜面的长度为导轨底脚螺丝之间的距离.

4. 验证牛顿第一定律

（1）将两个光电门固定在导轨上较远的距离($s>60$ cm),光电计时器选择输出加速度的功能.

（2）保持两个光电门之间的距离 s 不变,依次改变垫块的高度 h(不少于 5 次).在不同的高度 h 下,保持滑块都从同一位置释放.要求同一 h 下,重复 5 次测量滑块滑下的加速度并求平均值 $\bar{a}$.

（3）绘制 a-h 图,若为一直线,再线性外推至 $h=0$ 时的情况,来验证牛顿第一定律.

【思考题】

1. 为什么在实验中要采用静态调节法和动态调节法相结合的方法调节气垫导轨的水平?

2. 在验证牛顿第一定律实验中,由 a-h 直线图外推至 $h=0$ 时,a 轴的截距 a_0 不正好为零,能否得出 $h=0$ 时,$a_0 \neq 0$ 的结论?这可能是什么原因引起的?可以采用什么方法验证该原因?

3. 在验证牛顿第一定律的实验条件下,固定垫块的高度,改变两个光电门之间的距离,探究所得加速度值与光电门之间距离的关系,并对结果进行分析.

实验15 在气垫导轨上研究简谐振动

简谐振动是所有物体周期运动中最有代表性和最基本的运动形式,是研究其他周期运动重要特征的理想模型.简谐振动最本质的特征是 $F = -kx$.本实验是在气垫导轨上研究谐振子的主要特征及其运动规律.

【实验目的】

1. 了解简谐振动运动规律的验证要求,掌握其验证方法;
2. 了解简谐振动过程中的机械能守恒定律的验证方法;
3. 掌握曲线改直的数据处理方法.

【实验原理】

在水平的气垫导轨上,弹性系数分别为 k_1 和 k_2 的两组弹簧中间系一质量为 m 的滑块,弹簧另外两端固定于两端的支架上.让滑块偏离平衡位置后释放,它便作周期性往复振动,忽略空气阻力及其他的能量损耗,滑块可视为一简谐振子,其运动为简谐运动.

如图15.1所示,取滑块在左右两弹簧作用下自然平衡位置为坐标原点,当滑块位于偏离平衡位置的距离为 x 时,其受到的弹性回复力为

$$F = -(k_1 + k_2)x \tag{15.1}$$

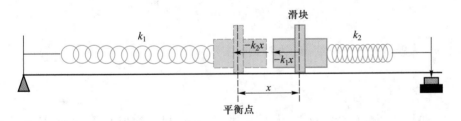

图 15.1 弹簧的简谐振动

将两个弹簧作为整体考虑,这相当于滑块受到弹性系数为 $k = k_1 + k_2$ 的弹簧的作用,即滑块在弹性回复力 $F = -kx$ 作用下,在气垫上作简谐振动.

根据牛顿第二定律,滑块的动力学方程为

$$m\frac{d^2x}{dt^2} = -kx \tag{15.2}$$

此方程的解为

$$x = A\sin(\omega t + \varphi_0), \tag{15.3}$$

该方程称为位移方程.在(15.3)式中 A 为振幅,φ_0 是初相位,它们是由初始条

117

件决定的两个常数. $\omega = \sqrt{\dfrac{k}{m}}$ 是振子振动频率,与初始状态无关,仅与系统本身的特征有关,即依赖于常数 k 和 m. 相应的振子振动周期为

$$T = 2\pi\sqrt{\frac{m}{k}} \tag{15.4}$$

由(15.3)式可得滑块的速度为

$$v = \frac{\mathrm{d}x}{\mathrm{d}t} = \omega A\cos(\omega t + \varphi_0) \tag{15.5}$$

滑块的动能为

$$E_{\mathrm{k}} = \frac{1}{2}mv^2 = \frac{1}{2}m\omega^2 A^2\cos^2(\omega t + \varphi_0) = \frac{1}{2}kA^2\cos^2(\omega t + \varphi_0) \tag{15.6}$$

滑块的振动势能为

$$E_{\mathrm{P}} = \frac{1}{2}kx^2 = \frac{1}{2}kA^2\sin^2(\omega t + \varphi_0) \tag{15.7}$$

所以系统的总能量为

$$E = E_{\mathrm{k}} + E_{\mathrm{P}} = \frac{1}{2}kA^2 \tag{15.8}$$

可见图 15.1 所示的简谐振动系统机械能是守恒的.

在以上的讨论中,忽视了弹簧质量对振子振动周期的影响. 在考虑弹簧质量的情况下,图 15.1 所示的振动系统的周期为

$$T = 2\pi\sqrt{\frac{m+m_0}{k}} = 2\pi\sqrt{\frac{m+\dfrac{1}{3}m_{\mathrm{s}}}{k}} \tag{15.9}$$

式中 m_0 为弹簧的等效质量,m_{s} 为弹簧的实际质量.

【实验仪器】

气垫导轨,滑块,计时仪器,弹簧 4 对,附加质量块,物理天平,米尺,U 形挡光片,条形挡光片等.

【实验内容】

1. 系统预调节

利用动态调节和静态调节两种方法,调节导轨水平. 在导轨一侧安装光电门,打开光电计时系统,检查光电计时系统是否正常工作.

2. 测量 x-t 数据,验证位移方程

(1) 平衡位置的确定

若滑块开始向右运动为计时的起点,相应滑块上的条形挡光片右侧边即为挡

光前沿.让滑块在导轨上作自由振动后自然静止下来,挡光片右侧边所在位置即为平衡位置.这时将光电门 I 放置在该平衡位置.

（2）释放滑块位置的确定

规定初振幅,建议初振幅 $A_0 > 0.20$ m,则将滑块从平衡位置向左移动至 A_0 处,此处便是实验时每次释放滑块的位置,标记记号.

（3）测量 x–t 数据

如图 15.2 所示,将光电门 II 置于光电门 I 右侧,从导轨一侧的毫米刻度尺上测量光电门 I 到 II 之间距离,此即为离开平衡位置的距离 x.滑块从规定位置释放,记下滑块从平衡位置 O 开始运动距离 x 所需的时间 t,逐次改变 x 数值（注意等间距变化,且改变次数不少于 5 次）,逐次测量相应的时间 t.

要测量滑块从平衡位置运动到最大位移 A_0 处的时间,可通过测振动周期 T 的方法来求得,该时间为 $\frac{1}{4}T$.

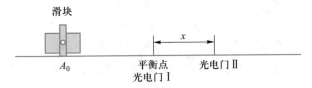

图 15.2　光电门及滑块位置关系示意图

（4）数据处理

用 x–t 数据,在 $\frac{1}{4}$ 周期内绘 x–$\sin \omega t$ 图线,可用作图法或最小二乘法求斜率,将所得的斜率与 A_0 进行对比,给出实验的结论.

3. 验证振动周期与初始状态无关的检验

（1）光电门 I 在原平衡位置处,改变滑块释放位置,即改变初振幅,测量滑块振动的周期.

（2）保持滑块的初振幅不变,改变光电门 I 的位置,即改变初相位,测量滑块振动的周期.

4. 验证周期公式 $T = 2\pi\sqrt{\dfrac{m}{k}}$

（1）将光电门 I 置于平衡位置处,固定初振幅,利用提供的 4 副弹簧和质量块,改变 $\dfrac{m}{k}$ 的值,测量不同 $\dfrac{m}{k}$ 值下滑块的振动周期.

（2）将周期公式两边取对数,得

$$\ln T = \ln 2\pi + \frac{1}{2}\ln \frac{m}{k} \tag{15.10}$$

可见 $\ln T$ 和 $\ln \dfrac{m}{k}$ 为线性关系,采用作图法或最小二乘法,求出斜率 b 和 $\ln T$ 轴的截距,并与理论值对比.

5. 选做实验:验证能量守恒定理

(1) 滑块上的挡光片换为 U 形挡光片,用电子天平对滑块和弹簧称重,并分别记录.

(2) 固定滑块的初振幅 $A_0>0.20$ m,将光电门在平衡位置移动至 A_0 之间,至少改变 5 次以上位置,每改变一次光电门的位置,测量并记录滑块通过光电门时的速度及光电门至平衡位置的距离.

(3) 根据滑块的初振幅计算系统的总机械能.

(4) 根据光电门的位置及该位置滑块的速度计算不同位置处系统的势能和动能,求和后获得滑块在每一个测量位置的机械能.

(5) 说明是否验证了机械能守恒定律.

【思考题】

1. 如何开展实验探究弹簧质量对滑块振动周期的影响?

2. 由于空气阻力的问题,滑块在气垫导轨上的运动实质上是阻尼振动.定义阻尼振动的振幅减到初始振幅的一半时所需要的时间叫阻尼振动的半衰期.请设计实验,测量滑块在作阻尼振动时的半衰期.

* 实验 16 三线摆法测量物体的转动惯量

转动惯量是刚体转动惯性大小的量度,是表征刚体特性的一个物理量.转动惯量的大小除与物体质量有关外,还与转轴的位置和质量分布(即形状、大小和密度)有关.转动惯量的测量,一般都是使刚体以一定的形式运动.通过表征这种运动特征的物理量与转动惯量之间的关系,进行转换测量.

测量刚体转动惯量的方法有多种,例如扭摆法、三线摆法、气垫摆法等,本实验采用三线摆法测量刚体的转动惯量.

【实验目的】

1. 了解三线摆的工作原理,学会用三线摆测定物体的转动惯量;
2. 学会转动惯量平行轴定理的验证方法.

【实验原理】

图 16.1 是三线摆实验装置的示意图.上、下圆盘均处于水平位置,悬挂在横梁上.三根对称分布的等长悬线将两圆盘相连.上圆盘固定,下圆盘可绕中心轴 OO' 作扭摆运动.当下盘转动角度很小,且略去空气阻力时,扭摆的运动可近似看作简谐运动,其运动方程为

$$\theta = \theta_0 \sin \frac{2\pi}{T_0} t \qquad (16.1)$$

上式中 θ 为角位移,θ_0 为振幅.

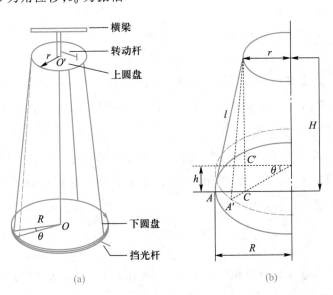

图 16.1 (a)三线摆实验装置示意图;(b)三线摆装置几何结构图

当摆离开平衡位置最远时,其重心升高 h,如图 16.1(b)所示,忽略弹性势能,根据机械能守恒定律有:

$$\frac{1}{2}I\omega_0^2 = mgh$$

即

$$I = \frac{2mgh}{\omega_0^2} \tag{16.2}$$

而

$$\omega = \frac{\mathrm{d}\theta}{\mathrm{d}t} = \frac{2\pi\theta_0}{T}\cos\frac{2\pi}{T}t$$

$$\omega_0 = \frac{2\pi\theta_0}{T_0} \tag{16.3}$$

将(16.3)式代入(16.2)式得

$$I = \frac{mghT^2}{2\pi^2\theta_0^2} \tag{16.4}$$

从图 16.1(b)中的几何关系中可得

$$(H-h)^2 + R^2 + r^2 - 2Rr\cos\theta_0 = l^2 = H^2 + (R-r)^2$$

简化得

$$Hh - \frac{h^2}{2} = Rr(1-\cos\theta_0)$$

略去 $\frac{h^2}{2}$,且取 $1-\cos\theta_0 \approx \frac{\theta_0^2}{2}$,则有 $h = \frac{Rr\theta_0^2}{2H}$

代入(16.4)式得

$$I_0 = \frac{m_0 gRr}{4\pi^2 H_0}T_0^2 \tag{16.5}$$

式中各物理量的意义如下: m_0 为下盘的质量; r、R 分别为上下悬点离各自圆盘中心的距离; H_0 为平衡时上下盘间的垂直距离; T_0 为下盘作简谐运动的周期, g 为重力加速度(上海附近地区 $g = 9.794$ m/s²).

将质量为 m 的待测物体放在下盘上,并使待测刚体的转轴与 OO' 轴重合. 测出此时摆运动周期 T_1 和上下圆盘间的垂直距离 H. 同理可求得待测刚体和下圆盘对中心转轴 OO' 轴的总转动惯量为

$$I_1 = \frac{(m_0+m)gRr}{4\pi^2 H}T_1^2 \tag{16.6}$$

如不计因重量变化而引起的悬线伸长,则有 $H \approx H_0$. 那么,待测物体绕中心轴的转动惯量为

$$I = I_1 - I_0 = \frac{gRr}{4\pi^2 H}\left[(m+m_0)T_1^2 - m_0 T_0^2\right] \qquad (16.7)$$

因此,通过长度、质量和时间的测量,便可求出刚体绕某轴的转动惯量.

用三线摆法还可以验证平行轴定理.若质量为 m 的物体绕通过其质心轴的转动惯量为 I_c,当转轴平行移动距离 x 时(如图 16.2 所示),则此物体对新轴 OO' 的转动惯量为 $I_{OO'} = I_c + mx^2$.这一结论称为转动惯量的平行轴定理.

实验时将质量均为 m',形状和质量分布完全相同的两个圆柱体对称地放置在下圆盘上(下盘有对称的两个小孔).按同样的方法,测出两小圆柱体和下盘绕中心轴 OO' 的转动周期 T_x,则可求出每个柱体对中心转轴 OO' 的转动惯量:

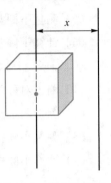

图 16.2　平行轴定理

$$I_x = \frac{\dfrac{(m_0+2m')gRr}{4\pi^2 H}T_x^2 - I_0}{2} \qquad (16.8)$$

如果测出小圆柱中心与下圆盘中心之间的距离 x 以及小圆柱体的半径 R_x,则由平行轴定理可求得

$$I_x' = m'x^2 + \frac{1}{2}m'R_x^2 \qquad (16.9)$$

比较 I_x 与 I_x' 的大小,可验证平行轴定理.

【实验仪器】

多功能计时器,实验机架,圆环,圆柱体,水准仪,米尺,游标卡尺等.

【实验内容】

1. 测定圆环通过其质心且垂直于环面轴的转动惯量

(1)调整下盘水平

将水准仪置于下盘任意两悬线之间,调整小圆盘上的三个旋钮,改变三悬线的长度,直至下盘水平.

(2)测量空盘绕中心轴 OO' 转动的运动周期 T_0

轻轻转动上盘,带动下盘转动,这样可以避免三线摆在作扭摆运动时发生晃动.注意扭摆的转角控制在 5° 以内,用累积放大法测出扭摆运动的周期.测量周期时,应在下盘通过平衡位置时开始计时.

(3)测出待测圆环与下盘共同转动的周期 T_1

将待测圆环置于下盘上,注意使两者中心重合,按同样的方法测出它们一起运动的周期 T_1.

（4）测出上下圆盘三悬点之间的距离 a 和 b，然后算出悬点到中心的距离 r 和 R（等边三角形外接圆半径），测出两圆盘之间的垂直距离 H_0，待测圆环的内、外直径 $2R_1$、$2R_2$．

（5）测量下圆盘、圆环的质量．

（6）计算下圆盘、圆环的转动惯量．

2．验证平行轴定理

（1）测出对称放置的二小圆柱体与下盘共同转动的周期 T_x．

（2）测量两小圆柱体间距 $2x$ 和小圆柱体的直径 $2R_x$．

（3）测量小圆柱体的质量．

（4）计算小圆柱体对中心转轴 OO' 的转动惯量，验证平行轴定理．

【思考题】

1．用三线摆测刚体转动惯量时，为什么必须保持下盘水平？

2．在测量过程中，如下盘出现晃动，对周期测量有影响吗？如有影响，应如何避免？

3．三线摆放上待测物后，其摆动周期是否一定比空盘的转动周期大？为什么？

4．测量圆环的转动惯量时，若圆环的转轴与下盘转轴不重合，对实验结果有何影响？

5．如何利用三线摆测定任意形状的物体绕某轴的转动惯量？

6．三线摆在摆动中受空气阻力，振幅越来越小，它的周期是否会变化？对测量结果影响大吗？为什么？

实验 17　液体比热容的测量

比热容是热学中一个重要的物理量,物质比热容的测量是物理学的基本测量之一,对于了解物质的结构、确定物质的相变以及新能源的开发和新材料的研制等方面,都起着重要作用.

测量液体比热容的方法有电加热法、冷却法、辐射法、混合法、比较法等.本实验采用比较法测量饱和食盐水的比热容.

【实验预习】

1. 如果液体比热容实验仪的内筒里有食盐沉积,会对实验造成什么影响?

2. 在实验过程中,如果用于内筒的温度计插入液面较深,会有什么后果?

【实验目的】

1. 学会用冷却法和比较法测量液体的比热容,并了解比较法的使用条件;

2. 学会用实验的方法考察热学系统的冷却速率同系统与环境间温度差之间的关系;

3. 了解冷却法所用仪器设计的依据,能够从降低误差的角度规划液体体积、拟定操作步骤.

【实验原理】

由牛顿冷却定律可知,一个表面温度为 θ 的物体,在温度为 θ_0 的环境中自然冷却 $(\theta > \theta_0)$,在单位时间里物体散失的热量 $\delta Q / \delta t$ 与温度差 $\theta - \theta_0$ 有下列关系:

$$\frac{\delta Q}{\delta t} = k(\theta - \theta_0) \tag{17.1}$$

设物质的热容为 C_S,在散失热量 δQ 后,温度改变量为 $\delta\theta$,则 $\delta Q = C_S \delta\theta$.当物体温度的变化是准静态过程时,上式可改写为

$$\frac{\delta\theta}{\delta t} = \frac{k}{C_S}(\theta - \theta_0) \tag{17.2}$$

(17.2)式中 $\delta\theta / \delta t$ 为物体的冷却速率,C_S 为物质的热容,k 为物体的散热常数,与物体的表面性质、表面积、物体周围介质的性质和状态以及物体表面温度等许多因素有关,θ 和 θ_0 分别为物体的温度和环境的温度,k 为负数,$\theta - \theta_0$ 的数值应该很小,在 $10 \sim 15$ ℃之间.

如果在实验中使环境温度 θ_0 保持恒定,则可以认为 θ_0 是常量,对(17.2)式进行积分,可以得到

NOTE

$$\ln(\theta-\theta_0)=\frac{k}{C_{\mathrm{S}}}t+b \tag{17.3}$$

式中 b 为常数.

可以将(17.3)式看成为两个变量的线性方程:自变量为 t,因变量为 $\ln(\theta-\theta_0)$,直线斜率为 k/C_{S}. 对于待测液体,它的散热系数 k 和热容 C_{S} 均是未知的,因而只是依靠待测液体的温度曲线难以获得待测液体的比热容,为此,需要采用比较法开展实验. 对两个实验系统在相同的实验条件下进行对比,从而确定未知物理量的方法,叫作比较法. 比较法作为一种实验方法,有广泛的应用. 在本实验中,将纯净水作为标准液体,饱和食盐水作为待测液体,在实验中用同一个容器分别盛水和盐水,在这两种情况下保持系统的初始温度、表面积和环境温度等基本相同,则系统盛水和盐水时的系数 k' 与 k'' 相等,即

$$k'=k''=k \tag{17.4}$$

利用(17.3)式分别写出对已知标准液体(即纯净水)和待测液体(即饱和食盐水)进行冷却的公式,如下:

$$\begin{cases} \ln(\theta-\theta_0)_{\mathrm{w}}=\dfrac{k'}{C'_{\mathrm{S}}}t+b' \\[2mm] \ln(\theta-\theta_0)_{\mathrm{S}}=\dfrac{k''}{C''_{\mathrm{S}}}t+b'' \end{cases} \tag{17.5}$$

以上两式中 C'_{S} 和 C''_{S} 分别是系统盛水和盐水时的热容.

令 S' 和 S'' 分别代表由(17.5)式中两个式子作出的两条直线的斜率,即

$$S'=\frac{k}{C'_{\mathrm{S}}},S''=\frac{k}{C''_{\mathrm{S}}}$$

可得

$$S'C'_{\mathrm{S}}=S''C''_{\mathrm{S}} \tag{17.6}$$

式中 S' 和 S'' 的值可由最小二乘法得出,热容 C'_{S} 和 C''_{S} 分别为

$$\begin{cases} C'_{\mathrm{S}}=m'c'+m_1c_1+m_2c_2+\delta C' \\ C''_{\mathrm{S}}=m''c_X+m_1c_1+m_2c_2+\delta C'' \end{cases} \tag{17.7}$$

其中 m',m'',c',c_X 分别为水和盐水的质量及比热容;m_1,m_2,c_1,c_2 分别为量热器内筒和搅拌器的质量及比热容;$\delta C'$ 和 $\delta C''$ 分别为温度计浸入已知液体和待测液体部分的等效热容,由于数字温度计测温时浸入液体部分的等效热容相对系统的很小,故可以忽略不计,利用(17.6)式,有

$$c_X=\frac{1}{m''}\left[\frac{S'C'_{\mathrm{S}}}{S''}-(m_1c_1+m_2c_2)\right] \tag{17.8}$$

其中水的比热容为 $c'=4.18\ \mathrm{J/(g\cdot K)}$,量热器内筒和搅拌器通常用金属铜制作,其比热容为 $c_1=c_2=0.389\ \mathrm{J/(g\cdot K)}$.

在上述实验过程中,使实验系统进行自然冷却,测出系统冷却过程中温度随时间的变化关系,并从中测定未知热学参量的方法,叫作冷却法.

【实验仪器】

由铜质的内筒、外筒和有机玻璃材质的盛水盘等组成的专用量热器,烧杯,恒温装置,测温装置等.该专用量热器如图 17.1 所示.

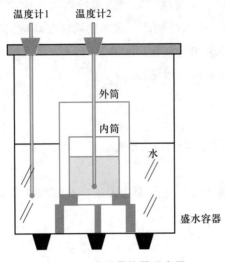

图 17.1　专用量热器示意图

【实验内容】

1. 仪器准备

（1）本实验所用量热器外筒远小于盛水盘,实验开始时将盛水盘盛上适当深度的水.

（2）在恒温装置中配置饱和食盐水、纯净水并使两种液体的温度保持在 70 ℃左右.

（3）用电子天平给量热器内筒称重.

2. 测量饱和食盐水和纯净水的自然冷却过程

（1）量热器内筒盛上约占内筒 2/3 体积的饱和食盐水,用电子天平称重后放入量热器外筒中,此时应保证饱和食盐水的温度比室温高 10 ~ 15 ℃.

（2）每隔 1 min 记录一次饱和食盐水温度 θ 和盛水容器冷却水的温度 θ_0,共测 20 min.

（3）将量热器内筒从外筒中取出,用纯净水清洗.

（4）量热器内筒盛上约占内筒 2/3 体积的纯净水,用电子天平称重后放入量热器外筒中. 此时应保证饱和纯净水的温度比室温高 10～15 ℃, 且纯净水与饱和食盐水的初温之差不超过 1 ℃.

（5）每隔 1 min 记录一次纯净水温度 θ 和盛水容器中冷却水的温度 θ_0, 共测 20 min.

3. 数据处理

（1）在同一个直角坐标系中对纯净水及饱和食盐水分别作"$\ln(\theta-\theta_0)-t$"图, 检验分别得到的是否为一条直线. 如果是, 则可以认为检验了（17.3）式, 并间接检验了（17.2）式, 即被研究的系统的冷却速率同系统与环境之间温度差成正比.

（2）分别求出纯净水和饱和食盐水的 $\ln(\theta-\theta_0)-t$ 直线的斜率 S' 和 S'', 并通过比较法得出未知饱和食盐水的比热容 c_X.

【思考题】

1. 在本实验中, 为了保证饱和食盐水和纯净水具有相同的散热系数, 共采取了哪些措施?

2. 为什么量热器外筒要置于一个远大于自身体积的盛水容器中?

* **实验 18　力敏传感器及液体表面张力系数的测定**

液体表面具有收缩的趋势,这是因为液体表面任何一条线段的两边都存在着沿表面垂直于该线段的张力,即表面张力,作用于单位长度上的张力则称为表面张力系数.表面张力和很多现象相关,例如露珠的形成、泡沫的形成、浸润和毛细现象等.2020 年我国科学家首次在液态金属宏观体系中发现类波粒二象性现象导致的液滴协同运动行为,研究发现这种特殊的运动模式源于液滴与液池表面波之间的相互作用.该系统正是由于液态金属自身存在的超常表面张力,会产生第二个全局导航波场所致.

拉脱法是测量液体表面张力系数的一种常用方法,本实验利用硅压阻式力敏传感器,采用拉脱法测量液体的表面张力系数.

【预习提示】

1. 在使用力敏传感器测量液膜脱离时的拉力前,为什么要先对力敏传感器进行定标?

2. 在液膜被拉断前,环状金属吊片的受力是如何随着液面变换而变化的?

【实验目的】

1. 掌握采用拉脱法测量液体表面张力的方法;

2. 学会力敏传感器定标的方法.

【实验原理】

表面张力垂直于液体表面任何一条线段,设表面张力为 F,线段长度为 L,表面张力系数为 α,则有

$$\alpha = \frac{F}{L} \tag{18.1}$$

用测量一个已知周长的金属片从待测液体表面脱离时所需要的力,来求得该液体的表面张力系数的方法称为拉脱法.实验中采用环状金属吊片,在实验中将环状金属吊片从液体中升起时,会在吊片内侧和外侧同时拉起液膜,若环状金属吊片的内径为 D_1,外径为 D_2,因而 $L = \pi(D_1 + D_2)$,则表面张力为

$$F = \alpha\pi(D_1 + D_2) \tag{18.2}$$

环状金属吊片脱离液体表面瞬间前后的力的平衡方程为

$$F_{T1} = F_G + F + mg \qquad F_{T2} = F_G + mg \tag{18.3}$$

F_{T1}、F_{T2} 为向上的作用力,F_G 为环状金属吊片所受到的重力.mg 为液膜所受的重

力,考虑到液膜很薄,质量很小,而环状金属吊片被拉开脱离液体表面时还有少许液体沾在上面,两者差别可以忽略不计,即 $mg \approx 0$. 因此可得表面张力 $F = F_{T1} - F_{T2}$,所以有

$$\alpha = \frac{F}{L} = \frac{|F_{T1} - F_{T2}|}{\pi(D_1 + D_2)} \tag{18.4}$$

表面张力系数 α 值和液体的种类、纯度、温度以及液体上方的气体成分有关.实验证明,液体的温度越高,α 值越小,液体所含杂质越多,α 值也越小;对于上述条件都不变的液体,α 值是一个常数.

实验中采用硅压阻式力敏传感器来测量液体和环状金属吊片之间的表面张力,力敏传感器是由四个硅扩散电阻组成的一个非平衡电桥.在外力作用下,电桥失去平衡,此时将会有电压输出,输出的电压和外力成正比,即

$$U = KF \tag{18.5}$$

表达式中 F 为外力,K 为硅压阻式力敏传感器的灵敏度,单位是 V/N,U 为传感器输出的电压值.

【实验仪器】

表面张力系数测定仪见图 18.1 所示,主要由铝环、硅压阻式力敏传感器、升降台、玻璃器皿、游标卡尺、砝码等组成.

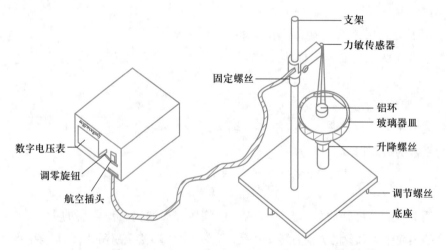

图 18.1　表面张力系数测定仪

【实验内容】

1. 力敏传感器的定标

每个传感器的灵敏度有所不同,实验前,应先对其定标.步骤如下:

(1) 打开仪器开关,将仪器预热 15min.

（2）挂上砝码盘，调节调零旋钮，使电压表读数为零.（该步骤可以不做）

（3）在砝码盘上依次加上 0.500 g、1.000 g、1.500 g、2.000 g、2.500 g、3.000 g、3.500 g 等质量的砝码，记录电压表相应的读数 U.

（4）作 U–F 图，用图解法求出传感器的灵敏度 K.

2. 环状金属吊片的内外直径的测量和清洁

（1）用游标卡尺测量环状金属吊片的内外直径 D_1、D_2（要求多次测量求平均值）.

（2）环状金属吊片的表面状况对测量结果有很大的影响，实验前必须对环状金属吊片和玻璃器皿进行清洗.

3. 测定液体的表面张力系数 α

（1）测量水温 T.

（2）将环状金属吊片挂在传感器的小钩上，调节环上细丝，使环状金属吊片的下沿和液面平行.

（3）调节升降台，使环状金属吊片的下沿部分完全和液面接触，再反向调节升降台，使液面逐渐降低，这时，环状金属吊片和液面之间会形成环形液膜，最后完全脱离. 测出液膜被拉断瞬间前后电压表的读数 U_1、U_2，进行多次测量，最后求平均值并和理论值比较.

（4）测量自来水的表面张力系数，并和纯水的表面张力系数比较.

【思考题】

1. 本实验中的力敏传感器是由四个硅扩散电阻组成的一个非平衡电桥，请查阅资料，探究非平衡电桥电路是如何工作的？

2. 在实验中影响表面张力系数测量结果的因素有哪些？如何消除？

本实验采用压电陶瓷超声换能器发射和接收超声波(其频率通常高于 20 kHz),利用超声波测量声速,这种方法具有超声频率纯度高、方向性强、平面性好、没有噪音干扰等优点,提高了实验的精密度.

超声波在医学、军事、工业和农业上有很多应用.材料的弹性模量、液体的流量、测距等都是以超声测速为基础的.

【预习提示】

1. 在采用共振干涉法测量声速的时候,示波器中观察到振幅最大的位置,对应的是声波驻波的波节还是波腹的位置?

2. 在采用共振干涉法测量声速的时候,如果示波器显示的波形持续地左右移动,对实验结果有没有影响?

【实验目的】

1. 掌握共振干涉法测量声速的原理,能够采用共振干涉法测量声速;

2. 掌握相位比较法测量声速的原理,能够采用相位比较法测量声速;

3. 了解时差法测量声速的过程.

【实验原理】

NOTE

声波是一种在弹性介质中传播的机械波,为弹性纵波.声速是描述声波在介质中传播特性的一个重要物理量.当声波在空气中传播时,声波与温度的关系为

$$v_s = v_0 \sqrt{\frac{T}{T_0}} \tag{19.1}$$

式中 $v_0 = 331.45$ m/s,为 $T_0 = 273.15$ K 时的声速,$T = (t+273.15)$ K.

一、超声波与压电陶瓷换能器

超声波是频率高于 20 kHz 的声波,超声波的传播速度就是声波的传播速度,超声波具有波长短、易于定向传播等优点,易用于声速的测量.实验中,一般采用压电陶瓷换能器作为声波的发射器、接收器.

压电陶瓷换能器根据它的工作方式,分为纵向(振动)换能器、径向(振动)换能器及弯曲振动换能器.声速教学实验中大多数采用纵向换能器.图 19.1 为纵向换能器的结构简图.

二、常用的声速测定方法

1. 共振干涉法

假设在无限声场中,仅有一个点声源 S_1(发射换能器)和一个接收平面 S_2(接收换能器).当点声源发出声波后,在此声场中只有一个反射面(即接收换能器平面),并且只产生一次反射.

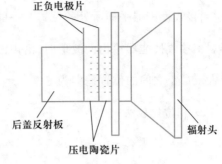

正负电极片

后盖反射板

压电陶瓷片

辐射头

图 19.1　纵向换能器的结构简图

在上述假设条件下,S_1 处的发射波和 S_2 的反射波分别为

$$y_1 = A_1 \cos(\omega t + 2\pi x/\lambda) \qquad (19.2)$$

$$y_2 = A_2 \cos(\omega t - 2\pi x/\lambda) \qquad (19.3)$$

可见,反射信号相位与 y_1 相反,幅度 $A_2 < A_1$. y_1 与 y_2 在反射平面相交叠加,合成波束

$$y = A_1 \cos\left(\omega t + \frac{2\pi x}{\lambda}\right) + A_2 \cos\left(\omega t - \frac{2\pi x}{\lambda}\right)$$

$$\qquad\qquad (19.4)$$

$$= (A_1 + A_2) \cos\left(\frac{2\pi x}{\lambda}\right) \cos \omega t + (A_2 - A_1) \sin\frac{2\pi x}{\lambda}\sin \omega t$$

由此可见,由于接收换能器平面 S_2 在接收声波的同时还能反射一部分声波,接收的声波、反射的声波振幅虽有差异,但二者周期相同且在同一直线上沿相反方向传播,二者在 S_1 和 S_2 之间区域内产生了波的干涉,形成驻波.我们在接收换能器平面 S_2 处获得的信号实际上是这两个相干波合成后在声波接收器 S_2 处的振动情况.

从(19.4)式的第一项看来,合成后的波束 y 在幅度上,具有随 x 呈周期变化的特性,在相位上,具有随 $\frac{2\pi x}{\lambda}$ 呈周期变化的特性.另外,由于反射波幅度小于接收波,合成波的幅度即使在波节处也不为 0,而是按 $(A_2 - A_1) \sin\frac{2\pi x}{\lambda}\sin \omega t$ 变化.

图 19.2 所示波形显示了叠加后的声波幅度,随距离按 $\cos\frac{2\pi x}{\lambda}$ 变化的特征.

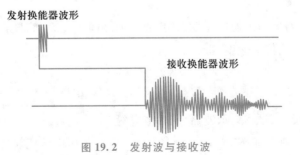

发射换能器波形

接收换能器波形

图 19.2　发射波与接收波

由(19.4)式,当接收换能器平面所处的位置为 $\frac{\lambda}{2}$ 的 n 倍时,合成波 y 有最大

值,当接收换能器平面所处的位置为 $\dfrac{\lambda}{4}$ 的 $2n-1$ 倍时,合成波有最小值.当采用示波器观察接收换能器输出的波形时,沿声波传播方向移动换能器,连续两次波形幅度最大或最小之间的位置差即为 $\dfrac{\lambda}{2}$.

2. 相位比较法

对于入射波 $y_1 = A_1\cos\left(\omega t + \dfrac{2\pi x}{\lambda}\right)$,在经过 Δx 距离传播后,接收到的余弦波与原来位置处的相位差为 $\theta = \dfrac{2\pi\Delta x}{\lambda}$,如图 19.3 所示.因此能通过示波器,用李萨如图法观察测出声波的波长.当连续两次观测到 $\theta = 0$ 的直线时,表明接收换能器在位置上相差 λ.

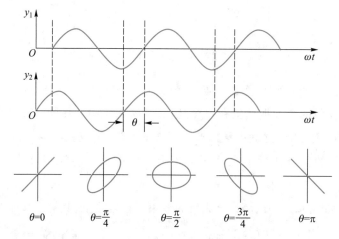

图 19.3　用李萨如图观察相位变化

3. 时差法

超声波由发射换能器发射至被测介质中,声波在介质中传播,经过 t 时间后,到达距离 L 处的接收换能器.由牛顿运动定律可知,声波在介质中传播的速度可由公式 $v = L/t$ 求出.

因此,通过测量两个换能器发射、接收平面之间距离 L 和时间 t,就可以计算出当前介质下的声波传播速度.

【实验仪器】

声速测定仪及信号源,示波器,同轴电缆等.

实验装置示意图如图 19.4 所示,图中 S_1 和 S_2 为压电陶瓷换能器.S_1 作为声波发射器与信号源的发射端"换能器"接口相连,它由信号源供给频率为几十 kHz 的交流电信号,由逆压电效应发出某一平面超声波;而 S_2 则作为声波的接收器,压电效应将接收到的声压转换成电信号,然后可由信号源的接收端"换能器"接收并进行放大.

　　信号源的发射端"波形"接口和接收端的"波形"接口可连接至示波器,用于示波器检测信号.

　　超声波的频率和幅度可由信号源调节,超声信号的频率直接由信号源的窗口显示.

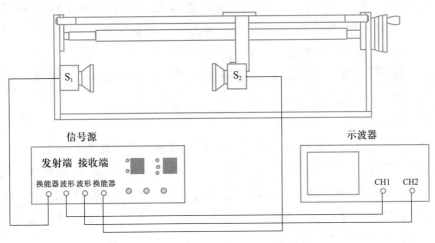

图 19.4　实验装置及连线示意图

【实验内容】

1. 仪器连接

按图 19.4 的要求连线,使仪器处在工作状态.

2. 压电陶瓷换能器谐振频率的测定

为了得到较清晰的接收波形,应将外加的驱动信号频率调节到换能器 S_1、S_2 的谐振频率,才能较好地进行声能与电能的频率(kHz)相互转换,S_2 才会有一定幅度的电信号输出,才能有较好的实验效果.

　　换能器工作状态的调节方法如下:首先调节发射强度旋钮,使声速测试仪信号源输出合适的电压,再调整信号频率(在 25 kHz ~ 45 kHz 之间),观察频率调整时 CH2(Y_2)通道的电压幅度变化.在某一频率点处(34 kHz ~ 40 kHz 之间),电压幅度明显增大,此频率即是压电换能器相匹配的一个谐振工作点,记录该频率.改变 S_1 和 S_2 间的距离,适当选择位置,重新调整,再次测定工作频率,共测出 5 组数据,取平均频率 f.

3. 共振干涉法测声速

将仪器上的测试方法设置为连续波方式,选择合适的发射强度.选好谐振频率,然后转动距离调节鼓轮,这时波形的幅度会发生变化,连续记录下幅度为最大时的距离位置 L_i.

利用逐差法计算声波波长,并计算声速的实验值.将实验值与理论值比较,计算百分比误差,分析误差产生的原因.

4. 相位比较法测声速

将仪器上的测试方法设置到连续波方式,选择合适的发射强度.选好谐振频率,将示波器置于"X-Y"方式,选择合适的示波器通道增益,在示波器上显示出相应的图形.转动鼓轮,连续移动 S_2,使示波器上的李萨如图显示为图 19.3 中 $\theta = 0$ 所显示的斜线,记录显示为同一条斜线时的位置 L_i.

采用逐差法计算声波波长,并计算声速的实验值.将实验值与理论值比较,计算百分比误差,分析误差产生的原因.

5. 选做实验:时差法测声速

为了避免连续波可能带来的干扰,可以将连续波频率调离换能器谐振点.将仪器测试方法设置到脉冲波方式,选择合适的脉冲发射强度.将 S_2 移动到离开 S_1 一定距离($\geqslant 50$ mm),选择合适的接收增益,使显示的时间差值读数稳定.然后记录此时的距离值和信号源计时器显示的时间值 L_{i-1}、t_{i-1}.移动 S_2,记录多次测量的距离值和显示的时间值 L_i、t_i.则声速

$$v_i = (L_i - L_{i-1}) / (t_i - t_{i-1}) \tag{19.5}$$

【思考题】

1. 如何用超声波探测固体内部的缺陷?试对探测的原理和方案进行设计.

2. 在采用共振干涉法测量声速时,需要转动鼓轮寻找信号幅度最大的位置,在这个过程中可能引入什么误差,如何消除?

3. 将一对超声换能器放入水中,同时给超声换能器通以正弦交流信号,在超声换能器之间可以形成周期性的结构.如果要形成空间幅度为 0.02 mm 的周期性结构,需要通以多大频率的正弦波?本实验中使用的超声换能器能用于形成该结构吗?可以采用什么样的手段监测该结构?

实验 20　研究弦线上的驻波现象

驻波是由两列传播方向相反、振幅和频率都相等,且相位差恒定的简谐波叠加而形成的.驻波在声学、光学、无线电工程等方面都有着广泛的应用.

【实验目的】

1. 观察弦线上的驻波现象;

2. 研究弦线张力、振动频率、振幅三者对驻波形成的影响;

3. 学会如何从驻波理论出发,制定验证驻波波长和拉力、频率关系的实验方案.

【实验原理】

沿一根被拉紧的弦线传播的机械振动横波可以被描述为

$$y(x,t) = A\sin(\omega t \pm kx) \tag{20.1}$$

其中,y 是弦线 x 处在 t 时刻的位移,A 为振幅,ω 是振动的角频率,k 是角波数.满足波动方程

$$\frac{\partial^2 y(x,t)}{\partial x^2} = \frac{1}{v^2}\frac{\partial^2 y(x,t)}{\partial t^2} \tag{20.2}$$

其中 $v^2 = \dfrac{\omega^2}{k^2}$.

若张力为 F_T,弦线的线密度为 ρ_2,则沿弦线传播的横波的波速为

$$v = \sqrt{\frac{F_T}{\rho_2}} \tag{20.3}$$

若弦线的两端固定且长度为 L,则振动必须满足边界条件 $y(0) = y(L) = 0$,由于端点是固定的,振动波传播到弦的端点时会产生反射波,原波和反射波相互叠加后就会形成(20.4)式和(20.5)式所描述的驻波:

$$y_n(x,t) = A\cos \omega_n t \sin k_n x \tag{20.4}$$

其振动模式为

$$f_n = \frac{\omega_n}{2\pi} = \frac{nv}{2L} = nf_1, \quad 其中 f_1 = \frac{v}{2L} \tag{20.5}$$

其中,f_1 为基频,f_n 为 n 次谐波的频率,亦可知 $\lambda_n = 2\dfrac{L}{n}$.

图 20.1 给出了 $n \le 4$ 时的驻波图样.N 为波节(node,此处振幅恒为 0),A 为波腹(antinode,此处振幅最大).因此,通过分析驻波可以获得不同 n 时的 f_n.

NOTE

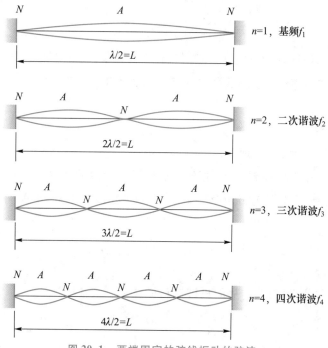

图 20. 1　两端固定的弦线振动的驻波

由(20.3)式可知

$$\lambda = \frac{v}{f} = \frac{1}{f}\sqrt{\frac{F_\mathrm{T}}{\mu}} \qquad (20.6)$$

将(20.6)式两边取对数,可得

$$\ln \lambda = \frac{1}{2}\ln F_\mathrm{T} - \frac{1}{2}\ln \mu - \ln f \qquad (20.7)$$

因此,通过作图分析可以验证弦线中传播的机械横波的 $\lambda - T$ 和 $\lambda - f$ 的特性.

【实验仪器】

实验装置的结构示意图如图 20.2 所示,包含频率可调的机械振动源,实验台,固定滑轮,可调滑轮,刻度尺,不同粗细的弦线若干,砝码盘,砝码,电子天平,频闪灯等.

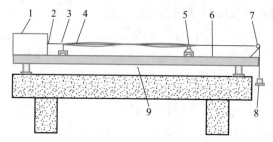

1—机械振动源;2—振簧片;3—无刀口的可动支架;4—弦线;5—有刀口的可动支架;6—标尺;

7—固定滑轮;8—砝码与砝码盘;9—实验台

图 20. 2　驻波仪器结构示意图

金属弦线的一端系在能作水平方向振动的可调频率的数显机械振动源的振簧片上,频率连续可调.弦线一端通过固定滑轮 7 悬挂一砝码盘 8.在一定的弦线张力下,当振源振动时,即在弦线上形成向右传播的横波,当波传播到有刀口的可动支架 5 时,由于弦线在该处受到刀口左右两壁的阻挡而不能振动,故波在该处被反射形成向左传播的反射波.这种传播方向相反的两列波叠加即形成驻波.当驻波形成时,实验中,将最靠近振动端的波节作为测量 L 的起始点,该点到有刀口的可动支架 5 的距离 L 为半波长的整数倍.即:

$$L = n\frac{\lambda}{2} \tag{20.8}$$

其中 n 为任意正整数,利用该式即可测得弦线上横波的波长.

【实验内容】

1. 定性描述弦线张力、振动频率、振幅三者对驻波形成的影响.

2. 实验验证弦线张力、振动频率和波长的关系

(1)验证弦线张力与波长之间的关系

固定振动源频率,在砝码盘上添加不同质量的砝码,以改变弦上的张力.每改变一次张力,均要左右移动有刀口的滑轮,使平台上的弦线出现振幅较大且稳定的驻波,记录振动频率、砝码质量及测量弦线上产生的驻波整数倍半波长.

(2)验证振源频率与波长之间的关系

固定砝码盘上砝码的质量,改变振源频率,进行类似(1)的步骤.

3. 利用图像法处理与波长和张力有关的实验数据,并给出实验结论.

【思考题】

1. 频闪仪的作用是什么?

2. 如何确定弦线上的波节点的位置?

3. 调节振动源的振幅大小,对弦线振动产生什么影响?

§4.2　电磁学实验

本部分介绍电磁学实验.

*实验 21　用惠斯通电桥测量中值电阻

电桥是用比较法测量常见物理量,如电阻、电容、电感等的仪器.简单的电桥电路由四个支路组成,每个支路又称为电桥的"臂".电桥法能够较好地消除环境温度等对测量结果的影响,常用于多种传感器,如应力传感器等.常用的惠斯通电桥,又称单臂电桥,由 Samuel Hunter Christie 于 1833 年发明,1843 年惠斯通改进后用于测量电阻并得以广泛应用.惠斯通电桥由此而得名,它可用来精确测量 $10 \sim 10^6$ Ω 范围的中值电阻.

【预习提示】

1. 调节电桥平衡时,如果检流计始终不偏转,可能的原因是什么? 调节 R_4 从最小到最大,如果检流计始终偏向一边,又是什么原因? 怎样用多用电表查找相应的故障?

2. 在使用图 21.1 所示的电桥电路测量电阻时,比例臂 R_2 和 R_3 对灵敏度的影响是什么? 为了提高测量的准确性,应如何选择比例臂?

3. 电路图中电阻 R_G 的作用是什么? 在实验中如何使用 R_G 保护灵敏检流计?

【实验目的】

1. 掌握惠斯通电桥测量电阻的方法;
2. 掌握电桥的平衡法、比较法测量的思想方法;
3. 了解电桥的灵敏度与各参量之间的关系,理解电桥灵敏度的实验探究方案.

【实验原理】

惠斯通电桥的原理如图 21.1 所示,图中 AB、BC、CD 和 DA 四条支路分别由 R_x、R_2、R_3 和 R_4 电阻组成,称为电桥的四条桥臂.在本实验中,R_x 为待测电阻,R_2 和 R_3 使用定值等值电阻,R_4 使用电阻箱.在 BD 两对角间连接检流计、开关和限流电阻 R_G,在 AC 两对角间连接限流电阻 R_E、开关和电源.

当接通开关 S_B 后,各支路中均有电流流通,检流计支路起到了沟通 ABC 和 ADC 两条支路的作用,可直接比较 BD 两点的电势,电桥之名由此而来.适当地调整各桥臂的电阻值,可以使流过检流计的电流为零,即 $I_G = 0$,B 与 D 点同电势,这时,称电桥达到了平衡,此时有

$$U_{BC} = U_{AC}\frac{R_2}{R_x+R_2} \tag{21.1}$$

$$U_{DC} = U_{AC}\frac{R_3}{R_3+R_4} \qquad (21.2)$$

平衡时，$U_{BC} = U_{DC}$，即 $\frac{R_2}{R_x+R_2} = \frac{R_3}{R_3+R_4}$，整理化简后得到

$$R_x = \frac{R_2}{R_3}\cdot R_4 \qquad (21.3)$$

由此可见，待测电阻 R_x 等于 $\frac{R_2}{R_3}$ 与 R_4 的乘积，通常称 R_2、R_3 为比例臂，R_4 为比较臂.

在电桥具体测量电阻时，比例臂 R_2、R_3 可能不相等，因而利用(21.3)式会给最终结果带来误差.针对这一情况，可以在电桥平衡后，交换 R_2、R_3 的位置，重新调节电桥平衡，获得

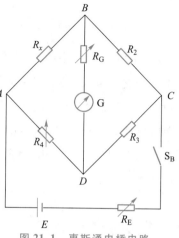

图 21.1　惠斯通电桥电路

$$R_{x2} = \frac{R_3}{R_2}\cdot R_4' \qquad (21.4)$$

在此，我们将(21.3)式的 R_x 标记为 R_{x1}，用 R_{x1} 和 R_{x2} 的几何平均值来表示 R_x，则可以消除比例臂对测量结果的影响，最终的测量结果为

$$R_x = \sqrt{R_{x1}R_{x2}} = \sqrt{R_4 R_4'} \qquad (21.5)$$

灵敏度是电桥的一个重要指标，它反映了电桥对桥臂电阻变化的灵敏程度.由理论可知电桥的灵敏度可表示为

$$S = \frac{E\cdot S_G}{R_x+R_2+R_3+R_4+\left(2+\frac{R_x}{R_2}+\frac{R_3}{R_4}\right)\cdot R_g} \qquad (21.6)$$

式中 E 为电源电动势，S_G 为检流计灵敏度，R_g 为检流计内阻.从(21.6)式可知，电桥的灵敏度与电源电压、检流计的灵敏度之间的关系为正比关系.与桥臂的电阻关系则较为复杂，在 R_g 一定的情况下，存在着合适的比例臂，可以使电桥的灵敏度达到最高.

在实验中，当电桥平衡时，若使比较臂 R_4 改变一微小量 δR_4，电桥将偏离平衡，检流计指针会有一定的偏转格数 N，则可用如下的相对灵敏度 S 表示电桥灵敏度

$$S = \frac{N}{\dfrac{\delta R_4}{R_4}} \qquad (21.7)$$

S 在数值上等于电桥桥臂有相对变化量 $\frac{\delta R_4}{R_4}$ 时，所引起的检流计相应偏转格数.如果检流计的可分辨偏转量为 $\Delta n(0.2\sim0.5\ \text{格})$，则由电桥灵敏度引入的被测量 R_x

的相对误差为

$$\frac{U_{B1}(R_x)}{R_x} = \frac{\Delta n}{S} \tag{21.8}$$

可见,电桥的灵敏度 S 值越大,电桥越灵敏,能检测到的电桥不平衡值越小,由灵敏度引入的不确定度也越小. 此处 $U(R_x)$ 为估读引起的 B 类不确定度.

电桥测量 $U(R_x)$ 的不确定度还与电桥桥臂电阻有关,而桥臂电阻的不确定度与电阻箱的准确等级和接触电阻有关. 电阻箱的准确等级一般分为 0.02、0.05、0.1 和 0.2 等,它表示电阻值的相对百分差. 若一个电阻箱的准确等级为 0.1,显示的电阻值为 $1\,123.4\ \Omega$,则由电阻箱的准确等级引入的误差为 $1\,123.4\ \Omega \times 0.1\% = 1.12$ Ω. 电阻箱的接触电阻来源于调节旋钮,不同级别的电阻箱,接触电阻也不同,对于准确等级为 0.1 的电阻箱,每一个旋钮的接触电阻不大于 $0.002\ \Omega$.

由(21.5)式可得桥臂电阻所引入的相对不确定度为

$$\frac{U_{B2}(R_x)}{R_x} = \sqrt{\left[\frac{1}{2}\frac{U_{B2}(R_{x1})}{R_{x1}}\right]^2 + \left[\frac{1}{2}\frac{U_{B2}(R_{x2})}{R_{x2}}\right]^2} \approx \frac{\sqrt{2}}{2}\frac{U_{B2}(R_{x1})}{R_{x1}} \tag{21.9}$$

若图 21.1 中 R_4 所用电阻箱的准确等级为 α,电阻箱每一个旋钮的接触电阻为 R_m,同时有 $R_x \approx R_{x1} \approx R_{x2}$,则有

$$U_{B2}(R_x) = \frac{\sqrt{2}}{2}U_{B2}(R_{x1}) = \frac{\sqrt{6}}{6}(\alpha R_{x1} + R_m) \tag{21.10}$$

综合以上所述,再考虑(21.8)式,电桥测量 R_x 的不确定度可以表示为下式

$$U(R_x) = \sqrt{\left(\frac{\Delta n}{S}R_x\right)^2 + \frac{1}{6}(\alpha R_x + R_m)^2} \tag{21.11}$$

【实验仪器】

标准电阻箱 1 台,检流计 1 台,定值电阻 3 对,电位器 2 个,直流电源 1 台,多用电表 1 台,待测电阻 1 个,开关 1 个及导线若干.

【实验内容】

1. 先用多用电表粗测待测电阻值.

2. 参照图 21.1,根据书后所附数据表中 R_2 和 R_3 的值,选择合适的比例臂电阻. 使用电阻箱、检流计、直流电源、电位器、比例臂电阻和导线等,组成惠斯通电桥测量电阻. 注意电源电压不要太高或太低(建议 $3 \sim 5$ V),将电阻箱调至待测电阻阻值大小,R_G 调至最大值.

3. 调整电阻箱,观察电桥平衡,记录电阻箱的值,注意数据表中 R_4 两列的值是交换 R_2、R_3 前后两次调节平衡情况下电阻箱的值.

在交换 R_2、R_3 之前,在电桥平衡时调节电阻箱,使检流计分别左偏 5 小格,右偏 5 小格,并记录在检流计偏转 5 小格时电阻箱的阻值.

4. 将 R_G 的值调至 0,重复第三步的操作,并将实验数据填进数据表的第 3 列.

5. 将 R_E 的值调至 0,根据数据表的第 4 列至第 6 列,改变比例臂的值,每改变一次比例臂的值,均重复第三步的操作并将实验数据记录至相应的列.

6. 计算每列的待测电阻值、电桥灵敏度,判断电桥各个参数对电桥灵敏度的影响.

7. 选作实验

在电桥平衡时,调节 R_4 的值,观察检流计指针的偏转. 记录 R_4 的改变量 δR_4 与指针偏转的格数 N,探究两者之间的关系.

【思考题】

1. 电桥平衡的条件是什么?R_G 的作用是什么?

2. 电桥灵敏度与哪些因素有关?如何提高灵敏度?灵敏度是否越高越好?

3. 用惠斯通电桥测量电阻为什么精度较高?为什么不能用来测低值电阻和高值电阻?

4. 可否用惠斯通电桥来测量电流表的内阻?

*实验 22　非线性元件的伏安特性

给一个电学元件两端加上直流电压 U,流过元件的电流为 I,若 U 和 I 之间的关系不是线性的,则该元件称为非线性元件.本实验中的二极管、灯泡中的钨丝等均为非线性元件.非线性元件的电阻总是与一定的物理过程相联系,如发热、发光和能级跃迁等.江崎玲于奈等人因研究与隧道二极管负电阻有关的现象而获得 1973 年的诺贝尔物理学奖.

【预习提示】

1. 如何获得非线性元件的动态电阻和静态电阻?
2. 在描绘伏安特性曲线时,采集多少数据合适? 数据的间隔如何确定?

【实验目的】

1. 了解测量电路中电路元件的选取方法、调节方法;
2. 掌握待测元件的基本特性,能测量二极管的正向导通电压;
3. 掌握非线性元件伏安特性的测量电路和方法.

【实验原理】

1. 伏安特性

非线性元件的伏安特性可用图 22.1(a)所示电路测量.在图 22.1(a)中二极管为待测的非线性元件.调节电位器 R_0 即可改变非线性元件两端的电压.由于数字式电压表内阻很高,在测量低、中值电阻两端电压时引入系统误差很小,一般可忽略不计.

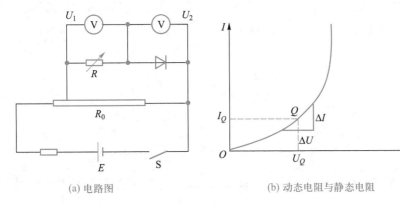

(a) 电路图　　　　(b) 动态电阻与静态电阻

图 22.1　非线性元件伏安特性

根据欧姆定律 $R=U/I$,由待测元件两端的电压 U 和电流 I 计算可得到待测元

件的阻值 R.但非线性元件的 R 是一个变量,因此分析它的阻值必须指出其工作电压(或电流).非线性元件的电阻有两种表示方法,一种称为静态电阻(或称为直流电阻),用 R_D 表示;另一种称为动态电阻,用 R_{rp} 表示,它等于工作点附近的电压改变量与电流改变量之比.动态电阻可通过伏安特性曲线求出,如图 22.1(b)所示,图中 Q 点的静态电阻 R_D 和静态电阻 R_{rp} 分别为

$$R_D = U_Q / I_Q$$
$$R_{rp} = \Delta U / \Delta I \tag{22.1}$$

2. 白炽灯灯丝的伏安特性

钨丝类的灯泡通电发光后,灯丝电阻随着温度的升高而增大.通过灯丝的电流越大,其温度越高,阻值也越大,一般灯泡的"冷电阻"与"热电阻"的阻值可相差几倍至十几倍.灯泡两端电压与流过电流的关系如图 22.2 所示,它们之间的关系满足

$$U = KI^n \tag{22.2}$$

式中 K 和 n 是与灯泡有关的系数.

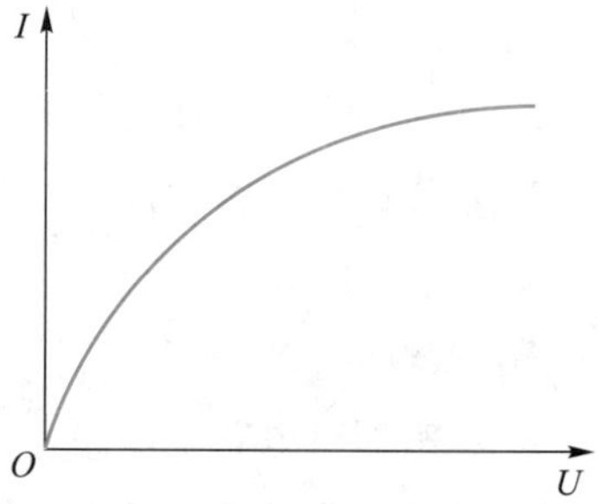

图 22.2　灯泡两端电压与流过电流的关系图

将(22.2)式两边取对数,可将此式线性化为

$$\ln U = \ln K + n\ln I \tag{22.3}$$

进而可通过作图法或最小二乘法确定 K 及 n 的值.

3. 半导体二极管的伏安特性

半导体二极管又称晶体二极管,是一种常用的非线性元件,具有单向导电性,常用于整流、检波、限幅、元件保护以及在数字电路中作为开关元件等.

半导体二极管是由两种具有不同导电性能的 n 型半导体和 p 型半导体结合形成的 pn 结所构成的,它有正、负两个电极,正极由 p 型半导体引出,负极由 n 型半导体引出,如图 22.3(a)所示.半导体二极管在电路中用图 22.3(b)的符号表示.

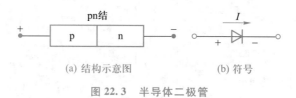

(a) 结构示意图　　　　　(b) 符号

图 22.3　半导体二极管

二极管两端的电压 U 和流过二极管的电流 I 之间的关系满足下式

$$I = I_s (e^{\frac{qU}{kT}} - 1) \tag{22.4}$$

式中 $q = 1.602 \times 10^{-19}$ C 为电子电荷量的绝对值,$k = 1.381 \times 10^{-23}$ J/K 为玻耳兹曼常

量,T 为热力学温度,I_s 为反向饱和电流.

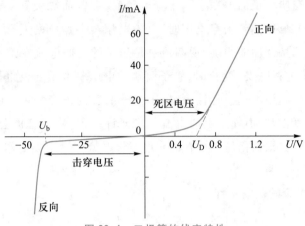

图 22.4 二极管的伏安特性

半导体二极管的主要特点是单向导电性,其伏安特性曲线如图 22.4 所示. 由图 22.4 可见,二极管在正向电压和反向电压较小时,电流值较小. 而一旦正向电压加大到阈值电压 U_D 时,正向电流开始明显增大,随着电压的增加,电流急剧增大,伏安特性曲线近似为一条直线. 将该直线反向延长与电压轴相交,交点 U_D 称为正向导通阈值电压.

在二极管反向加电压时,反向电流极小且随电压变化缓慢. 当反向电压超过反向击穿电压 U_b 时(一般为工作电压的 2~3 倍),电流将急剧增大,二极管被击穿,造成二极管的永久性损坏.

4. 稳压二极管的伏安特性

稳压二极管是一种特殊的硅二极管,标识符号如图 22.5(a)所示;稳压管的伏安特性曲线和普通二极管类似,只是反向特性曲线比较陡,如图 22.5(b)所示.

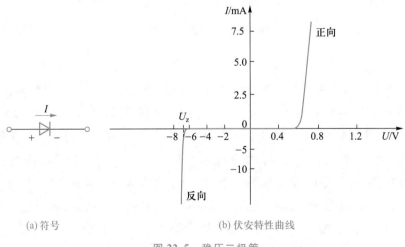

(a) 符号　　　　　　　　　　　　　(b) 伏安特性曲线

图 22.5 稳压二极管

　　反向击穿是稳压管的正常工作状态,稳压管就工作在反向击穿区.从反向特性曲线可以看到,当所加反向电压小于击穿电压时,和普通二极管一样,反向电流很小.一旦所加反向电压达到击穿电压时,反向电流会突然急剧上升,稳压管被反向击穿.其击穿后的特性曲线很陡,说明流过稳压管的反向电流在很大范围内(从几毫安到几十甚至上百毫安)变化时,管子两端的电压基本不变,稳压管在电路中能起稳压作用,正是利用了这一特性.稳压二极管的反向击穿是可逆的,去掉反向电压,稳压管又恢复正常.但如果反向电流超过允许范围,稳压管也会因热击穿而烧毁.故正常工作时要根据稳压二极管的允许工作电流来设定其工作电流.稳压管常用在稳压、恒流等电路中.

　　5. 发光二极管的伏安特性

　　发光二极管(LED)是由 Ⅲ - V 族化合物如 GaAs(砷化镓)、GaP(磷化镓)、GaAsP(磷砷化镓)等半导体材料制成的.发光二极管在电路中的符号如图 22.6(a)所示.发光二极管的核心是 pn 结,因此它具有一般 pn 结的特性,它的伏安特性曲线与普通二极管类似,如图 22.6(b)所示.

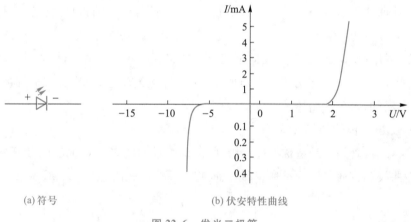

(a)符号　　　　　　　　　　　　　(b)伏安特性曲线

图 22.6　发光二极管

　　发光特性是发光二极管的主要特性,在一定条件下 pn 结附近的电子和空穴复合,同时以光能和热能的形式辐射出多余的能量.发光二极管与白炽灯相比,具有功耗低、体积小、寿命长等特点,目前被广泛用于照明、数码管、显示屏等领域.

　　发光二极管发光波长由材料的种类、性质和发光中心的结构决定,与器件的几何形状、封装方式无关.发光二极管属于自发辐射发光,发射光谱的峰值波长 λ 与发光材料的禁带宽度 E_g 相对应.但事实上,对于大多数半导体发光材料来说,发射光在进入空气之前已经经过多次反射,造成短波长光被大量吸收,从而造成峰值波长相对应的光子能量要小于发光材料的禁带宽度.

　　辐射跃迁所发出光子的峰值波长 λ 可由下式计算

$$\lambda \approx 1\ 240/E_g \quad (\text{nm}) \tag{22.5}$$

式中 $E_g = eU_D$，单位为电子伏（eV）. 在实验中测量得到发光二极管的正向导通阈值电压，即可估算发光二极管的波长.

【实验装置】

稳压电源，电阻箱，可变电位器，九孔板，待测试二极管，待测试稳压二极管，待测试小灯泡，导线若干.

【实验内容】

1. 测量小灯泡灯丝的伏安特性曲线

（1）记录小灯泡的额定电压和额定电流；

（2）按图 22.1（a）将小灯泡连接到伏安特性测量电路中（取代二极管），电压从 0 开始调节，U 和 I 不要超出小灯泡的额定电压和额定电流，测量 15 组 $U\text{-}I$ 数据；

（3）在作图纸上绘制小灯泡的灯丝伏安特性曲线；确定 K 和 n 的值.

2. 测量普通二极管的正向伏安特性曲线

（1）用数字多用表判别二极管的正负极：将数字多用表调到二极管挡位，红、黑表笔分别连接二极管的两端，观察万用表的示数，记下示数；交换红、黑表笔，再观察示数. 若显示 0.7 V 左右的电压值，表明红表笔连接的一端为二极管的正极，另外一端为负极；若反向连接，则显示为断路状态；若两个方向测试显示相同，则该二极管已损坏.

（2）按图 22.1（a）将普通二极管连接到伏安特性测量电路中（注意正极接电源+），电压从 0 开始缓慢调节，观察电流（电流不要超过 20 mA，以免烧毁二极管），测量 15 组 $U\text{-}I$ 关系数据.

（3）在作图纸上绘制正向伏安特性曲线.

说明：由于普通二极管的反向击穿电压一般很大（约 100 V），远远超出了安全电压的范围，因而实验中不需要测量普通二极管的反向伏安特性.

3. 测量稳压二极管的正向、反向伏安特性曲线

（1）用数字多用表判别稳压管的二极管的正负极，方法与普通二极管相同；

（2）按图 22.1（a）将稳压二极管连接到测量电路中（取代二极管，正极接电源+），测量稳压二极管的正向伏安特性曲线；电压从 0 开始缓慢调节，观察电流（电流不要超过 20 mA，以免烧毁稳压二极管），测量 15 组 $U\text{-}I$ 关系数据，在作图纸上绘制正向伏安特性曲线；

（3）将稳压二极管负极接电源+，测量稳压二极管的反向击穿特性（稳压特

性),电压从 0 开始缓慢调节,观察电流(电流不要超过 30 mA,以免烧毁稳压二极管),测量 15 组 U-I 关系数据,测出稳压二极管的反向击穿电压(稳定电压),在作图纸上绘制反向伏安特性曲线.

4. 测量发光二极管的正向伏安特性曲线

(1) 参照普通二极管的实验步骤(1)—(3)开展实验,并绘制发光二极管的伏安特性曲线;

(2) 计算发光二极管的峰值波长.

【思考题】

1. 小灯泡在不发光时的电阻为"冷态电阻",如何通过实验的方法测量得到小灯泡的冷态电阻? 试给出实验方案.

2. 如何根据二极管伏安特性的实验数据获得二极管(pn 结)I-U 关系的经验公式.

3. 如何采用光学的方法测量并获得发光二极管的峰值波长?

4. 如果使用示波器直接观察稳压二极管的伏安特性曲线,在本实验的基础上,需要增加什么样的实验装置,试对实验电路进行设计,并说明关键的操作步骤.

*实验 23　霍尔法测量通电螺线管内的磁场分布

1879 年美国霍普金斯大学研究生霍尔在研究载流导体在磁场中受力性质时发现了一种电磁现象,后来此现象被称为霍尔效应.近年来,人们对量子霍尔效应正在进行更深入研究,并取得了重要应用.2013 年,中国科学院院士薛其坤在国际上首次发现了量子反常霍尔效应,并因此获得 2020 年度菲列兹·伦敦奖.

近 30 多年来,由高电子迁移率的半导体材料制成的霍尔传感器已广泛地应用于磁场的测量和半导体材料的研究上.目前霍尔传感器典型的应用有:磁感应强度测量仪(又称特斯拉计),霍尔位置检测器,无接点开关,霍尔转速测定仪,100 ~ 2 000 A 大电流测量仪,电功率测量仪等.

【预习提示】

1. 在测量霍尔传感器的灵敏度时,流过霍尔传感器电流的方向对实验结果有没有影响,为什么?

2. 在测量通电螺线管内的磁场分布时,为什么流过螺线管的电流要正反向改变,每正反方向下均测量磁场,通过绝对值求平均获得实际磁场的大小?

3. 在测量通电螺线管内的磁场分布时,可不可以先给螺线管通正向电流,测量每一个实验点的磁场大小,再给螺线管通以反向电流,测量每一个实验点的磁场大小,最后将同一位置的两次测量值求平均值.

【实验目的】

1. 了解和熟悉霍尔效应,验证霍尔电势差与螺线管内磁感应强度成正比;

2. 了解集成霍尔传感器的灵敏度定标的方法;

3. 用集成霍尔传感器测量通电螺线管内的磁感应强度的分布,从而学会用集成霍尔元件测量磁感应强度的方法;

4. 理解本实验先给霍尔传感器的灵敏度定标,再进行螺线管磁感应强度测量的实验顺序.

【实验原理】

1. 霍尔效应

如图 23.1 所示,若电流 I 流过厚度为 d 的半导体薄片(图中所示为 n 型半导体,其载流子为带负电荷的电子),且磁场 B 垂直作用于该半导体.则由于受到洛伦兹力的作用,在薄片 b 侧将有负电荷积聚,使薄片 b 侧电势比 a 侧低.这种当电流垂直于外磁场方向通过半导体时,在垂直于电流和磁场的方向,半导体薄片两侧产生电势差的现象称为霍尔效应,产生的电势差称为霍尔电势差,通常用 U_H 表示.

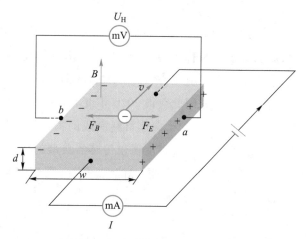

图 23.1　通电载流子在磁场中的运动

在霍尔效应中,电荷量为 q、垂直于磁场 B 的漂移速度为 v 的载流子,一方面受到磁场力 $F_B = qvB$ 的作用,向某一侧面积聚;另一方面,在侧面上积聚的电荷将在薄片中形成横向电场 E_H,使载流子又受到电场力 $F_E = qE_H$ 的作用.电场力 F_E 的方向与磁场力 F_B 的方向恰好相反,它将阻碍电荷向侧面继续积聚,因此载流子在薄片侧面的积聚不会无限制地进行下去.在开始阶段,电场力比磁场力小,电荷将继续向侧面积聚.随着积聚电荷的增加,电场不断增强,直到载流子所受的电场力与磁场力相等,即 $F_E = F_B$ 时,达到一种平衡状态,载流子不再继续向侧面积聚.此时薄片中的电场强度大小为 $E_H = \dfrac{F_E}{q} = \dfrac{F_B}{q} = vB$,设薄片宽度为 w,则横向电场在 a、b 两侧面间产生的电势差为

$$U_H = E_H w = vBw \tag{23.1}$$

因为 $j = qnv$(n 为载流子数密度,j 为电流密度),故 $I = jS = jwd$,所以

$$v = \frac{I}{nqwd} \tag{23.2}$$

故:

$$E_H = vB = \frac{IB}{nqwd} \tag{23.3}$$

所以霍尔电势差

$$U_H = E_H w = \frac{IB}{nqd} \tag{23.4}$$

令 $R_H = \dfrac{1}{nq}$ 为霍尔系数(由半导体本身载流子迁移率决定的物理常数),则

$$U_H = \left(\frac{R_H}{d}\right) IB = K_H IB \tag{23.5}$$

式中，$K_H = \dfrac{R_H}{d}$ 称为霍尔元件灵敏度，可见灵敏度 K_H 与薄片厚度 d 成反比，所以霍尔元件都做得很薄，一般只有 $0.2\ \text{mm}$ 厚.

理论上霍尔元件在无磁场作用时（$B = 0$ 时），霍尔电势差 $U_H = 0$，但是实际情况中并不为零，这是由于半导体材料的结晶不均匀、测量时的各种副效应以及各电极的不对称等引起了电势差，该电势差 U_{H0} 称为剩余电压.

2. 高灵敏度 95 A 型集成霍尔传感器

本实验中使用的高灵敏度 95 A 型集成霍尔传感器由霍尔元件、放大器和剩余电压补偿器组成，其特点是输出信号大，并且已消除剩余电压的影响.

高灵敏度 95 A 型霍尔传感器的线性测量范围为 $0 \sim 0.67\ \text{T}$，灵敏度为 $31.25\ \text{V/T}$，有三根引线，分别是："V_+"端、"V_-"端、"OUT"端，其中"V_+"端和"V_-"端构成"电流输入端"，"OUT"端和"V_-"端构成"电压输出端".

高灵敏度 95 A 型霍尔传感器的工作电流已设定，称为标准工作电流，使用传感器时，必须使工作电流处于该标准状态. 在磁感应强度为零时，调节电源电压，使"OUT"端和"V_-"端之间的输出电压为 $2.500\ \text{V}$，则传感器就处于标准工作状态之下. 在此标准状态下，传感器的输出电压 U 与磁感应强度 B 的关系如图 23.2 所示. 该关系也称为 95 A 型集成霍尔传感器的特性曲线，可以用下式表示

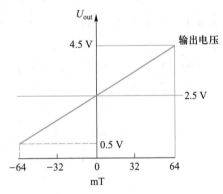

图 23.2 输出电压 U 与磁感应强度 B 的变化规律

$$B = \frac{U - 2.500\ \text{V}}{K} = \frac{U_H}{K} \tag{23.6}$$

式中，U 为传感器补偿前的输出电压，K 为该传感器的灵敏度，U_H 为经 $2.500\ \text{V}$ 外接电压补偿后传感器的输出电压.

3. 螺线管内轴向磁场的分布

如图 23.3 所示，根据毕奥-萨伐尔定律，可以证明螺线管轴上某点 P 的磁感应强度为

$$B = \frac{1}{2}\mu_0 \frac{N}{L} I(\cos\beta_1 - \cos\beta_2) \tag{23.7}$$

式中，μ_0 为真空磁导率，N 为螺线管线圈的匝数，L 为螺线管的长度，I 为磁化电流，β_1、β_2 分别为螺线管轴上某一点到两端的张角.

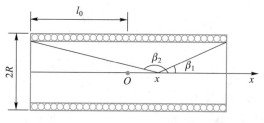

图 23.3 螺线管剖面示意图

当螺线管无限长时,在螺线管中心,$\beta_1 = 0$、$\beta_2 = \pi$,则磁感应强度为

$$B = \mu_0 \frac{N}{L} I \qquad (23.8)$$

对于半无限长螺旋管,如右端无限长,$\beta_1 = 0$,$\beta_2 = \dfrac{\pi}{2}$,仍代入(23.7)式,求出端部的磁感应强度为

$$B = \frac{1}{2} \mu_0 \frac{N}{L} I \qquad (23.9)$$

可见无限长螺线管端点处的磁感应强度值等于螺线管中心的磁感应强度值的一半.

若螺线管的长度有限,设长度为 $L = 2l_0$,直径为 $D = 2R$,取螺线管的中点 O 为 x 轴的原点,那么(23.9)式可写作:

$$B = \frac{1}{2} \mu_0 \frac{N}{L} I \left[\frac{l_0 - x}{\sqrt{R^2 + (l_0 - x)^2}} + \frac{l_0 + x}{\sqrt{R^2 + (l_0 + x)^2}} \right] \qquad (23.10)$$

由(23.10)式可求得螺线管中心($x = 0$)处的磁感应强度为

$$B_0 = \mu_0 \frac{N}{\sqrt{L^2 + D^2}} I \qquad (23.11)$$

同样,可求得螺线管两端,如右端($x = l_0$)处的磁感应强度为

$$B_{L/2} = \frac{1}{2} \mu_0 \frac{N}{\sqrt{L^2 + R^2}} I > \frac{1}{2} \mu_0 \frac{N}{\sqrt{L^2 + D^2}} I = \frac{1}{2} B_0 \qquad (23.12)$$

可见理论上有限长螺线管两端的磁感应强度值大于螺线管中心处磁感应强度值的一半.

【实验仪器】

ICH-1 型新型通电螺线管磁场测定仪. 仪器由 IVU500 型螺线管实验电源、螺线管、开关及若干导线组成. 螺线管长 260.0 mm,螺线管内径 $\varphi_内 = 25.0$ mm,外径 $\varphi_外 = 45.0$ mm. 螺线管层数为 10 层,螺线管匝数 $N = (3\,000 \pm 20)$ 匝. 螺线管中央均匀磁场区域长度>100.0 mm.

【实验内容】

1. 连接实验线路,调整工作状态

实验接线图如图 23.4 所示. 将集成霍尔传感器处于螺线管中央(刻度大约 15～16 cm),螺线管通过双刀换向开关 S_2 与励磁恒流输出电源相接,通过双刀换向开关 S_2 改变流过螺线管的电流方向来改变磁场的方向. 集成霍尔元件的"V_+"端和"V_-"端分别与 4.8～5.2 V 可调电源输出端"+"和"$\perp$"相接,集成霍尔元件"OUT"端与数字电压表"+"端与相接,数字电压表"−"端与开关 S_1 的中间接线柱相接,开关 S_1 指向 2 时,接入电压补偿电路."V_+"端和"V_-"端正负极请勿接错.

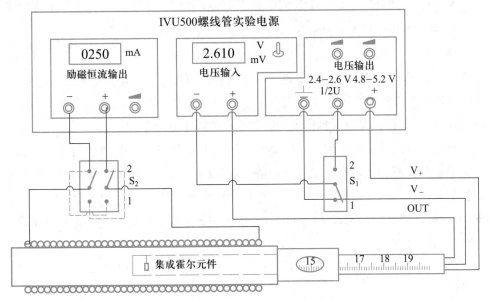

图 23.4 实验仪器接线图

断开螺线管和励磁恒流输出电源的连接(开关 S_2 提起,跟"1"、"2"都断开;开关 S_1 指向 1),调节 4.8～5.2 V 电源的电压输出,使数字电压表上显示的"OUT"端与"V_-"端间的电压值为 2.500 V,此时集成霍尔元件达到了标准工作状态,即霍尔传感器中的霍尔元件通过的电流达到规定的数值,此时,霍尔传感器的输出电压和磁场之间的线性关系由(23.8)式决定.

2. 测量霍尔传感器的灵敏度 K

调节励磁恒流输出电源的输出电流 I_M,在 0 至 500 mA 电流输出范围内每隔 50 mA 测量一次霍尔传感器输出的电压并记录 I_M-U 数据,用作图法求出斜率 $\dfrac{\Delta U}{\Delta I_M}$ 的值. 验证通电螺线管内磁感应强度 B 与霍尔传感器的输出电压 U 之间的线性关系.

用上述测量数据得到的斜率 $\dfrac{\Delta U}{\Delta I_{\mathrm{M}}}$,以通电螺线管中心点磁感应强度理论计算值为标准值,计算 95 A 型集成霍尔传感器的灵敏度 K.

对于有限长螺线管来说,管中的磁感应强度理论计算值为 $B = \mu_0 \dfrac{N}{\sqrt{L^2+D^2}} I_{\mathrm{M}}$.

95A 型集成霍尔传感器的灵敏度 K 的定义为 $K = \dfrac{\Delta U}{\Delta B}$. 由此可知,对于有限长螺线管,集成霍尔传感器的灵敏度 K 为

$$K = \frac{\sqrt{L^2+D^2}}{\mu_0 N} \cdot \frac{\Delta U}{\Delta I_{\mathrm{M}}} \tag{23.13}$$

3. 测量通电螺线管中的磁感应强度分布

在保持"V_+"端和"V_-"端电压不变的情况下,把开关 S_1 指向 2,断开开关 S_2. 调节 2.4 ~ 2.6 V 电源输出电压,使数字电压表指示值为 0.000 mV(这时应将数字电压表量程开关指向"mV"挡),也就是用一个外接 2.500 V 电压与传感器输出 2.500 V 电压相补偿,这样就可以直接读出传感器输出的霍尔电压 U_{H} 值.

设置螺线管的激励电流 $I_{\mathrm{M}} = 0.250$ A,改变霍尔传感器在螺线管内的位置,测出集成霍尔传感器在该位置时输出的霍尔电压(每个位置,通过开关 S_2,改变激励电流的方向,正向、反向各测一次),用作图纸作出通电螺线管内磁感应强度的分布图,并比较螺线管两端的磁感应强度值与中央的磁感应强度值的一半的大小关系.

4. 注意事项

(1)集成霍尔元件的"V_+"端、"V_-"端和电源的连接不能接反,否则将损坏元件.

(2)拆除接线前应先关闭电源.

(3)仪器应预热 10 分钟后开始测量数据.

【思考题】

1. 如何测量霍尔元件的输出电阻?在外加磁场改变时,霍尔元件的输出电阻会变化吗?

2. 如果在实验时补偿电压没有调整到完全补偿剩余电压,对实验结果会有什么影响?试进行分析.

实验 24 光伏探测器光电特性的研究

光电池、光敏二极管和光敏三极管等光敏器件的工作原理是光生伏特效应,该效应由法国科学家贝可勒尔在 1839 年研究伏打电池时意外发现.1958 年,我国研制出了首块单晶硅,研制成功晶体硅光伏电池.目前,光电池是太阳能电池的主流,是清洁能源的解决方案,光伏产业得到世界各国的关注和重点发展.我国太阳能光伏行业虽起步较晚,但发展迅速,尤其是 2013 年以来,在国家及各地区的政策驱动下,太阳能光伏发电在我国呈现爆发式增长.目前,全球超过 80% 的太阳能电池都在中国生产.

【实验目的】

1. 了解光电池的基本特性,测量光电池的伏安特性曲线和光照特性曲线;
2. 了解光敏二极管的基本特性,测量光敏二极管的伏安特性和光照特性曲线;
3. 了解如何根据光电池、光敏二极管的基本特性选择实验仪器,制定实验方案.

【实验原理】

1. 光生伏特效应

在无光照时,半导体 pn 结内部在两种材料的接界处形成了空间电荷层及相应的由 n 区指向 p 区的内建电场,阻止了 p 区空穴和 n 区电子向另一区的扩散.当光照射在 pn 结及其附近时,在能量足够大的光子作用下,在结区及其附近的 n 区和 p 区光子被吸收产生电子-空穴对.在每个区域,非平衡的光生少数载流子起主要作用,p 区的少数载流子是电子,在 p 区所产生的光生电子离结区距离小于电子的扩散长度,便可靠扩散从 p 区进入结区并在内建电场的作用下趋向 n 区;同样,n 区的光生空穴也会趋向 p 区;结区的光生电子-空穴对则会在内建电场的作用下分离到结区两边.结果使 n 区带负电荷,p 区带正电荷,从而建立一个与内建电势差相反的电势差,称为光生电势差.在建立光生电势差的过程中,载流子移动形成的电流称为光生电流 I_{ph},光生电势差对于 pn 结来说,相当于加上了一个正向电压,会产生一个正向电流 I_D,方向与光生电流方向相反,当这两个相反电流互相抵消时,就在 pn 结上建立起稳定的光生电动势,此现象称为光生伏特效应.利用 pn 结的这种效应,除了制作光电池外,还可以制成各种光敏二极管、三极管,并广泛应用于自动控制和传感技术中.

当光照射硅光电池的时候,将产生一个由 n 区流向 p 区的光生电流 I_{ph},已知

$$I_{\text{ph}} = eS(L_\text{p} + L_\text{n})\,\overline{G} \tag{24.1}$$

式中,S 是 pn 结的面积,$\overline{G}$ 是光生载流子的平均产生率.L_p 和 L_n 分别是空穴和电子

NOTE

的扩散长度.同时由于 pn 结二极管的特性,存在正向二极管管电流 I_D,此电流方向与光生电流方向相反.当光未照射时,pn 结上的电压和通过它的电流的关系为

$$I_D = I_0 \left[\exp\left(\frac{eU}{nkT} \right) - 1 \right] \tag{24.2}$$

式中 U 为结电压,I_0 为二极管反向饱和电流,n 为理想系数,表示 pn 结的特性,通常在 1 和 2 之间,k 为玻耳兹曼常量,T 为热力学温度.

所以当光照射时,实际获得的流经外电路的电流为

$$I = I_{ph} - I_D = I_{ph} - I_0 \left[\exp\left(\frac{eU}{nkT} \right) - 1 \right] \tag{24.3}$$

此即 pn 结型光电器件的伏安特性,其 I–U 曲线如图 24.1 所示.其中 E_0 对应的曲线是无光照时的情形,$E_1 \sim E_4$ 对应的曲线是有光照时的情形,且有 $E_1 < E_2 < E_3 < E_4$.当光电器件两端不加偏压时,光电器件工作在光电池模式,即图 24.1 中的第四象限部分,当光电器件两端加上反向偏压时,光电器件工作在第三象限,无光照时电阻很大,电流很小,有光照时电阻变小,电流变大,类似于光敏电阻.

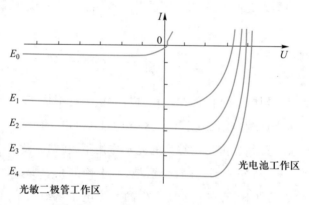

图 24.1 pn 结型光电器件的伏安特性

2. 光电池

光电池是目前使用最为广泛的光伏探测器之一.它的特点是工作时不需要外加偏压,接收面积小,使用方便,缺点是响应时间长.

当光电池作为电源使用时,在一定的光照下改变负载电阻的大小,测量光电池的输出电压和输出电流,即可得到光电池的伏安特性曲线,如图 24.2(a)所示.由伏安特性曲线的数据,进而可以得到光电池输出功率和负载电阻的关系.

当光电池开路时,总电流为 0,此时光电池的输出电压称为开路电压 U_{oc}.由(24.3)式可得开路电压的表达式为

$$U_{oc} = \frac{nkT}{e} \ln\left(\frac{I_{ph}}{I_0} + 1 \right) \tag{24.4}$$

可见光电池的开路电压与光照的对数成正比.如果将光电池短路,则输出电压

为 0,由(24.3)式可得短路电流的表达式为

$$I_{SC} = I_{ph} \tag{24.5}$$

由此可知,短路电流与光生电流成正比,即与入射光照度成正比关系.光电池的短路电流 I_{SC} 和开路电压 U_{OC} 与入射光照度的关系如图 24.2(b)所示.

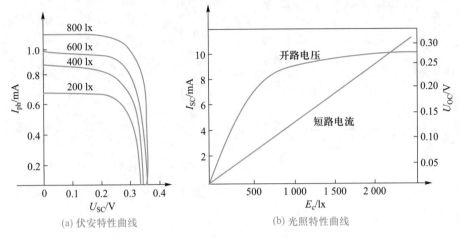

(a) 伏安特性曲线 　　　　 (b) 光照特性曲线

图 24.2　硅光电池的光电特性

在实验中,为了对光电池的光电特性进行测量,可以采用图 24.3 所示电路.在图 24.3 中,当开关 S 打开时,电压表可以测量得到光电池的开路电压;当开关 S 闭合时,流过电路的电流为电压表的读数 U 与 R_{x1} 值的比值.将 R_{x1} 调至 10 Ω 及以下,可以得到光电池短路电流的近似数值,通过不断增大 R_{x1} 的值,则可以得到光电池输出电压与电流的关系.

3. 光敏二极管

光敏二极管在没有光照时,光敏二极管的反向电阻很大,反向电流很小,光敏二极管处于截止状态;当有光照时光敏二极管处于导通状态,光电流的方向与反向电流一致,光强越强光电流越大.

光敏二极管常用作检测元件,工作在反向偏压状态下,其工作电路如图 24.4 所示.

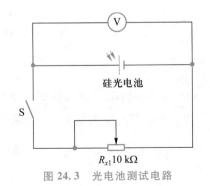

图 24.3　光电池测试电路

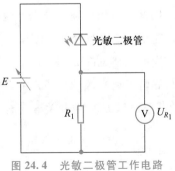

图 24.4　光敏二极管工作电路

光敏二极管伏安特性如图 24.5(a)所示.光敏二极管的光照特性呈良好线性,如图 24.5(b)所示,这是由于它的电流灵敏度一般为常数.

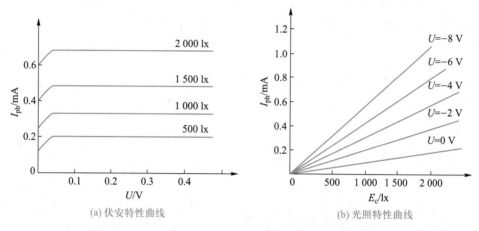

(a) 伏安特性曲线　　　　　　　　　　(b) 光照特性曲线

图 24.5　光敏二极管

【实验仪器】

电源,光电池,光敏二极管,小灯泡及灯泡电源,电阻箱,数字万用表,导线若干.

【实验内容】

1. 观察光电池、光敏二极管的外观,用数字电表判断两种元件的 p 极和 n 极.

2. 硅光电池的伏安特性测试

① 按照图 24.3 所示连接好实验线路.光源用标准钨丝灯,光源电压在一定范围内可调,以实现硅光电池上的光照度的调节.

② 先将可调光源的光强调至一定的照度,每次在一定的照度下,调节可调电阻箱的阻值为 R_x,然后测出一组硅光电池的两端的电压 U_{sc},根据公式计算出光电流 $I_{ph} = \dfrac{U_{sc}}{R_x}$.

③ 根据实验数据画出硅光电池的一簇伏安特性曲线.

3. 硅光电池的光照特性测试

① 实验线路见图 24.3,电阻箱调到 2 Ω.

② 先将可调光源调至一定的照度,在开关 S 打开的情况下测出该照度下硅光电池的开路电压 U_{oc},在开关 S 闭合的情况下测出电阻箱两端电压 U_R,则短路电流为 $I_{ph} = \dfrac{U_R}{2.00\ \Omega}$,以后逐步改变可调光源的照度(8 ~ 10 次),重复测出开路电压和短路电流.

③ 根据实验数据画出硅光电池的光照特性曲线.

4. 光敏二极管的伏安特性测试实验

① 按照图 24.4 连接好实验线路,其中取样电阻 $R_1 = 1.00$ kΩ.

② 将可调光源调至一定的照度,每次在一定的照度下,测出加在光敏二极管上的反向偏压与产生的光电流的关系数据,其中光电流 $I_{ph} = \dfrac{U_R}{1.00 \text{ kΩ}}$.

③ 根据实验数据画出光敏二极管的一簇伏安曲线.

5. 光敏二极管的光照度特性测试

① 实验线路同图 24.4.

② 选择一定的反向偏压,每次在一定的反向偏压下测出光敏二极管在相对光照度为"弱光"到逐步增强的光电流数据,其中 $I_{ph} = \dfrac{U_R}{1.00 \text{ kΩ}}$. 这里要求至少测出 3 个不同的反向偏压下的数据.

③ 根据实验数据画出光敏二极管的一簇光照特性曲线.

【思考题】

1. 在研究光敏二极管的特性时,为什么要将光敏二极管反偏放置?

2. 为什么硅光电池的伏安特性曲线是非线性的?

3. 如何根据实验数据获得硅光电池的负载特性曲线,进而获得硅光电池的最大输出功率?

4. 除了本实验中提供的改变光照度的方法,你还能想到哪些改变光照度的方法?

* 实验 25　*RC*、*RL* 交流电路的稳态特性

电路中电流及各元件上的电压随电源信号频率变化的关系称为幅频特性,电路中电流与电源电压之间的相位差随电源信号频率变化的关系则称为相频特性.本实验研究 *RC*、*RL* 电路的幅频特性和相频特性.

【实验目的】

1. 研究 *RC* 串联电路中 *R*、*C* 两端电压与电源频率的关系;
2. 研究 *RL* 串联电路中 *R*、*C* 两端电压与电源频率的关系;
3. 了解在幅频、相频特性测量过程中如何确定频率的测量范围.

【实验原理】

1. *RC* 串联电路的特性

RC 串联电路如图 25.1 所示,该电路的阻抗为

$$Z = \sqrt{R^2 + \left(\frac{1}{\omega C}\right)^2} \qquad (25.1)$$

通过该电路的电流为

$$I = \frac{U}{\sqrt{R^2 + \left(\frac{1}{\omega C}\right)^2}} \qquad (25.2)$$

电路中电阻、电容两端的电压,电源电压与电路电流的相位差分别为

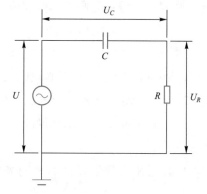

图 25.1　*RC* 串联电路

$$\begin{cases} U_R = IR = \dfrac{U}{\sqrt{1 + \left(\dfrac{1}{\omega CR}\right)^2}} \\[2ex] U_C = \dfrac{I}{\omega C} = \dfrac{U}{\sqrt{1 + (\omega CR)^2}} \\[2ex] \varphi_C = -\arctan\left(\dfrac{1}{\omega RC}\right) \end{cases} \qquad (25.3)$$

可见,在 *RC* 串联电路中电阻、电容两端的电压满足下式

$$U_R^2 + U_C^2 = U^2 \qquad (25.4)$$

由于电阻 *R* 与频率无关,所以可以用 U_R 来监测电路中的电流.在测量 U_R 和 U_C 过程中,当频率变化时,总电压 *U* 应始终保持不变,图 25.2(a)就是 *RC* 串联电路中电压与频率的关系曲线,可见 U_R 和 U_C 随 ω 的变化正好相反,低频时总电压主

要降落在电容器两端,高频时主要分布在电阻两端,利用此幅频特性可把各种频率分开,组成各种滤波电路. 图 25.2(b)是 *RC* 串联电路中电流相位与电压相位之差与电源频率的关系,电流信号比电压信号超前,在频率较低时两者相位差较大,在频率变大时相位差逐渐减小. 利用 *RC* 串联电路的这种性质,可以组成移相器.

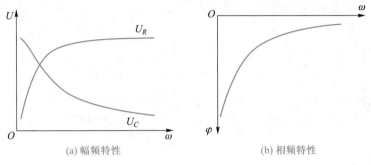

(a) 幅频特性   (b) 相频特性

图 25.2 *RC* 串联电路

2. *RL* 串联电路的特性

RL 串联电路的电路图如图 25.3 所示. 该电路的阻抗为

$$Z = \sqrt{R^2 + (\omega L)^2} \qquad (25.5)$$

电路中的电流为

$$I = \frac{U}{\sqrt{R^2 + (\omega L)^2}} \qquad (25.6)$$

因而电路中电阻、电感两端的电压分别为

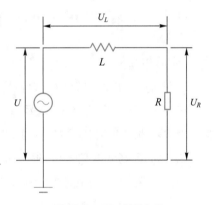

图 25.3 *RL* 串联电路

$$\begin{cases} U_R = IR = \dfrac{U}{\sqrt{1 + \left(\dfrac{\omega L}{R}\right)^2}} \\[4mm] U_L = I\omega L = \dfrac{U}{\sqrt{1 + \left(\dfrac{R}{\omega L}\right)^2}} \\[4mm] \varphi_L = \arctan\left(\dfrac{\omega L}{R}\right) \end{cases} \qquad (25.7)$$

在 *RL* 串联电路中,电阻、电感两端的电压之和满足下式

$$U_R^2 + U_L^2 = U^2 \qquad (25.8)$$

测量过程中,同样始终保持总电压 *U* 不变,得图 25.4(a)所示的 *RL* 串联电路中电阻、电感两端电压与频率关系曲线,从图中可以看出 U_L 和 U_R 变化也正好相反,低频时总电压主要降落在电阻两端,高频时主要降落在电感两端,这说明电感

具有"高频开路、低频短路"的性质. 图 25.4(b) 为 *RL* 串联电路中电流与总电压相位差与电源频率的关系,从图中可以看出电路电流超前于电源,并且随着电源频率的增加,相位差不断增加. 利用 *RL* 串联电路的这种特性也可组成各种滤波电路.

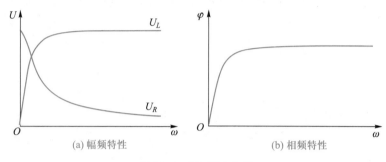

(a) 幅频特性　　　　　　　　　　(b) 相频特性

图 25.4　*RL* 串联电路

【实验仪器】

电阻箱,电感(0.02 H),电容箱,交流信号源,交流毫伏表,双通道示波器,导线等.

【实验内容】

1. 测定 *RC* 串联电路的幅频特性和相频特性

① 按图 25.1 电路接线,信号源采用正弦交流电,*RC* 取合适的数值,使用示波器分别观察电源两端、电阻两端的电压波形.

② 由低到高调节信号源的频率,观察电源两端、电阻两端信号的幅值变化和相位差的变化,选择合适的实验频率范围.

③ 在选择的实验频率范围内,改变电压频率,间隔一定的频率测量电阻两端的电压幅值和相位差. 注意在实验过程中保证电源电压不变.

④ 绘制 U_R-f 特性曲线和 φ_R-f 特性曲线.

⑤ 改变电路中 *R* 和 *C* 的位置,测量 *C* 两端电压随频率的关系,绘制 U_C-f 特性曲线.

⑥ 验证 *R* 和 *C* 两端电压的平方和与电源电压平方的关系.

2. 测定 *RL* 串联电路的幅频特性

① 按图 25.3 电路接线,信号源采用正弦交流电,*RL* 取合适的数值,使用示波器分别观察电源两端、电感两端的电压波形.

② 由低到高调节信号源的频率,观察电源两端、电感两端信号的幅值变化和相位差的变化,选择合适的实验频率范围.

③ 在选择的实验频率范围内,改变电压频率,间隔一定的频率测量电阻两端

的电压幅值和相位差.注意在实验过程中保证电源电压不变.

④ 绘制 U_R-f 特性曲线和 φ_R-f 特性曲线.

⑤ 改变电路中 R 和 L 的位置,测量 L 两端电压随频率的关系,绘制 U_L-f 特性曲线.

⑥ 验证 R 和 L 两端电压的平方和与电源电压平方的关系.

【思考题】

1. 如何使用示波器测量两个正弦交流信号的相位差?

2. RC 串联电路如何实现高频滤波和低频滤波?

3. 在验证 R、C 两端电压的平方和与电源电压平方的关系时,采用的是先绘制 U_R-f 曲线再绘制 U_C-f 曲线的方法.这种方法会有什么缺点?

4. 如果在实验仪器中增加一个双刀换向开关,试设计电路,使在同一频率下可以通过双刀换向开关完成 U_R、U_C 的测量.

附录 25.1　读数示波器 SS7802 的 FUNCTION 功能介绍

本实验所用的读数示波器除了具有普通示波器的各种功能外,还增加了数字测量与显示功能,把示波器的工作状态、工作参量以及被测量的电压差或时间差以符号或数字的形式直接显示在示波器的屏幕上,使实验者能够随时了解示波器的工作状态和测量结果,从而提高了测量的精度.

读数示波器 SS7802 的数字测量功能主要通过示波器的 FUNCTION 功能实现,示波器的操作面板上共有 4 个键与该功能相联系,现将 4 个键的名称、具体功能如表 25.1 所示:

表 25.1　FUNCTION 功能介绍

序号	英文名称	中文名称	功能
1	Δv-Δt-OFF	电压—时间—关闭	摁一次,显示器出现上下两条断续分布的光标,可以进行电压测量;摁两次,显示器出现左右两条断续分布的光标,可以进行时间测量;摁三次,关闭光标.
2	TCK/C2	光标设置	进行光标选择.摁一下,选择一条光标;摁两下,选择另外一条光标;摁三下,同时选择两条光标.
3	FUNCTION	功能调节	通过旋转该键将选中的光标微调移到需要的测量位置;连续摁该键则可以达到快速移动的目的.
4	HOLDOFF	释抑	摁下该键选择释抑,旋转 FUNCTION 可调整释抑时间.

实验 26　*RLC* 交流电路的稳态特性

电阻 *R*、电感 *L* 和电容 *C* 是交流电路中三种基本的电路元件,本实验研究 *RLC* 交流电路的稳态特性,并对 *RLC* 串联电路的品质因数 *Q* 值进行测量.

【实验目的】

1. 研究 *RLC* 串联电路中电流与电源频率的关系.

2. 了解 *RLC* 串联谐振电路品质因数 *Q* 的物理意义,学习其测量方法.

3. 了解交流电路的连接要求,能够根据 *Q* 值的测量要求选择频率调节的范围.

【实验原理】

1. *RLC* 串联电路的幅频特性和相频特性

如图 26.1 所示,若考虑电感线圈的电阻及电容器相串联的等效损耗电阻,设其和为 R_L,则 *RLC* 串联电路中总的阻抗为

$$Z = \sqrt{(R+R_L)^2 + \left(\omega L - \frac{1}{\omega C}\right)^2} \tag{26.1}$$

回路中的电流为

$$I = \frac{U}{\sqrt{(R+R_L)^2 + \left(\omega L - \frac{1}{\omega C}\right)^2}} \tag{26.2}$$

保持总电压 *U* 不变,则得到图 26.2 所示的 *RLC* 串联电路的幅频特性曲线,U_R-ω 和 *I*-ω 关系的规律是相同的,因而在实验中通常测量的是 U_R-ω 曲线.

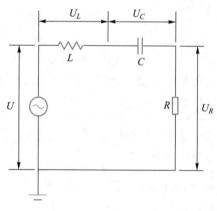

图 26.1　*RLC* 串联电路

图 26.2　*RLC* 串联电路的稳态特性

总电压和电流之间的相位差 φ 为

$$\varphi = \arctan \frac{\omega L - \dfrac{1}{\omega C}}{R + R_L} \qquad (26.3)$$

相位差随电源频率变化关系如图 26.3 所示.

从上图以及(26.3)式可以得出如下的结论:

① 当 $\omega L > \dfrac{1}{\omega C}$ 时,$\varphi > 0$,电流的相位落后于电源电压,整个电路呈现电感性,随着频率的增加 φ 趋近于 $\dfrac{\pi}{2}$.

② 当 $\omega L < \dfrac{1}{\omega C}$ 时,$\varphi < 0$,电流的相位超前于电源电压,整个电路呈现电容性,随着频率的减小 φ 趋近于 $\dfrac{\pi}{2}$.

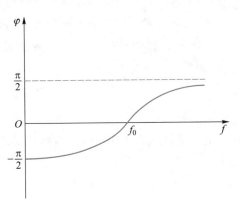

图 26.3　RLC 串联电路的相频特性

③ 当 $\omega L = \dfrac{1}{\omega C}$ 时,$\varphi = 0$,电流与电源电压同相位,整个电路呈现为纯电阻,此时电路处于谐振状态.此时回路中电流达到最大,值为 $I_{\max}$.令 ω_0 和 f_0 分别表示 $\varphi = 0$ 时的角频率和频率,并分别称为谐振角频率与谐振频率,即

$$\omega_0 = \frac{1}{\sqrt{LC}}, \quad f_0 = \frac{1}{2\pi\sqrt{LC}} \qquad (26.4)$$

2. RLC 串联谐振电路的品质因素 Q

当 RLC 串联谐振时,$\varphi = 0$,$U_L = U_C$,即纯电感和理想电容两端的电压相等,而

$$U_L = I_{\max}\omega_0 L = \frac{U}{R+R_L}\omega_0 L = \frac{U}{R+R_L}\sqrt{\frac{L}{C}} \qquad (26.5)$$

令 $Q = \dfrac{1}{R+R_L}\sqrt{\dfrac{L}{C}}$,则有

$$U_L = U_C = QU \qquad (26.6)$$

Q 叫串联谐振电路的品质因数,式中 U 为信号源输出电压,如果 $Q \gg 1$,则 U_L 和 U_C 都远大于信号源电压,这种现象叫 RLC 串联电路的电压谐振.Q 值反映了谐振电路的特性,由(26.6)式得到 Q 的一个物理意义:电压谐振时,电路呈纯电阻性,纯电感和理想电容两端的电压均为信号源电压的 Q 倍.

为了描述 $I-\omega$ 谐振曲线的尖锐程度,通常规定 I 由最大值 $I_{\max}$ 下降到 $\dfrac{I_{\max}}{\sqrt{2}}$ 时对应的频率 ω_1 和 $\omega_2(\omega_1 < \omega_0 < \omega_2)$ 之差为"通频带宽度",与 ω_0 和回路的品质因数 Q

之间的关系为

$$Q = \frac{\omega_0}{\omega_2 - \omega_1} = \frac{f_0}{f_2 - f_1} \qquad (26.7)$$

Q 越大,带宽越窄,曲线越尖锐,电路的频率选择性越好,由此得到 Q 值的第二个物理意义,它标志谐振曲线的尖锐程度,反映电路对频率的选择性.

(26.6)式和(26.7)式提供了测量回路 Q 值的原理和方法,前者称电压谐振法,后者称频带宽度法.

【实验仪器】

电阻箱,电感(0.02 H),电容箱,交流信号源,交流毫伏表,双通道示波器,导线等.

【实验内容】

1. 测量 RLC 串联电路的幅频特性和相频特性

① 按照图 26.1 连接电路,LC 取合适的数值.

② 使用示波器的两个通道同时观察电源和电阻两端的电压. 根据公式先估算一下电路的谐振频率 f_0,然后调节信号源的频率,观察电阻两端电压随频率的变化规律,确定测量频率范围.

③ 以一定的频率间隔从低到高改变频率,每一个频率测量点测量电阻两端的电压 U_R 和电阻两端电压与电源电压之间的相位差 φ_R,在测量过程中注意保持电源电压幅值的稳定.

④ 绘制 RLC 串联电路的谐振曲线 U_R-f 和 φ_R-f 图.

2. 测量回路的品质因数 Q 值

① 当电路处于谐振状态时,将电容与电阻交换位置,测量电容两端的电压 U_C,或将电感与电阻交换位置,测量电感两端的电压 U_L,计算品质因数 Q.

② 在 U_R-f 图上画出 RLC 串联电路的频带宽度,并计算 Q 值.

③ 将 Q 的测量值和计算值进行比较.

3. 选做实验 1:探究 RLC 并联电路的谐振现象

RLC 并联电路如图 26.4 所示,试设计方案测量电压 U、电流 i 分别与电源频率 f 之间的关系,电压 U 与电流 i 之间的相位差

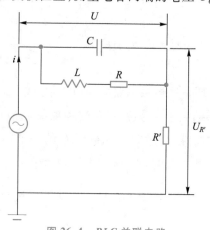

图 26.4 RLC 并联电路

φ以及电源频率f之间的关系.

4. 选做实验 2:介电常量的测量

用谐振法测量一个平行板电容器的电容值,进而获得平行板间介质的介电常量.

【思考题】

1. 在测量幅频特性时,为什么电源的输出电压会随着电源的频率发生改变?

2. Q值的物理意义是什么? 在实验中如何测量Q值?

3. RLC电路中L的电阻对谐振曲线有何影响? 实验中如何测量L的电阻?

实验 27　铁磁材料的磁滞回线和基本磁化曲线的测量

铁磁物质是一种性能特异、用途广泛的材料.铁、钴、镍及其众多合金以及含铁的氧化物均属铁磁物质.铁磁物质的一个特征是在外磁场作用下能被强烈磁化,故铁磁物质的磁导率很高.铁磁物质的另一个特征是磁滞现象,即磁化场停止作用后,铁磁物质仍会保留磁化状态.磁滞现象有着广泛的应用.

【实验目的】

1. 认识铁磁物质的磁化规律,比较不同铁磁材料的动态磁化特性;
2. 了解利用示波器测量铁磁材料动态磁滞回线的原理和方法;
3. 测绘铁磁样品的磁滞回线和基本磁化曲线.

【实验原理】

1. 铁磁材料的磁滞现象

图 27.1 为铁磁物质磁感应强度 B 与磁场强度 H 之间的关系曲线.图中的原点 O 表示磁化之前铁磁物质处于磁中性状态,即 $B = 0$, $H = 0$.当磁场的 H 从零开始增加时,磁感应强度 B 随之缓慢上升,如线段 Oa 所示;继之 B 随 H 迅速增长,如线段 ab 所示;其后 B 的增长又趋缓慢,并当 H 增至 H_m 时,B 到达饱和值.$OabS$ 称为起始磁化曲线.当磁场从 H_m 逐渐减小至零,磁感应强度 B 并不沿起始磁化曲线恢复到原点 O,而是沿另一条新曲线 SR 下降.比较线段 OS 和 SR 可知,H 减小 B 相应也减小,但 B 的变化滞后于 H 的变化,这种现象称为磁滞.磁滞的明显特征是当 $H = 0$ 时,B 不为零,而保留剩磁 B_r.

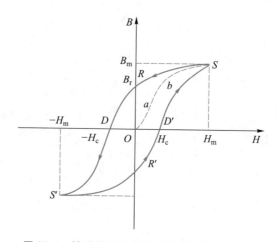

图 27.1　铁磁材料的起始磁化曲线和磁滞回线

当磁场反向从 O 逐渐变至 $-H_c$ 时,磁感应强度 B 消失.这说明要消除剩磁,必须施加反向磁场. H_c 称为矫顽力,它的大小反映铁磁材料保持剩磁状态的能力,线段 RD 称为退磁曲线.

图 27.1 还表明,当磁场按 $H_m \to 0 \to -H_c \to -H_m \to 0 \to H_c \to H_m$ 次序变化,相应的磁感应强度 B 则沿闭合曲线 $SRDS'R'D'S$ 变化,这条闭合曲线称为磁滞回线.所以,当铁磁材料处于交变磁场中时(如变压器中的铁芯),将沿磁滞回线反复被磁化→去磁→反向磁化→反向去磁.在此过程中要消耗额外的能量,并以热的形式从铁磁材料中释放,这种损耗称为磁滞损耗.可以证明,磁滞损耗与磁滞回线所围面积成正比.

应该说明,当初始态为 $H=0$, $B=0$ 的铁磁材料,在交变磁场强度由弱到强依次进行磁化,可以得到面积由小到大向外扩张的一簇磁滞回线,如图 27.2 所示.这些磁滞回线顶点的连线称为铁磁材料的基本磁化曲线,由此可近似确定其磁导率 $\mu = B/H$.因 B 与 H 的关系成非线性,故铁磁材料的 μ 不是常数,而是随 H 而变化,如图 27.3 所示.铁磁材料的相对磁导率可高达数千乃至数万,这一特点是它用途广泛的主要原因之一.

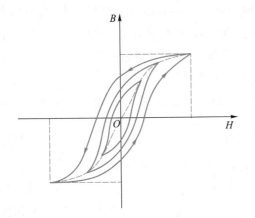

图 27.2 同一铁磁材料的一簇磁滞回线

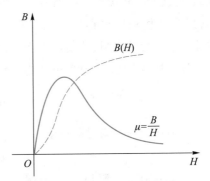

图 27.3 铁磁材料 μ 与 H 的关系

磁化曲线和磁滞回线是铁磁材料分类和选用的重要依据.图 27.4 为常见的两种典型的磁滞回线.其中软磁材料磁滞回线狭长,矫顽力、剩磁和磁滞损耗均较小,是制造变压器、电机和交流磁铁的主要材料;而硬磁材料磁滞回线较宽,矫顽力大,剩磁强,可用来制造永磁体.

2. 用示波器观察和测量磁滞回线的实验原理和线路

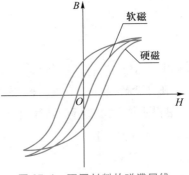

图 27.4 不同材料的磁滞回线

在用示波器观察时,示波器工作在 XY 工作模式,其中 x 轴输入为磁场强度 H,y 轴输入为磁感应强度 B.观察和测量磁滞回线和基本磁化曲线的线路如图 27.5 所示.

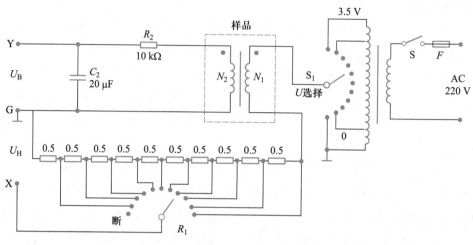

图 27.5　实验原理线路

在图 27.5 中待测样品为 EI 型矽钢片,被制为闭合的环形,然后均匀绕以励磁线圈 N_1 和测量线圈 N_2. 220 V 的交流电经电压变换后经过多挡开关 S_1 加到励磁绕组 N_1 上,S_1 可以调节加到 N_1 上的电压值. R_1 为可调电阻,用来对励磁电流取样,其总值为 5 Ω. 调节 R_1 处的多挡开关,即以 0.5 Ω 等间隔改变可调电阻 R_1 与示波器并联部分的电阻,从而可以调节输入到示波器上的电压 U_H.

设通过 N_1 的交流励磁电流为 i,根据安培环路定律,样品的磁场强度为

$$H = \frac{N_1 \cdot i}{L} \tag{27.1}$$

式中 L 为样品的平均磁路长度.设 R_1 与示波器并联部分的电阻为 R_{1x},则有

$$U_H = R_{1x} i \tag{27.2}$$

在交流励磁电流恒定的情况下,U_H 随着可调电阻 R_1 的 R_{1x} 部分变大而变大.通过 U_H 和 R_{1x} 的值可以得到励磁电流的值.

故有:

$$H = \frac{N_1}{LR_{1x}} \cdot U_H \tag{27.3}$$

当式中 N_1、L、R_{1x} 均为已知常数时,可由 U_H 值确定 H 的值.

在交变磁场下,样品的磁感应强度瞬时值 B 由测量线圈和 $R_2 C_2$ 电路来确定.根据法拉第电磁感应定律,由于样品中磁通量 Φ 的变化,在测量线圈中产生的感生电动势的大小为

$$\mathscr{E}_2 = N_2 \frac{\mathrm{d}\phi}{\mathrm{d}t}$$

$$\phi = \frac{1}{N_2} \int \mathscr{E}_2 \mathrm{d}t$$

$$B = \frac{\phi}{S} = \frac{1}{N_2 S} \int \mathscr{E}_2 \mathrm{d}t \tag{27.4}$$

式中 S 为样品的截面积.

如果忽略自感电动势和电路损耗,则回路方程为

$$\mathscr{E}_2 = i_2 R_2 + U_\mathrm{B} \tag{27.5}$$

式中 i_2 为感生电流,U_B 为积分电容 C_2 两端电压.设在 Δt 时间内,i_2 向电容 C_2 充电电荷量为 Q,则有

$$U_\mathrm{B} = \frac{Q}{C_2}$$

$$\mathscr{E}_2 = i_2 R_2 + \frac{Q}{C_2}$$

如果选取足够大的 R_2 和 C_2,使 $i_2 R_2 \gg \dfrac{Q}{c_2}$,则有

$$\mathscr{E}_2 = i_2 R_2 = \frac{\mathrm{d}Q}{\mathrm{d}t} R_2 = C_2 \frac{\mathrm{d}U_\mathrm{B}}{\mathrm{d}t} R_2 \tag{27.6}$$

由(27.4)式、(27.6)式可得

$$B = \frac{C_2 R_2}{N_2 S} U_\mathrm{B} \tag{27.7}$$

上式中 C_2、R_2、N_2 和 S 均为已知常数,故由 U_B 可确定 B.

综上所述,只要将图 27.5 中的 U_H 和 U_B 分别加到示波器的"X 输入"和"Y 输入"便可观察样品的 B-H 曲线,并可用示波器测出 U_H 和 U_B 值,进而根据公式计算出 B 和 H.

【实验仪器】

磁滞回线实验仪,示波器.

【实验内容】

1. 电路连接

选择硅钢片材料(蓝色)磁芯,按图 27.5 所示电路图连接线路,并令 $R_1 = 5\ \Omega$,"U 选择"置于 0 位.U_H 和 U_B 分别接示波器的"X 输入"和"Y 输入".

2. 样品退磁

开启实验仪电源,转动"U 选择"旋钮,令 U 从 0 增至 3 V,然后再转动旋钮,将 U 从最大值降为 0,从而消除剩磁,确保样品处于磁中性状态,即 $B = H = 0$,如图 27.6 所示.

3. 观察磁滞回线

令 $U = 3.0$ V,开启示波器电源,并分别调节示波器 X 和 Y 轴的灵敏度,使显示屏上出现图形大小合适的磁滞回线. 若图形顶部出现编织状的小环,如图 27.7 所示,这时应该检查示波器的通道输入方式,一般应选择"DC",或者 X 通道"AC",Y 通道"DC",并适当选择 R_1 值,或降低励磁电压 U 予以消除.

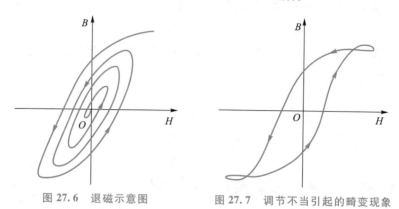

图 27.6　退磁示意图　　　　图 27.7　调节不当引起的畸变现象

4. 观察基本磁化曲线

按步骤 2 对样品进行退磁,从 $U = 0$ 开始,逐挡提高励磁电压,将在显示屏上得到面积由小到大一个套一个的一簇磁滞回线. 记录下这些磁滞回线顶点的 B 和 H 的值,并将 B 和 H 的值作图连线就是样品的基本磁化曲线.

5. 调节 $U = 3.0$ V, $R_1 = 5$ Ω,测定样品的一组 U_B、U_H 值,并根据已知条件: $L = 75$ mm, $S = 120$ mm², $C_2 = 20$ μF, $R_2 = 10$ kΩ, $N_1 = 60$ 匝,计算出相应的 B 和 H 的值.

6. 根据得到的 B 和 H 的值作 B–H 曲线,根据曲线求得 B_m、B_r 和 H_c 等参数,并估算曲线的面积来求得 W_{BH}.

7. 测绘 μ–H 曲线:依次测定 $U = 0.5, 1.0, \cdots, 3.5$ V 时的十组 U_B、U_H 值,计算出相应的 H_m、B_m 和 μ 值,作 μ–H 曲线.

8. 改变 R_1,观测不同的磁化曲线.

9. 更换样品为矽钢片材料(红色)磁芯($N_1 = 90$ 匝),重复以上步骤,并对比两种材料的测量结果.

[思考题]

1. 测绘磁滞回线和磁化曲线前为何首先要退磁? 如何退磁?
2. 如何判断铁磁材料属于软或硬磁性材料?
3. 本实验通过什么方法测量 H 和 B 两个磁学量? 简述其基本原理.
4. 在图 27.5 所示的电路中,多挡开关 R_1 的作用是什么?

*实验 28　双臂电桥测量低值电阻

在电路中导线本身以及电路中导线之间的连接均会在电路中引入附加电阻,在测量阻值较低的电阻,尤其是阻值小于 1 Ω 的电阻时,这些附加电阻就不能被忽略掉.针对这种情况,开尔文对惠斯通电桥加以改进从而提出了双臂电桥(又称开尔文电桥),达到了消除导线等附加电阻影响的目的.

1. 双臂电桥和惠斯通电桥的电路有何异同?
2. 实验中如何提高双臂电桥的灵敏度?

【实验目的】

1. 掌握双臂电桥的设计思路、工作原理;
2. 能够正确连接双臂电桥电路,并使用双臂电桥测量低值电阻.

【实验原理】

1. 四引线法

在利用电流表外接法测量电阻时,如图 28.1(a)所示,利用欧姆定律可以计算得到待测电阻名义上的阻值为 $R_x = \dfrac{U}{I}$. 然而,电流表和电压表在接入电路时接触电阻不可避免,同时导线本身也有电阻.因而在考虑这些附加电阻后,图 28.1(a)中的电流表外接法电路可以等效为图 28.1(b)所示的电路.可见,在电表内阻远大于待测电阻阻值时,利用欧姆定律计算得到的待测电阻的阻值实质为 $R_x + R_{i1} + R_{i2}$. 当待测电阻 R_x 小于 1 Ω 时,就不能忽略接触电阻 R_{i1} 和 R_{i2} 对测量的影响了.

NOTE

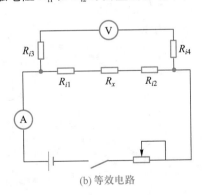

(a) 电阻测量电路　　　(b) 等效电路

图 28.1　电阻测量电路及其等效电路

四引线法如图 28.2 所示,可以消除接触电阻对于测量结果的影响.四引线法指的是将待测电阻的电流接线柱和电压接线柱分开,在图 28.2 中 AD 为电流接线柱,BC 为电压接线柱,电流接线柱位于电压接线柱的外侧. 利用四引线法对电流表外接法的电路进行改造,其等效电路如图 28.3 所示. 在图 28.3 中,电压表上测得待测电阻 R_x 两端的电压,由 $R_x = \dfrac{U}{I}$ 即可准确计算出 R_x.

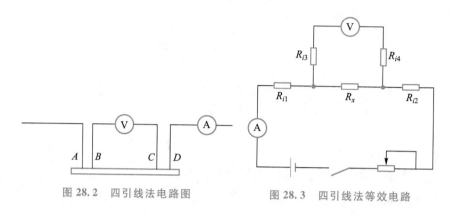

图 28.2　四引线法电路图　　　　图 28.3　四引线法等效电路

2. 双臂电桥

采用四引线法将待测低值电阻接入惠斯通电桥之中,同时将一个比例臂电阻也采用四引线接法,其他两个臂上的电阻接法不变,则获得的电路如图 28.4(a)所示. 图 28.4(a)的电路即为双臂电桥,在考虑了接线电阻后,它的等效电路则如图 28.4(b)所示.

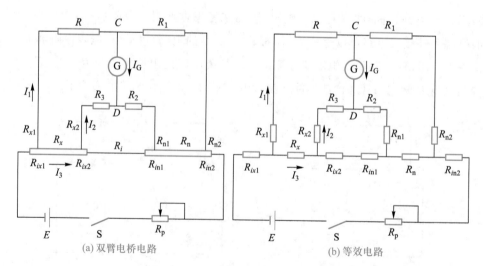

(a) 双臂电桥电路　　　　　　　　　　(b) 等效电路

图 28.4　双臂电桥电路及其等效电路

在图 28.4(b)中,标准电阻 R_n 电流接线柱的接触电阻为 R_{in1}、R_{in2},待测电阻 R_x 的电流接线柱的接触电阻为 R_{ix1}、R_{ix2},都连接到双臂电桥测量回路的电路回路内. 标准电阻电压接线柱的接触电阻为 R_{n1}、R_{n2}, 待测电阻 R_x 电压接线柱的接触电阻为 R_{x1}、R_{x2}, 连接到双臂电桥电压测量回路中. 因为电压接线柱的接触电阻与较大电阻 R_1、R_2、R_3、R 相串联, 故其影响可忽略.

由图 28.4(a) 所示, 当电桥平衡时, 通过检流计 G 的电流 $I_G=0$, C 和 D 两点电势相等. 在 $R_{x1}\ll R$、$R_{x2}\ll R_3$、$R_{n1}\ll R_2$ 和 $R_{n2}\ll R_1$ 时, 对电压、电流关系进行分析, 可得方程组:

$$\begin{cases} I_1R = I_3R_x + I_2R_3 \\ I_1R_1 = I_3R_n + I_2R_2 \\ (I_3-I_2)R_i = I_2(R_2+R_3) \end{cases} \quad (28.1)$$

求解方程组, 可得

$$R_x = \frac{R}{R_1}R_n + \frac{RR_i}{R_3+R_2+R_i}\left(\frac{R_2}{R_1}-\frac{R_3}{R}\right) \quad (28.2)$$

上式中的右边第一项与惠斯通电桥的电阻计算公式相同, 第二项为修正项. 在实验中调节 R_1、R_2、R_3、R, 使得 $\frac{R_2}{R_1}=\frac{R_3}{R}$ 成立, 则可以使第二项为零. 则有

$$R_x = \frac{R}{R_1}R_n \quad (28.3)$$

为了保证 $\frac{R_2}{R_1}=\frac{R_3}{R}$, 实验中要采用同步调节法, 即在调节 $\frac{R_2}{R_1}$ 比值的时候同步调节 $\frac{R_3}{R}$, 使其始终保持相等. 有的实验仪器可以实现在调节 $\frac{R_2}{R_1}$, 使其比值改变时 $\frac{R_3}{R}$ 会同步调节, 从而降低了电桥调节的难度. 另外, 由于阻值可能存在误差, $\frac{R_2}{R_1}$ 与 $\frac{R_3}{R}$ 不严格相等, 实验中使用尽量粗的导线作为 R_i, 以减小其阻值 ($R_i<0.001\ \Omega$), 使 (28.2) 式第二项尽量小, 从而使得 (28.3) 式成立.

【实验仪器】

电阻箱, 直流稳压电源, 检流计, 标准电阻, 待测铜、铝棒各一根, 测试支架, 可调电位器, 双刀换向开关, 导线若干.

0.001 Ω 标准电阻 (0.01 级), 超低电阻 (小于 0.001 Ω) 连接线, 低电阻测试架 (待测), 直流复射式检流计, 千分尺, 导线等.

【实验内容】

用双臂电桥测量金属材料 (铜棒、铝棒) 的电阻率 ρ, 先用 (28.3) 式测量 R_x, 再

用公式 $\rho = \dfrac{S}{L}R$ 求 ρ.

1. 将铜棒安装在测试架上,按实验电路图 28.5(a)接线,接线过程中注意将单刀开关换位双刀换向开关,以便能够改变电桥中电流的方向.

2. 选择铜棒的长度为 50 cm,调节 R_1、R_2 为 1 000 Ω,调节 R 使得检流计指示为 0,读出此时 R 的电阻值.利用双刀开关换向,改变电流方向再测量一次 R 的值.

3. 改变铜棒的长度 4 次,每次均重复步骤 2.

4. 求 R 与长度的变化关系获得单位长度下的 R 值.

5. 在 6 个不同的位置测量铜棒直径并求 D 的平均值.

6. 计算测量值 ρ.

7. 将铜棒换成铝棒,重复步骤 1 至 5.

【思考题】

1. 双臂电桥是如何消除接线电阻对测量结果的影响的?

2. 在使用四引线接法将惠斯通电桥改装为双臂电桥时,为什么只是将其中的两个臂采用了四引线接法,余下的两个臂接法不变?

3. 双臂电桥的灵敏度与单臂电桥相比较,有什么变化?

4. 在双臂电桥的使用过程中,为什么要改变电桥中电流的方向?

*实验 29 整流滤波电路实验

交流电在产生、输送和使用方面具有明显的优点和重大的经济意义. 特高压输电指的是 ±800 kV 及以上的直流电和 1 000 kV 及以上交流电的电压等级的输电, 具有输电容量大、距离远、损耗低、占地少等突出优势. 我国的特高压输电网, 建设不到 10 年就具备了世界最高水平, 创造了一批世界纪录. "特高压交流输电关键技术、成套设备及工程应用" 获得 2012 年度国家科学技术进步奖特等奖, "特高压 ±800 kV 直流输电工程" 获得 2017 年度国家科学技术进步奖特等奖. "特高压已经成为 '中国创造' 和 '中国引领' 的金色名片. 特高压直流输电技术的突破带动了我国特高压全产业链 '走出去', 实现了国际标准制定的新突破" ①.

整流电路的功能在于对正弦波交流电压进行转换, 而滤波电路的功能则在于对单向脉动电压进行转换. 两部分电路功能的共同发挥, 可全面完成所有交流电压的转换过程, 进一步提高电压输出的稳定性水平.

【实验目的】

1. 掌握整流滤波电路的基本工作原理;
2. 掌握整流滤波电路的搭建方法、测量方法;
3. 观察并对比不同滤波电路的滤波效果.

【实验原理】

整流电路的作用是利用二极管的单向导电性把交流电转换成单方向大脉动的直流电, 滤波电路的作用则是利用电容的作用将整流获得的大脉动直流电处理成平滑的小脉动直流电.

输出电压的平滑程度常用纹波因数 γ 来表示, 即

$$\gamma = \frac{交流电压分量的有效值}{输出直流电压分量} \tag{29.1}$$

γ 越小, 输出脉动越小, 表示整流电源的性能越好.

1. 半波整流

图 29.1 是半波整流电路及其输入输出的波形图, 其中 D 是二极管, R_L 是负载电阻. 若输入交流电为

$$u_i(t) = u_p \sin \omega t \tag{29.2}$$

则经整流后输出电压 $u_o(t)$ 为 (一个周期内):

———————————————

① 《变压器》, 2018, 55(02), 62

$$u_o(t) = \begin{cases} u_p \sin \omega t & 0 \leqslant \omega t \leqslant \pi \\ 0 & \pi \leqslant \omega t \leqslant 2\pi \end{cases} \tag{29.3}$$

而其相应直流电压平均值为

$$\overline{u_o} = \frac{1}{T} \int_0^T u_o(t) \, dt = \frac{1}{\pi} u_p \approx 0.318 u_p \tag{29.4}$$

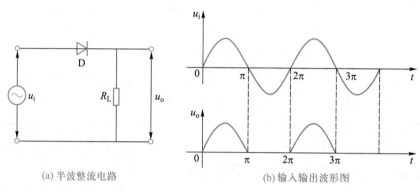

(a) 半波整流电路　　　　　　　　　(b) 输入输出波形图

图 29.1　半波整流电路

2. 全波桥式整流

半波整流只利用了交流电半个周期的正弦信号. 为了提高整流效率, 使交流电的正负半周信号都被利用, 在整流的时候应采用全波整流. 全波整流的电路及其输入输出波形图如图 29.2 所示.

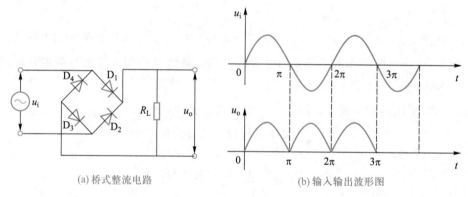

(a) 桥式整流电路　　　　　　　　　(b) 输入输出波形图

图 29.2　桥式整流电路

若输入交流电仍为

$$u_i(t) = u_p \sin \omega t \tag{29.5}$$

则经桥式整流后的输出电压 $u_o(t)$ 为(一个周期):

$$u_o(t) = \begin{cases} u_p \sin \omega t & 0 \leqslant \omega t \leqslant \pi \\ -u_p \sin \omega t & \pi \leqslant \omega t \leqslant 2\pi \end{cases} \tag{29.6}$$

其相应直流电压平均值为

$$\overline{u_o} = \frac{1}{T}\int_0^T u_o(t)\,\mathrm{d}t = \frac{2}{\pi}u_p \approx 0.637u_p \tag{29.7}$$

由此可见,桥式整流后的直流电压平均值比半波整流电压平均值提高了一倍.

3. 电容滤波

电容滤波器利用电容充电和放电来使脉动的直流电变成平稳的直流电.我们已经知道电容器充放电的原理.图 29.3 所示为电容滤波器在带负载电阻后的工作情况,其中 C 是滤波电容,R_L 是负载电阻.

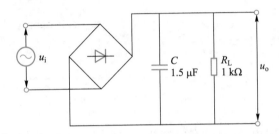

图 29.3　全波整流电容滤波器

图 29.4 中所示曲线为全波桥式整流电容滤波电路的输出电压 u_o 与时间的关系图,其中虚线表示全波桥式整流电容滤波电路没有采用滤波电容时的输出,实线表示采用了滤波电容后的输出,该图表明了滤波的效果.

若忽略二极管的导通压降,在 t_1 时刻之前由于电容两端电压 u_C 大于输入电压 u_i,电容 C 处于放电状态,由于 u_i 的上升,使得 t_1 时刻之后电容两端电压 u_C 低于输入电压 u_i,电容处于充电状态,充电状态直到 t_2 时刻结束,之后电容又处于缓慢放电之中,到 t_3 时刻电容又开始充电.二极管在电容 C 充电过程中是导通的,在放电过程中则是截断的,且其正反向电阻有较大差别.

如果改变电容 C 的值,全波桥式整流电容滤波电路的输出波形会相应发生变化,电容 C 越大,波形会变得越平滑.

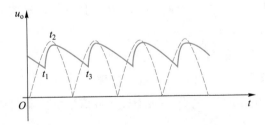

图 29.4　全波桥式整流电容滤波电路的输出波形

4. π型 RC 滤波

前述电容滤波的输出波形脉动系统仍较大,尤其是负载电阻 R_L 较小时,除非将电容容量增加(实际应用时难于实现). 在这种情况下,要想减少脉动可利用多级滤波方法. 此时再加一级 RC 低通滤波电路,如图 29.5 所示. 这种电路也称 π 型 RC 滤波电路.

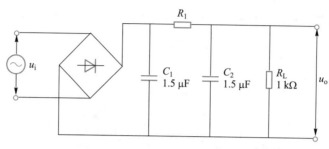

图 29.5　π 型 RC 滤波电路

由图可见,π 型 RC 滤波是在电容滤波之后又加了一级 RC 滤波,使得输出电压更平滑(但输出电压平均值要减少).

【实验仪器】

信号发生器,整流二极管,电阻箱,电位器,数字万用表,数字示波器,1.5 μF 电容,导线等.

【实验内容】

1. 测量半波整流滤波电路中交流电压(或电流)

① 选择器材,按照图 29.1(a)所示连接电路.

② 选择信号发生器的频率为 1 500 Hz,并将信号发生器调节到实验要求的输出电压.

③ 用示波器观察半波整流的输出电压,测量其电压峰峰值 U_{P-P},计算有效值,并与用数字万用表测量的电压有效值进行对比.

2. 测量全波整流滤波电路中交流电压(或电流)

① 选择器材,按照图 29.2(a)所示连接电路.

② 选择信号发生器的频率为 1 500 Hz,并将信号发生器调节到实验要求的输出电压.

③ 用示波器观察全波整流的输出电压,测量其电压峰峰值 U_{P-P},计算有效值,并与用数字万用表测量的电压有效值进行对比.

④ 按图 29.3 所示,在全波整流电路后加滤波电容 C,将整流后的信号进行滤

波,并测量滤波后的信号直流电压值及交流电压分量的有效值.

⑤ 按图 29.5 所示,在全波整流电路后加 π 型 RC 滤波电路,将整流后的信号进行滤波,并测量滤波后的信号直流电压值及交流电压分量的有效值.

⑥ 计算两种全波整流滤波电路的纹波因数,分析滤波电路的作用.

3. 选做实验:测量 π 型 RC 滤波电路的输出特性

① 研究负载电阻 R_L 在一定范围内变化时电源的交流、直流输出电流,列表记录测试数据并计算电源在不同负载时相应的纹波因数 γ 的值.

② 利用实验数据获得纹波因数 γ、输出功率随负载 R_L 的变化曲线.

③ 确定负载电阻 R_L 为何值时电源的输出功率达到最大.

【思考题】

1. 如果在用示波器观察全波整流的输出电压时,发现观察到的现象与半波整流的输出电压波形相同,这会是什么引起的? 如何解决该问题?

2. 在整流滤波电路中,输出端负载电阻的大小对纹波因数有什么样的影响? 实验中如何验证这种影响?

实验 30 *RLC* 电路暂态特性的研究

将一个阶跃电压加到 *RLC* 元件组成的电路中时,电路的状态会由一个平衡态转变到另一个平衡态,各元件上的电压会出现有规律的变化,这称为电路的暂态特性.

【实验目的】

1. 观察 *RC*、*RL* 和 *RLC* 串联电路的暂态过程,理解时间常量 τ 的意义;
2. 掌握时间常量的测量方法;
3. 能够根据测量要求选择实验参数.

【实验原理】

1. *RC* 串联电路的暂态特性

电压值从一个值跳变到另一个值称为阶跃电压,在图 30.1 所示电路中当电源 *E* 从低电平跳变为高电平时,设 *C* 中初始电荷为 0,则电源 *E* 通过电阻 *R* 对 *C* 充电,如果方波的周期足够大,待电容充电完成后,电源 *E* 跳变为低电平电容通过 *R* 放电,其充电方程为

$$\frac{\mathrm{d}U_C}{\mathrm{d}t} + \frac{1}{RC}U_C = \frac{E}{RC} \quad (t=0 \text{ 时 } U_C=0)$$

$$(30.1)$$

放电方程为

$$\frac{\mathrm{d}U_C}{\mathrm{d}t} + \frac{1}{RC}U_C = 0 \quad (t=0 \text{ 时 } U_C=E)$$

$$(30.2)$$

可求得充电过程时:

$$\begin{cases} U_C = E(1-\mathrm{e}^{-\frac{t}{RC}}) \\ U_R = E\mathrm{e}^{-\frac{t}{RC}} \end{cases} \quad (30.3)$$

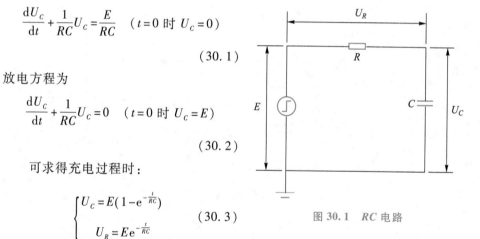

图 30.1 *RC* 电路

放电过程时:

$$\begin{cases} U_C = E\mathrm{e}^{-\frac{t}{RC}} \\ U_R = -E\mathrm{e}^{-\frac{t}{RC}} \end{cases} \quad (30.4)$$

由上述公式可知 U_C、U_R 和电流 i 均按指数规律变化. 令 $\tau=RC$,τ 称为 *RC* 电路的时间常量. τ 值越大,则 U_C 变化越慢,即电容的充电或放电越慢. 图 30.2 给出了不同 τ 值的 U_C 变化情况,其中 $\tau_1<\tau_2<\tau_3$.

2. *RL* 串联电路的暂态过程

在图 30.3 所示的 *RL* 串联电路中,当电源从低电平跳变为高电平,或从高电平跳变为低电平时,电流均不能突变,这两个过程中的电流均有相应的变化过程. 类似 *RC* 串联电路,电路的电压方程为

电压增长过程:

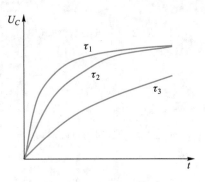

图 30.2 不同 τ 值下 U_C 变化示意图

$$\begin{cases} U_L = E\mathrm{e}^{-\frac{R}{L}t} \\ U_R = E(1 - \mathrm{e}^{-\frac{R}{L}t}) \end{cases} \tag{30.5}$$

电压消失过程:

$$\begin{cases} U_L = -E\mathrm{e}^{-\frac{R}{L}t} \\ U_R = E\mathrm{e}^{-\frac{R}{L}t} \end{cases} \tag{30.6}$$

其中电路的时间常量 $\tau = \dfrac{L}{R}$.

3. *RLC* 串联电路的暂态过程

在图 30.4 所示的电路中,当 E 从高电平向低电平跳变时,为 *RLC* 串联电路的放电过程,这时的电路方程为

$$LC\frac{\mathrm{d}^2 U_C}{\mathrm{d}t^2} + RC\frac{\mathrm{d}U_C}{\mathrm{d}t} + U_C = 0 \tag{30.7}$$

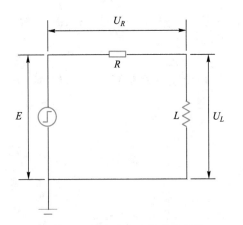

图 30.3 *RL* 串联电路的暂态特性

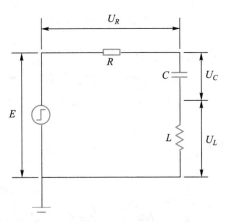

图 30.4 *RLC* 串联电路的暂态特性

初始条件为 $t = 0$,$U_C = E$,$\dfrac{\mathrm{d}U_C}{\mathrm{d}t} = 0$,这样方程解一般按 R 值的大小可分为三种情况:

（1）$R<2\sqrt{\dfrac{L}{C}}$ 时，为欠阻尼

$$U_c=\frac{1}{\sqrt{1-\dfrac{C}{4L}R^2}}Ee^{-\frac{t}{\tau}}\cos(\omega t+\varphi)\qquad(30.8)$$

其中　$\tau=\dfrac{2L}{R},\omega=\dfrac{1}{\sqrt{LC}}\sqrt{1-\dfrac{C}{4L}R^2}$

（2）$R>2\sqrt{\dfrac{L}{C}}$ 时，为过阻尼

$$U_c=\frac{1}{\sqrt{\dfrac{C}{4L}R^2-1}}Ee^{-\frac{t}{\tau}}\sinh(\omega t+\varphi)\qquad(30.9)$$

其中　$\tau=\dfrac{2L}{R},\omega=\dfrac{1}{\sqrt{LC}}\sqrt{\dfrac{C}{4L}R^2-1}$

（3）$R=2\sqrt{\dfrac{L}{C}}$ 时，为临界阻尼，

$$U_c=\left(1+\frac{t}{\tau}\right)Ee^{-\frac{t}{\tau}}\qquad(30.10)$$

图 30.5 为这三种情况下的 U_C 变化曲线，其中 1 为欠阻尼，2 为过阻尼，3 为临界阻尼.

如果当 $R\ll2\sqrt{\dfrac{L}{C}}$ 时，则曲线 1 的振幅衰减很慢，能量的损耗较小，能够在 L 与 C 之间不断交换，可近似为 LC 电路的自由振荡，这时 $\omega\approx\dfrac{1}{\sqrt{LC}}=\omega_0$，$\omega_0$ 是 $R=0$ 时 LC 电路的固有频率.

对于充电过程，与放电过程相类似，只是初始条件和最后平衡的位置不同. 图 30.6 给出了充电时不同阻尼的 U_C 变化曲线图.

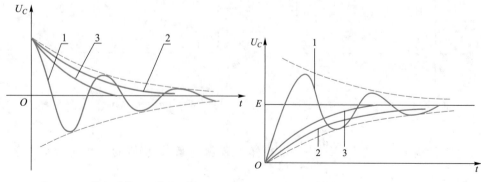

图 30.5　放电时的 U_C 曲线示意图　　　　图 30.6　充电时的 U_C 曲线示意图

【实验仪器】

交流信号源,可调电阻箱,可调电感箱,可调电容箱,双踪示波器,导线若干.

【实验内容】

1. RC 串联电路的暂态特性

(1) 选择合适的 R 和 C 值,根据时间常量 τ,选择合适的方波频率,一般要求方波的周期 $T=10\tau$,这样能较完整地反映暂态过程,并且选用合适的示波器扫描速度,以完整地显示暂态过程.

(2) 改变 R 值或 C 值,观测 U_R 或 U_C 的变化规律,记录下不同 RC 值时的波形情况,并分别测量时间常量 τ.

(3) 改变方波频率,观察波形的变化情况,分析相同的 τ 值在不同频率时的波形变化情况.

2. RL 电路的暂态过程

选取合适的 L 与 R 值,注意 R 的取值不能过小,因为 L 存在内阻. 如果波形有失真、自激现象,则应重新调整 L 值与 R 值进行实验,方法与 RC 串联电路的暂态特性实验类似.

3. RLC 串联电路的暂态特性

(1) 先选择合适的 L、C 值,根据选定参数,调节 R 值大小,观察三种阻尼振荡的波形. 如果欠阻尼时振荡的周期数较少,则应重新调整 L、C 值.

(2) 用示波器测量欠阻尼时的振荡周期 T 和时间常量 τ. τ 值反映了振荡幅度的衰减速度,从最大幅度衰减到 0.368 倍的最大幅度处的时间即为 τ 值.

【思考题】

1. 在使用指针式电表测量电阻时,指针偏转的过程是一种暂态过程. 试对照本实验中的临界阻尼、欠阻尼和过阻尼三种暂态过程,说明测量电阻时指针如果处于这三种过程之中,指针会作什么运动.

2. 如果在实验过程中发现欠阻尼的时间常量误差过大,可能引起误差的原因有哪些?

实验 31　交流电桥

交流电桥是一种比较式仪器,在电测技术中占有重要地位.它主要用于交流等效电阻及其时间常量、电容及其介质损耗、自感及其线圈品质因数和互感等电学参量的精密测量,也可用于非电学量变换为相应的电学参量的精密测量.

【实验目的】

1. 掌握电容电桥、电感电桥的工作原理;
2. 能够使用给定的装置测量待测电容、电感.

【实验原理】

1. 交流电桥的平衡条件

图 31.1 是交流电桥的原理线路.它与实验 21 中的惠斯通电桥原理相似.在交流电桥中,四个桥臂一般是由交流电路元件如电阻、电感、电容组成;ab 间的电源通常是正弦交流电源,cd 间则为高灵敏度的交流指零仪.指示仪指零时,电桥达到平衡.

当调节电桥参数,使交流指零仪中无电流通过时(即 $I_0 = 0$),cd 两点的电势相等,电桥达到平衡,这时有

$$U_{ac} = U_{ad}\ ;\quad U_{cb} = U_{db}$$

即

$$I_1 Z_1 = I_4 Z_4\ ;\quad I_2 Z_2 = I_3 Z_3$$

两式相除,可得

$$\frac{I_1 Z_1}{I_2 Z_2} = \frac{I_4 Z_4}{I_3 Z_3}$$

当电桥平衡时,$I_0 = 0$,由此可得

$$I_1 = I_2\ ,\quad I_3 = I_4$$

所以:

$$Z_1 Z_3 = Z_2 Z_4 \tag{31.1}$$

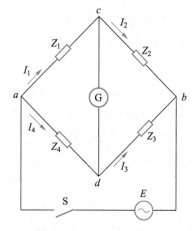

图 31.1　交流电桥原理

上式就是交流电桥的平衡条件,它说明:当交流电桥达到平衡时,相对桥臂的阻抗的乘积相等.若某一桥臂是未知的,则可以通过其他三个桥臂运算得到.

在正弦交流情况下,桥臂阻抗可以写成复数的形式:

$$\widetilde{Z} = R + \mathrm{j}X = Z\mathrm{e}^{\mathrm{j}\varphi}$$

若将电桥的平衡条件(31.1)式用复数的指数形式表示,则可得

$$Z_1 \mathrm{e}^{\mathrm{j}\varphi_1} \cdot Z_3 \mathrm{e}^{\mathrm{j}\varphi_3} = Z_2 \mathrm{e}^{\mathrm{j}\varphi_2} \cdot Z_4 \mathrm{e}^{\mathrm{j}\varphi_4}$$

即：

$$Z_1 Z_3 e^{j(\varphi_1+\varphi_3)} = Z_2 Z_4 e^{j(\varphi_2+\varphi_4)}$$

根据复数相等的条件,等式两端的幅模和幅角必须分别相等,故有

$$\begin{cases} Z_1 Z_3 = Z_2 Z_4 \\ \varphi_1 + \varphi_3 = \varphi_2 + \varphi_4 \end{cases} \tag{31.2}$$

上面就是平衡条件的另一种表现形式,可见交流电桥的平衡必须满足两个条件:一是相对桥臂上阻抗幅模的乘积相等;二是相对桥臂上阻抗幅角之和相等.

2. 电容电桥

电容电桥主要用来测量电容器的电容量及损耗角.

（1） 被测电容的等效电路

实际电容器并非理想元件,它存在着介质损耗,所以通过电容器 C 的电流和它两端的电压的相位差并不是 90°,而是比 90° 要小一个 δ 角,δ 角就称为介质损耗角.

具有损耗的电容可以用两种形式的等效电路表示,一种是理想电容和一个电阻相串联的等效电路,如图 31.2(a)所示;一种是理想电容与一个电阻相并联的等效电路,如图 31.3(a)所示. 在等效电路中,理想电容表示实际电容的等效电容,而串联(或并联)等效电阻则表示实际电容器的发热损耗.

图 31.2(b)及图 31.3(b)分别画出了相应电压、电流的相量图. 必须注意,等效串联电路中的 C 和 R 与等效并联电路中的 C'、R' 是不相等的. 在一般情况下,当电容器介质损耗不大时,应当有 $C \approx C'$ 和 $R \leqslant R'$. 所以,如果用 R 或 R' 来表示实际电容器的损耗时,还必须说明它对于哪一种等效电路而言. 因此为了表示方便起见,通常用电容器的损耗角 δ 的正切 $\tan \delta$ 来表示它的介质损耗特性,并用符号 D 表示,通常称它为损耗因数,在等效串联电路中

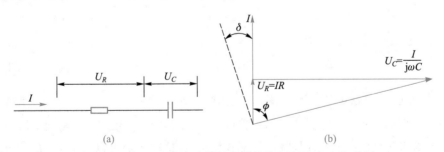

图 31.2 （a） 有损耗电容器的串联等效电路图;（b） 矢量图

$$D = \tan \delta = \frac{U_R}{U_C} = \omega C R$$

在等效的并联电路中：

$$D = \tan \delta = \frac{I_R}{I_C} = \frac{1}{\omega C' R'}$$

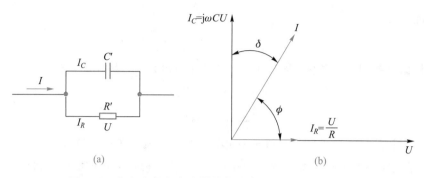

图 31.3　(a) 有损耗电容器的并联等效电路;(b) 矢量图

应当指出,在图 31.2(b)和图 31.3(b)中,$\delta = 90° - \phi$ 对两种等效电路都是适合的,所以不管用哪种等效电路,求出的损耗因数是一致的.

（2）测量损耗小的电容电桥（串联电阻式）

图 31.4 为适合用来测量损耗小的被测电容的电容电桥,被测电容接到电桥的第一臂,等效为电容 C_x 和串联电阻 R_x,其中 R_x 表示它的损耗;与被测电容相比较的标准电容 C_n 接入相邻的第四臂,同时与 C_n 串联一个可变电阻 R_n,桥的另外两臂为纯电阻 R_b 及 R_a,当电桥调到平衡时,有

$$\left(R_x + \frac{1}{j\omega C_x}\right) R_a = \left(R_n + \frac{1}{j\omega C_n}\right) R_b$$

令上式实数部分和虚数部分分别相等:

$$\begin{cases} R_x R_a = R_n R_b \\ \dfrac{R_a}{C_x} = \dfrac{R_b}{C_n} \end{cases}$$

最后得到

$$\begin{cases} R_x = \dfrac{R_b}{R_a} R_n & (31.3) \\[3mm] C_x = \dfrac{R_a C_n}{R_b} & (31.4) \end{cases}$$

由此可知,要使电桥达到平衡,必须同时满足上面两个条件,因此至少调节两个参数.如果改变 R_n 和 C_n,便可以单独调节,互不影响地使电容电桥达到平衡.通常标准电容都是做成固定的,因此 C_n 不能连续可变,这时我们可以调节 R_a/R_b 比值使(31.4)式得到满足,但调节 R_a/R_b 的比值时又影响到(31.3)式的平衡.因此要使电桥同时满足两个平衡条件,必须对 R_n 和 R_a/R_b 等参数反复调节才能实现,因此使用交流电桥时,必须通过实际操作取得经验,才能迅速获得电桥的平衡.电桥达到平衡后,C_x 和 R_x 值可以分别按(31.3)式和(31.4)式计算,其被测电容的损耗因数 D 为

$$D = \tan \delta = \omega C_x R_x = \omega C_n R_n \qquad (31.5)$$

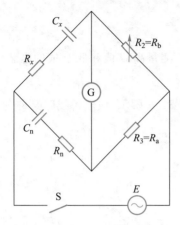

图 31.4 串联电阻式电容电桥

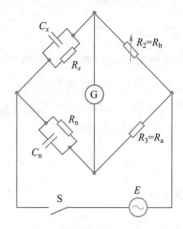

图 31.5 并联电阻式电容电桥

（3）测量损耗大的电容电桥（并联电阻式）

假如被测电容的损耗大，则用上述电桥测量时，与标准电容相串联的电阻 R_n 必须很大，这将会降低电桥的灵敏度. 因此当被测电容的损耗大时，宜采用图 31.5 所示的另一种电容电桥的线路来进行测量，它的特点是标准电容 C_n 与电阻 R_x 是彼此并联的，则根据电桥的平衡条件可以写成

$$R_{b}\left(\frac{1}{\frac{1}{R_{n}}+\mathrm{j}\omega C_{n}}\right)=R_{a}\left(\frac{1}{\frac{1}{R_{x}}+\mathrm{j}\omega C_{x}}\right)$$

整理后可得

$$C_{x}=C_{n}\frac{R_{a}}{R_{b}} \tag{31.6}$$

$$R_{x}=R_{n}\frac{R_{b}}{R_{a}} \tag{31.7}$$

而损耗因数为

$$D=\tan\delta=\frac{1}{\omega C_{x}R_{x}}=\frac{1}{\omega C_{n}R_{n}} \tag{31.8}$$

交流电桥测量电容根据需要还有一些其他形式，也可参见有关的书籍设计.

3. 电感电桥

电感电桥是用来测量电感的，电感电桥有多种线路，通常采用标准电容作为与被测电感相比较的标准元件，从前面的分析可知，这时标准电容一定要安置在与被测电感相对的桥臂中. 根据实际的需要，也可采用标准电感作为标准元件，这时标准电感一定要安置在与被测电感相邻的桥臂中，这里不再作为重点介绍.

一般实际的电感线圈都不是纯电感，除了电抗 $X_L=\omega L$ 外，还有有效电阻 R，两者之比称为电感线圈的品质因数 Q. 即

$$Q = \frac{\omega L}{R}$$

下面两种电感电桥电路,它们分别适宜于测量高 Q 值和低 Q 值的电感元件.

(1) 测量高 Q 值电感的电感电桥

测量高 Q 值的电感电桥的原理线路如图 31.6 所示,该电桥线路又称为海氏电桥.电桥平衡时,根据平衡条件可得

$$(R_x + j\omega L_x)\left(R_n + \frac{1}{j\omega C_n}\right) = R_a R_b$$

简化和整理后可得

$$\begin{cases} L_x = \dfrac{R_b R_a C_n}{1 + (\omega C_n R_n)^2} \\[3mm] R_x = \dfrac{R_b R_a R_n (\omega C_n)^2}{1 + (\omega C_n R_n)^2} \end{cases} \tag{31.9}$$

由(31.9)式可知,海氏电桥的平衡条件与频率有关.因此在应用成品电桥时,若改用外接电源供电,必须注意要使电源的频率与该电桥说明书上规定的电源频率相符,而且电源波形必须是正弦波,否则,谐波频率就会影响测量的精度.

用海氏电桥测量时,其 Q 值为

$$Q = \frac{\omega L}{R_x} = \frac{1}{\omega C_n R_n} \tag{31.10}$$

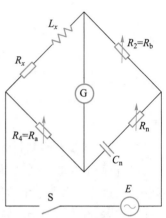

图 31.6　测量高 Q 值的电感
电桥的原理

由(31.10)式可知,被测电感 Q 值越小,则要求标准电容 C_n 的值越大,但一般标准电容的容量都不能做得太大,此外,若被测电感的 Q 值过小,则海氏电桥的标准电容的桥臂中所串联的 R_n 也必须很大,但当电桥中某个桥臂阻抗数值过大时,将会影响电桥的灵敏度,可见海氏电桥线路是宜于测 Q 值较大的电感参数的,而在测量 $Q < 10$ 的电感元件的参数时则需用另一种电桥线路,下面介绍这种适用于测量低 Q 值电感的电桥线路.

(2) 测量低 Q 值电感的电感电桥

测量低 Q 值电感的电桥原理线路如图 31.7 所示.该电桥线路又称为麦克斯韦电桥.这种电桥与上面介绍的测量高 Q 值电感的电桥线路所不同的是:标准电容的桥臂中的 C_n 和可变电阻 R_n 是并联的.

在电桥平衡时,有

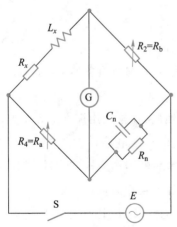

图 31.7　测量低 Q 值的电感电桥的原理

$$(R_x + j\omega L_x)\left(\cfrac{1}{\cfrac{1}{R_n} + j\omega C_n}\right) = R_a R_b$$

相应的测量结果为

$$\begin{cases} L_x = R_a R_b C_n \\[2mm] R_x = \cfrac{R_b}{R_n} R_a \end{cases} \qquad (31.11)$$

被测对象的品质因数 Q 为

$$Q = \frac{\omega L_x}{R_x} = \omega C_n R_n \qquad (31.12)$$

麦克斯韦电桥的平衡条件式(31.11)表明,它的平衡是与频率无关的,即在电源为任何频率或非正弦的情况下,电桥都能平衡,且其实际可测量的 Q 值范围也较大,所以该电桥的应用范围较广. 但是实际上,由于电桥内各元件间的相互影响,交流电桥的测量频率对测量精度仍有一定的影响.

【实验装置】

交流电桥实验仪.

【实验内容】

1. 交流指零仪的灵敏度调到最低.

2. 交流电桥测量电容

连接合适的电容电桥电路,分别对两个未知电容进行测量,其中一个为低损耗的电容,另一个为有一定损耗的电容. 给出被测量电容的大小及其损耗电阻,并计算损耗.

注意:在调节电桥平衡后,调高交流指零仪的灵敏度,并再次调节平衡.

3. 交流电桥测量电感

连接合适的电感电桥电路,分别对两个未知电感进行测量,其中一个为低 Q 值的空心电感,另一个为有较高 Q 值的铁芯电感. 给出被测量电感的大小及其损耗电阻,并计算电感的 Q 值.

注意:在调节电桥平衡后,调高交流指零仪的灵敏度,并再次调节平衡.

【思考题】

1. 交流电桥的桥臂是否可以任意选择不同性质的阻抗元件组成?应该如何选择?

2. 为什么在交流电桥中要至少选择两个可调参量?怎样调节才能使电桥趋于平衡?

3. 交流电桥对电源有何要求?交流电源对测量结果有无影响?

§4.3　光学实验

本部分介绍光学实验.

*实验 32　透镜焦距的测定

透镜是一种重要的常用光学元件,焦距是表征透镜特性的重要参量,在研究光的传播、成像规律及光学仪器的设计和使用中具有重要的意义.

本实验的研究对象为几何光学透镜,它是通过玻璃厚度的变化来调节入射光相位实现聚焦的,但它无法完成矢量光场(如偏振、自旋等)的操控.针对这种情况,2019 年,论文"Multidimensional Manipulation of Photonic Spin Hall Effect with a Single-Layer Dielectric Metasurface"(*Advanced Optical Materials*,2019,7,201801365)报道了我国科学家利用单层超透镜(metalens)实现了左、右旋圆偏振光在三维空间的分离聚焦,打破了以往自旋相关光束聚焦的对称性,超越了传统几何光学透镜的光场聚焦能力,对光学成像研究具有重要意义. 2020 年,论文"Metalens-integrated compact imaging devices for wide-field microscopy"(Advanced Photonics,2020,2(6):066004)报道了我国科学家将加工的全介质超构透镜和 CMOS 图像传感器集成在一起,构成硬币大小的显微镜,通过简单的图像拼接方法,打破空间带宽积的限制,实现了大视场、高分辨率的显微成像.

【实验预习】

1. 在实验中使用透镜将物体在物屏上成清晰的像时,沿导轨移动像屏,像会在一个范围内均是清晰的,为什么? 在这种情况下如何确定像距?

2. 实验中如何利用共轭法调节光学元件共轴?

【实验目的】

1. 理解薄透镜的成像规律.

2. 掌握简单光路的分析和调节技术.

3. 掌握薄透镜焦距的几种测量方法.

【实验原理】

1. 成像公式法

透镜在近轴条件下的成像公式为

$$\frac{1}{s'} - \frac{1}{s} = \frac{1}{f'} \tag{32.1}$$

式中 s' 为像距,s 为物距,f' 为像方焦距. 对于薄透镜,上述各线距的原点为透镜中心;对于厚透镜,以主点为原点. 在应用上式时,必须注意各物理量的符号,规定光线自左向右传播,从透镜中心量起,向左为负,向右为正. 已知量运算时,须添加符号,未知量则根据其符号来判断其物理意义. 如图 32.1 所示,只要量出 s 与 s',即可由(32.1)式求出焦距 f'.

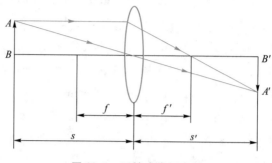

图 32.1　透镜成像示意图

2. 自准直法

把物屏 AB 放在透镜的前焦面上,用光源照明,物屏上任一点发出的光束经凸透镜后成为一束平行光. 在透镜后适当位置垂直放置一块平面反射镜,把平行光反射回去,经透镜后成像在物屏所在的前焦面上,这个像 $A'B'$ 与物 AB 大小相等,是倒立的实像,见图 32.2. 前后移动透镜位置,当在物平面上得到一个清晰的倒立的实像时,物屏至透镜中心的间距就是待测透镜的焦距. 这种方法是通过调节实验装置本身,使其产生平行光,从而达到调焦的目的,称为自准直法. 光学实验中经常用这一方法调平行光.

3. 两次成像法(或贝塞尔法)

上面介绍的两种方法中,物距和像距是以透镜中心(即主点位置)为原点的,但实验时,透镜的中心位置不易确定,会在测量中引起误差. 而两次成像法可以避免这一缺点. 如图 32.3 所示,物与屏的距离 L 保持一固定值,使 $L>4f'$,沿光轴方向前后移动透

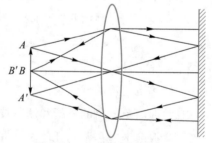

图 32.2　自准直法光路简图

镜,可在像屏上观察到两次成像. 一次是放大、倒立的实像,透镜位于位置(Ⅰ)处;另一次是缩小、倒立的实像,透镜位于位置(Ⅱ)处. 透镜两次成像的间距为 d. 由光的可逆原理知, $-s_1 = s_2'$, $-s_2 = s_1'$,由图中可看出 $L = (-s_2) + s_2'$, $d = (-s_2) - s_2'$,可解出 $-s_2 = \dfrac{L+d}{2}$, $s_2' = \dfrac{L-d}{2}$. 将物距、像距代入(32.1)式,得

$$f' = \frac{L^2 - d^2}{4L} \tag{32.2}$$

所以只要测出 L 和 d,就可计算出凸透镜的焦距. 显然,焦距只依赖于物屏与像屏之间的距离及透镜两次成像时的相对位置差,与透镜中心(主点)的位置能否准

确定位无关,从而减小了测量误差.

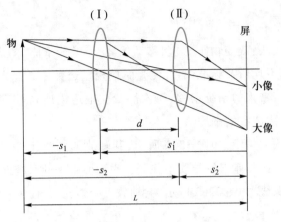

图 32.3 两次成像法光路简图

4. 凹透镜焦距的测定

凹透镜是发散透镜,不能对实物成实像,可用一个凸透镜作辅助透镜,利用虚物成像法来测凹透镜的焦距. 方法如图 32.4 所示. 物点 P 发出的光经凸透镜 L_1 成实像 Q,然后在 Q 和 L_1 之间放入待测凹透镜 L_2,由于 L_2 的发散作用,需把像屏向后移到 P' 位置才能得到清晰的实像.

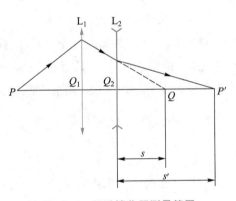

图 32.4 凹透镜焦距测量简图

对 L_2 来说,Q 为虚物点,P' 为实像点,$O_2Q=s$,$O_2P'=s'$,由物像公式得

$$f'_{凹} = \frac{ss'}{s-s'} \tag{32.3}$$

由此可算出 $f'_{凹}$.

【实验仪器】

光具座,不同焦距的凸透镜和凹透镜,白光光源,物屏,像屏,平面镜.

【实验内容】

1. 调节各光学元件共轴

(1)粗调:将光源、物屏、透镜、像屏放置在光具座上,用目视法将各光学元件中心调成等高,并使物屏、像屏、透镜面相互平行且垂直于光具座的导轨.

(2)细调:将像屏和物屏固定,间距大些,移动透镜,观察像屏上先后出现的大像与小像,调节透镜高低左右,使屏上大像与小像的中心重合.至此各光学元件已共轴放置.

2. 测量凸透镜的焦距

(1)成像公式法:改变物距五次,移动像屏,使像最清晰,测出像距.由(32.1)式算出焦距,求出平均值及标准偏差.测量时应校正透镜中心与光具座底座滑块准线不在同一平面所带来的系统误差;每次测量应把透镜连同透镜夹旋转180°后再做一次实验,取两次读数的平均值.

(2)自准直法测焦距:如图32.2所示,共轴放置光学元件,测三次.每次测量应校正透镜中心与光具座滑块准线不在同一平面而带来的系统误差.

(3)两次成像法:如图32.3所示,共轴放置光学元件,使 $L>4f'$,调节透镜的主光轴,使像屏上两次成像的中心位置不变.记下物屏与像屏的间距 L 及透镜两次成像时两个位置的读数差 d,重复五次取平均值,代入(32.2)式求出焦距.

3. 选做实验:测凹透镜的焦距

如图32.4所示共轴放置光学元件.找到凸透镜 L_1 成的实像 Q 的位置,再在 L_1 与 Q 之间(稍靠近 Q)插入凹透镜 L_2,移动像屏,找到清晰的像 P'.分别算出物距 O_2Q 和像距 O_2P',按(32.3)式求出凹透镜的焦距.改变凹透镜位置,重复五次,求平均值.

【思考题】

1. 为什么两次成像法测透镜焦距可以避免由于透镜中心位置不易确定而带来的测量误差? 物与像屏的距离 L 为什么必须大于焦距的四倍?

2. 试设计一个利用自准直法测定凹透镜焦距的实验.

* 实验 33　用牛顿环测量平凹透镜的曲率半径

牛顿环是典型的双光束等厚干涉条纹,其亮度大,在光学测量、光学加工等方面应用广泛,例如可以用来检验光学元件表面的质量、测量光波的波长及透镜球面的曲率半径等.

【预习提示】

1. 如果在实验前将平凹透镜放反了,会看到什么现象? 在实验前有没有快速判定正反的方法?

2. 在实验过程中显微镜视场中十字叉丝的中心经过牛顿环的中心,是不是必需的实验条件?

【实验目的】

1. 理解等厚干涉原理、等厚干涉条纹的特点;

2. 了解逐差法在实验设计中的运用;

3. 掌握用牛顿环测量平凹透镜曲率半径的方法.

【实验原理】

如图 33.1 所示,将一块曲率半径较大的平凹透镜的凹面与一块平面玻璃接触时,在凹面与平面之间就形成了一个自圆心 O 向外逐渐变薄的空气薄层. 当单色光垂直向下照射时,在空气薄层的上下表面相继反射的两束反射光之间存在着确定的光程差,因而在其相叠加的地方(透镜凹面附近)就会产生以 O 点为中心的明暗相间的同心圆环,见图 33.2. 这种干涉现象最早为牛顿通过平凸透镜所发现,故称为牛顿环.

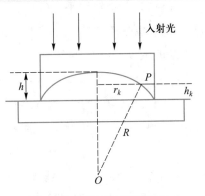

图 33.1　薄膜干涉光路示意图

由于入射光入射到空气薄层的上表面某点 P 发生的第一次反射和进而入射到下面的第二次反射分别是从光密介质到光疏介质的界面上反射和从光疏介质到光密介质的界面上反射的,因此这两束反射光之间除了具有 $2h_k$(h_k 为此处空气薄膜的厚度)光程差外,还附加了 $\frac{\lambda}{2}$ 的额外光程差,λ 为所用单色光的波长.

所以,在 P 点处两束相干的反射光的总光程差为

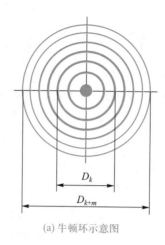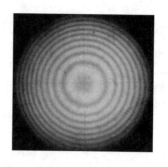

(a) 牛顿环示意图　　　　(b) 显微镜中观察到的牛顿环

图 33.2　牛顿环

$$\Delta_k = 2h_k + \frac{\lambda}{2} \tag{33.1}$$

相同厚度处两束光具有相同的光程差,因而处在相同的干涉状态,这就是等厚干涉. 当光程差满足 $\Delta_k = (2k+1)\frac{\lambda}{2}(k=0,1,2,\cdots)$ 时,薄膜干涉条纹为暗条纹,式中 k 为暗条纹的级次. 因此暗条纹处的空气薄膜厚度应满足:

$$2h_k = k\lambda \tag{33.2}$$

显然,在凹透镜与平面的接触处, $h_k = 0$,应为零级暗条纹,而中心处由于 h 未知,因而 k 也是未知的. 由图 33.1 看出,空气薄膜厚度 h_k 和平凹透镜曲率半径 R 及暗条纹的半径 r_k 之间的关系为

$$r_k^2 = R^2 - (R - h + h_k)^2 = 2R(h - h_k) - (h - h_k)^2 \tag{33.3}$$

因为 $R \gg h - h_k, 2R(h - h_k) \gg (h - h_k)^2$,所以可以略去 $(h - h_k)^2$ 项,并将 (33.2) 式代入 (33.3) 式,得出暗条纹的半径满足:

$$r_k^2 = 2Rh - kR\lambda \quad (k = 0,1,2,\cdots) \tag{33.4}$$

在上式中 k 、 h 和 R 均是未知的,因而难以通过测量 r_k 获得平凹透镜凹面的曲率半径. 为此,我们采用测量暗条纹直径的方法,将 (33.4) 式写成

$$D_k^2 = 8Rh - 4kR\lambda \tag{33.5}$$

采用逐差法,选取距中心较远的比较清晰的两组干涉条纹的直径,一组级次为 k_1 ,另一组级次为 k_2 , $k_2 = k_1 + m$,分别代入 (33.5) 式,并将它们相减得

$$R = \frac{D_{k2}^2 - D_{k1}^2}{4(k_2 - k_1)\lambda} \tag{33.6}$$

显然,其结果与干涉条纹的绝对级次无关,只与级次差有关.

曲率半径 R 也可由作图法求得,由 (33.5) 式看出, D_k^2 与 k 呈线性关系,以级次

k 为横坐标,D_k^2 为纵坐标作图,必为一条直线,斜率 $b = 4R\lambda$. 若已知 λ,就可求得 R. 由图 33.3 不难看出,直线的斜率 b 正是 $\dfrac{D_{k2}^2 - D_{k1}^2}{k_2 - k_1}$,所以 $R = \dfrac{b}{4\lambda} = \dfrac{D_{k2}^2 - D_{k1}^2}{4(k_2 - k_1)\lambda}$,其结果与(33.6)式一致.

【实验仪器】

钠灯,玻璃平板,平凹透镜,带有半透半反玻璃的读数显微镜.

【实验内容】

1. 实验装置如图 33.4 所示. 钠光通过半透半反玻璃(装在读数显微镜物镜下方)照到平凹透镜上,平凹透镜的凹面与玻璃平板接触,其中心与读数显微镜的物镜对准,使在读数显微镜中能观察到反射回来的黄光.

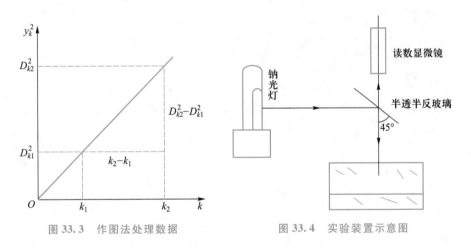

图 33.3　作图法处理数据　　　　图 33.4　实验装置示意图

2. 调节读数显微镜的目镜,使十字叉丝清晰. 旋转显微镜镜筒调节手轮,使显微镜镜筒由下往上缓慢上升,直到看到清晰的牛顿环,如图 33.2(b)所示. 调节目镜镜筒,使一根十字叉丝与显微镜平台移动方向垂直,移测时保持这根叉丝与干涉条纹相切,另一根水平叉丝则沿显微镜移动的方向,以便于观察和测量条纹的直径.

3. 旋转显微镜的鼓轮,使十字叉丝由牛顿环中央缓缓向左侧移动至第 15 环,然后单方向向右移动,测出显微镜的叉丝与各条纹相切时的读数 $d_{14}, d_{13}, d_{12}, d_{11}$, $d_{10}, d_9, d_8, d_7, d_6, d_5$,然后继续向右移动,经过环的中心,到另一边继续向右测出 d_5', d_6', d_7', d_8', d_9' 和 $d_{10}', d_{11}', \cdots, d_{14}'$;则第 k 级条纹的直径 $D_k = |d_k - d_k'|$. 注意测量时不可倒退,以免产生螺距差.

4. 用逐差法,将 D_k 值分成两组,一组级次为 k_2,另一组级次为 k_1. 将数据填入附录中的表格,用(33.6)式计算出曲率半径 R_i,并求平均值 $\overline{R}$ 及其不确定度 $u(R)$,结果写成 $\overline{R} \pm u(R)$ 的形式.

注意:

(1) 使用读数显微镜时,为了避免引进螺距差,测量时必须向同一方向旋转,中途不可倒退.

(2) 读数显微镜的镜筒必须自下向上移动,切莫让镜筒与牛顿环装置碰撞.

【思考题】

1. 如何由等厚干涉条纹的形状来判别平凹透镜的凹面和平面?

2. 如果是从透射的方向观察牛顿环,原理中的公式有没有变化?

3. 使用本实验的装置能够测量液体的折射率吗? 如果能,请设计实验,并说明实验方法和步骤.

实验 34　双棱镜干涉现象的观察与激光波长的测量

光的干涉现象是光波动说的基础.产生相干光有两类典型方法,具体为分振幅法和分波前法,菲涅耳双棱镜干涉则属于分波前法.菲涅耳双棱镜干涉实验曾在历史上为确立光的波动学说起过重要作用,它提供了一种用简单仪器测量光的波长的方法.

【实验目的】

1. 观察双棱镜光的干涉现象和特点;
2. 掌握获得双光束干涉的方法,进一步理解产生干涉的条件;
3. 掌握测量激光波长的实验原理和方法.

【实验原理】

双棱镜由两个楔角很小的直角棱镜组成,且两个棱镜的底边连在一起(实际上是在一块玻璃上,将其上表面加工成两块楔形板),用它可实现分波前干涉.通过对其产生的干涉条纹间距的测量,可推算出光波波长.

如图 34.1 所示,双棱镜 AB 的棱脊与过 S 的垂直平面平行,H 为观察屏,且三者都与光具座垂直放置.由光源发出的光,经透镜 L_1 会聚于 S 点,由 S 出射的光束投射到双棱镜上,经过折射后形成两束光.这两束光好像是从虚光源 S_1 和 S_2 发出的,在相互重叠的区域内产生干涉,我们可在观察屏上看到明暗交替的、等间距的直条纹.中心 O 处因两束光的光程差为零而形成中央亮纹,其余的各级条纹则分别排列在中央亮纹的两侧.从这个过程看,双棱镜干涉相当于以 S_1 和 S_2 为双孔的杨氏干涉.

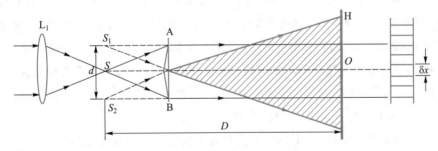

图 34.1　双棱镜干涉光路简图

设两虚光源 S_1 和 S_2 间的距离为 d,虚光源平面 S 的中心到屏的中心之间的距离为 D;又设 H 屏上第 k(k 为整数)级亮纹与中心 O 相距为 x_k,当 $x_k < D$,$d \ll D$ 时,干涉亮纹的位置 x_k 由下式决定:

$$x_k = \frac{D}{d}k\lambda \tag{34.1}$$

同样,暗纹的位置 x_k' 可以写为

$$x'_k = \frac{D}{d}\left(k+\frac{1}{2}\right)\lambda \tag{34.2}$$

则任意两相邻的亮纹(或暗纹)之间的距离为

$$\delta x = x_{k+1} - x_k = \frac{D}{d}\lambda \tag{34.3}$$

(34.3)式表明,只要测出 d、D 和 δx 即可算出光波波长 λ,其中 D 可在实验上测得(透镜 L_1 的焦平面位置为虚光源的位置),δx 可由实验上的光电探测器描绘的光强随位移的变化关系求得.

d 的值一般采用凸透镜将虚物成实像的方法获得. 在本节的实验 32 中,介绍了凸透镜的成像公式法和两次成像法这两种方法. 利用成像公式法,虚物光点在屏上成像,测出像的宽度,基于相似三角形,就可以求出虚物的 d 值. 利用两次成像法,测量得到虚物成大像和小像的宽度,两者相乘,就可以得到虚物的 d 值.

【实验仪器】

光学实验导轨,激光器,双棱镜,光电探头器,一维位移架,凸透镜等.

【实验内容】

1. 按图 34.1 所示光路简图在光学实验导轨上按照顺序摆好各光学元件.

2. 调节光路,使所有光学元件等高共轴. 激光器输出的水平激光通过透镜 L_1 的中心,入射到双棱镜的脊上,在光屏上可观察到明暗相间的干涉条纹. (注意:入射到双棱镜上的光斑应大一点,这样干涉条纹质量较高.)

3. 测量两虚光源的间距 d:保持透镜 L_1 位置不变,在双棱镜与光屏之间放置透镜 L_2,移动光屏,在光屏上找到虚光源经透镜所成的实像. 撤去光屏,用读数显微镜测得虚光源实像的间距 d',根据成像公式计算出两虚光源的间距 d. 测量三次取平均值.

4. 当在光屏上观察到明暗相间的干涉条纹时,将光电探测器放置在光屏处. 光电探测器固定在一维位移架上,移动探测器,测量不同级次干涉明纹的光强,同时记录位置,利用逐差法处理,算出相邻明纹间隔 δx.

5. 根据实验所测数据,由(34.3)式计算出激光波长,并做误差分析.

【思考题】

1. 双棱镜是怎样实现双光束干涉的? 干涉条纹是怎样分布的? 干涉条纹的间距与哪些因素有关?

2. 用双棱镜测光波波长,哪个量的测量误差对实验结果影响最大? 应采取哪些措施来减少误差?

光的衍射现象是光的波动性的一种表现,它深刻地反映了光子的运动是受不确定原理制约的.研究光的衍射,有助于加深对光的本性的理解.光的衍射现象的观察和测量也是近代光学技术(如光谱分析、晶体分析、全息分析、光学信息处理等)的实验基础.

【预习提示】

1. 在调节激光垂直入射衍射元件时,有哪些现象可以帮助实验者确认垂直入射的达成?

2. 在观察光栅衍射现象时,如何确定光路是否满足夫琅禾费衍射的条件?

【实验目的】

1. 掌握夫琅禾费衍射实验光路的搭建方法;

2. 观察单缝、光栅等的夫琅禾费衍射图样,加深对光的衍射理论的理解;

3. 利用衍射图样计算单缝宽度、光栅常量、激光波长等.

【实验原理】

1. 夫琅禾费衍射

光在传播过程中遇到障碍物(衍射元件)时,能够绕过衍射元件的边缘前进,光的这种偏离直线传播的现象称为光的衍射.

NOTE

夫琅禾费衍射是一种特殊情形的衍射.在夫琅禾费衍射发生时,入射到衍射元件上的光线是平行光,衍射图样的观察屏与障碍物的距离为无穷远.夫琅禾费衍射的标准光路的示意图如图 35.1 所示.在图 35.1 中光源和观察屏分别位于透镜 L_1 和 L_2 的焦面上,透镜 L_1 后的平行光则垂直入射衍射元件.

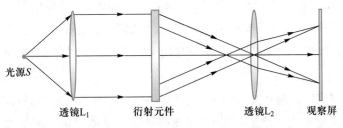

光源S   透镜L₁   衍射元件   透镜L₂   观察屏

图 35.1 夫琅禾费衍射光路

激光的平行度较好,光束的发散角很小,可以作为平行光直接照射衍射元件.在观察屏与衍射元件的距离足够远的条件下,亦可省略透镜 L_2.此时观察屏与衍射元件之间的距离 z 满足如下远场关系：

$$z \gg \frac{\rho^2}{\lambda} \tag{35.1}$$

其中, ρ 为衍射孔径的一半, λ 为入射光的波长.

2. 单缝衍射

如图 35.2 所示,当采用平行光垂直入射单缝时,在单缝后方一定区域内将会观察到夫琅禾费衍射图样,其光强分布满足规律：

$$I_\theta = I_0 \frac{\sin^2 u}{u^2} \quad \left(u = \frac{\pi a \sin \theta}{\lambda} \right) \tag{35.2}$$

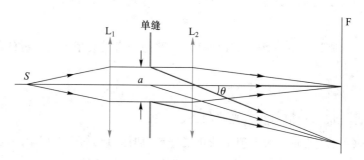

图 35.2　单缝夫琅禾费衍射光路图

其中 I_θ 为衍射光强, I_0 为入射光强, θ 为衍射角, a 为狭缝宽度.上式表明：

（1）当 $u = 0$ 时, $I_\theta = I_0$ 为最大值,称之为主极大.

（2）当 $u = k\pi (k = \pm1, \pm2, \pm3, \cdots)$,即 $a \sin \theta = k\lambda$ 时, $I_\theta = 0$,出现暗纹.在 θ 很小时,可以用 θ 代替 $\sin \theta$,因此暗纹出现在 $\theta = \frac{k\lambda}{a}$ 处.

实验上通过测量暗纹的间距可获得狭缝宽度 a .

3. 光栅衍射

光栅是一种常用的光学色散元件,在结构上具有空间周期性,它好似一块由大量等宽、等间距并相互平行的细狭缝组成的衍射屏.因此,光栅衍射的基本原理与多缝衍射原理相似.由于光栅衍射条纹细锐、色散率大、分辨本领高,因而它通常用在各种光谱仪器的色散系统中,亦可直接用来测定光波的波长,研究谱线的结构和强度等.

光栅刻划机作为制作光栅的母机,因部件的加工装调之难、运行保障环境要求之高,被誉为"精密机械之王".2016 年我国科研人员研制出一套大型高精度光栅刻划系统,并成功制作出目前世界上最大面积(400 mm×500 mm)的中阶梯光栅,打破了我国大型光学系统、远程探测与识别等大科学装置以及国家战略高技术领域所需要的高精度大尺寸光栅受制于人的局面.

在图 35.3 中,G 为光栅,它由 N 条宽度为 a 的透光缝组成,相邻狭缝间不透光部分的宽度为 b. 平行光垂直照射到光栅 G 上,在观察屏上 P 处产生亮纹的条件是

$$d\sin\theta = k\lambda \tag{35.3}$$

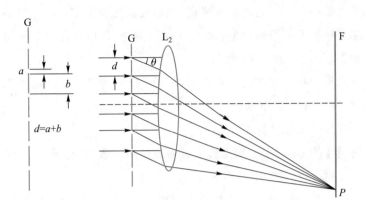

图 35.3　光栅衍射的光路简图

上式即光栅方程,式中 θ 为衍射角,λ 是所用光源的波长,k 是光谱的级次($k = 0, \pm1, \pm2, \cdots$),$d = a+b$ 是所用光栅的光栅常量. 衍射角 $\theta = 0$ 时,级次 $k = 0$,任何波长都满足在该处为极大的条件,所以,$\theta = 0$ 处出现中央亮纹. 对于 k 的其他数值,符号"±"表示两组光谱,它们由中央亮纹向左右对称地分布.

若光栅±1 级衍射光与 0 级光之间的夹角足够小($\theta < 5°$),则有如下方程近似成立:

$$d\sin\theta \approx d\tan\theta = d\,\frac{x}{L} = \lambda \tag{35.4}$$

其中 x 为 0 级光与±1 级衍射光之间的距离,L 是光栅与观察屏之间的距离.

【实验仪器】

单缝,光栅,激光器,光屏,光具座,游标卡尺等.

【实验内容】

1. 光路的调节

① 打开激光器,调节激光器的支架,使激光束与导轨的中心平行传播.

② 在导轨的另一侧放置观察屏,调节观察屏,使光束垂直入射观察屏的中心.

2. 单缝衍射现象的观察及测量

① 将单缝放入激光器与光屏之间,调节单缝平面,使激光垂直入射,并确保单缝与光屏之间的距离足够远.

② 在观察屏上观察单缝衍射现象,测量±1 级暗斑之间的间距,计算单缝宽度.

③ 选择两个或两个以上不同缝宽的单缝重复以上实验,分析并总结单缝宽度对衍射现象的影响.

3. 光栅衍射现象的观察及测量

① 在激光器和观察屏之间插入光栅,注意使激光束垂直入射光栅平面;

② 仔细观察屏上的衍射现象,辨认±1 级衍射光,若衍射光超出屏的范围,则应适当减小光栅和屏之间的距离.

③ 测量光栅和观察屏之间的距离 L 以及±1 级衍射光之间的距离 $2x$;

④ 移动光栅,减小 L,重复测量;

⑤ 计算光栅常量并计算百分差.

⑥ 采用同样的方法,用已知光栅常量的光栅测量激光的波长.

4. 选做实验:光盘道间距的测量

光盘是存储信息的介质. 光盘信道是由槽-台-槽这种物理结构组成的,预刻槽是沟状的、沿径向等间距向外展开的阿基米德螺旋线. 盘面上一周的轨迹称为光盘的一个物理道. 道间距指的是相邻间物理道中心线的径向间距. 由于道间距很小,所以在一定范围内可以将光盘视为反射光栅.

试设计方案,测量所给光盘的道间距.

【注意事项】

在光屏上观察到的 0 级衍射光和±1 级衍射光的光斑直径大小不同,如图 35.4 所示,为此,在实验中直接测量 x 的值并不科学,应采用"左外切,右内切(或左内切,右外切)"的方法测量±1 级衍射光之间的距离 $2x$,再计算得到 x.

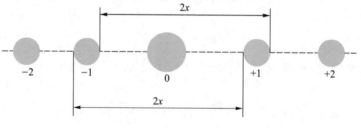

图 35.4　x 的测量方法

【思考题】

1. 夫琅禾费衍射的条件是什么? 实验中如何观察夫琅禾费衍射?

2. 若采用平行白光垂直入射光栅,则在观察屏上将会看到什么现象?

3. 若激光光束不垂直入射光栅,则对观察屏上 x 的测量有何影响?

*实验 36 分光计测定棱镜的折射率

分光计是比较精密的仪器,构造精细、调节技术要求高,能精确测定光线偏转角,可以用于测量材料的折射率、光源的光谱.它在光的反射、折射、干涉、偏振实验以及对某些材料的研究中具有重要应用.

本实验要求实验者正确调整和使用分光计,利用分光计观察棱镜的色散光谱,测量棱镜对某些波长的光的折射率,并进一步理解折射率的大小与光波波长有关这一概念.

【预习提示】

1. 在分光计的调节中,为什么要先调节望远镜,再调节平台,最后调节平行光管?

2. 如果将分光计的结构与夫琅禾费衍射的光路进行对比,两者有何相似的地方?

3. 分光计处于待测量状态的标志有哪些?

【实验目的】

1. 了解分光计的结构,学习正确调节和使用分光计的方法;

2. 掌握分光计测量棱镜折射率的原理和方法.

【实验原理】

1. 最小偏向角法

如图 36.1 所示,当一束波长为 λ 的光从三棱镜的一侧 AB 面以入射角 i_1 入射时,由于折射角 i_2 小于入射角 i_1,所以该光束进入三棱镜后会向底边方向偏转.当该光束进一步入射到另一侧面 AC 并以入射角 i_2' 向空气出射时,由于此时折射角 i_1'

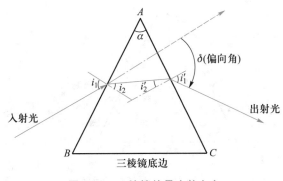

图 36.1 三棱镜的最小偏向角

大于入射角 i_2',所以会使得光线进一步向底边方向偏转.入射光和出射光之间的夹角称为偏向角,在图 36.1 中用 δ 表示.

根据光线的可逆性原理,当入射光线和出射光线相对于三棱镜对称时,偏向角 δ 存在最小值,称之为最小偏向角,用 $\delta_{\min}$ 表示.在此条件下,$i_1=i_1'$,$i_2=i_2'$.若三棱镜的顶角为 α,则有 $i_2=\dfrac{\alpha}{2}$,$i_1=\dfrac{\alpha+\delta_{\min}}{2}$.

由折射定理可知,三棱镜对波长为 λ 的光的折射率 n 由下式给出:

$$n=\frac{\sin\dfrac{\alpha+\delta_{\min}}{2}}{\sin\dfrac{\alpha}{2}} \tag{36.1}$$

在实验中只要测出三棱镜的顶角 α 和相应光线的最小偏向角 $\delta_{\min}$,即可由 (36.1)式求出棱镜对该波长光的折射率.

2. 掠入射法

当扩展光源的光线,如图 36.2 中的光线 1—3,从三棱镜的一侧光学面 AB 入射三棱镜时,根据前面的分析,入射角 $i<90°$ 的光线会经过一系列的折射后从三棱镜的另一侧 AC 面出射.对于入射角 $i=90°$ 的光线,折射角满足关系式 $n\sin r=1$.在 AC 面,折射角 φ 与入射角 r' 满足 $n\sin r'=\sin\varphi$.又因为在图 36.2 中有 $r+r'=\alpha$,因此可求解得到 $i=90°$ 的光线出射角 α 满足的表达式为 $\sin^2\alpha=n^2\sin^2\alpha-(\sin\varphi+\cos\alpha)^2$,因而,如果在实验中测量得到 φ 的值,即可得到三棱镜的折射率为

$$n=\frac{1}{\sin\alpha}\sqrt{\sin^2\alpha+(\sin\varphi+\cos\alpha)^2} \tag{36.2}$$

由于不会有入射角大于 90° 的光线,因而光线在 AC 面出射后不会有折射角小于 φ 的光线,故从 AC 面一侧观察出射光时,会发现视场是半明半暗的,视场中间有明显的明暗分界线.

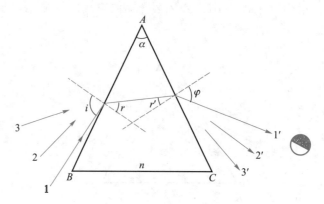

图 36.2　掠入射法原理图

【实验仪器】

分光计一台,待测三棱镜一块,反射平面镜两块,低压汞灯一台,低压钠灯一台,毛玻璃一块.

图 36.3 为分光计的结构图和实物图,它主要由位于结构图左边的望远镜部分、位于结构图中间的载物平台系统和位于结构图右边的平行光管部分构成.

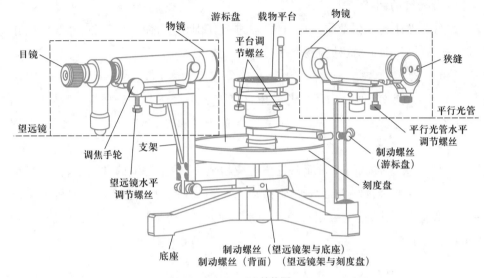

(a) 结构图

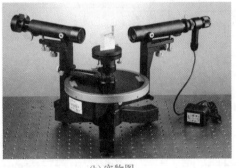

(b) 实物图

图 36.3 分光计

望远镜部分由目镜和物镜组成,目镜的调节通过旋转目镜实现,物镜的调节则通过旋转调焦手轮实现.望远镜固定在支架上,可以绕载物平台的中心旋转,载物平台的前后分别有两个制动螺丝,旋紧正面的制动螺丝,可以使望远镜和支架不能再绕载物平台的中心转动;旋紧背面的制动螺丝,则会使刻度盘和支架固定在一起.

载物平台系统主要由载物平台、平台调节螺丝、游标盘等构成.通过平台调节螺丝可以调节平台的水平状态,利用游标盘可以读出待测位置的角坐标.当旋紧位于平行光管下的制动螺丝时,载物平台和游标盘将不能绕转轴转动.

平行光管部分主要由物镜、狭缝和支架等组成.狭缝宽度可调,平行光管固定在支架上并和底座相连.

【实验内容】

1. 分光计的调整

在用分光计进行测量前,必须对仪器进行仔细调整,使其处于待测状态,否则不能进行有效的测量.这种调整可分三步来完成:

(1) 望远镜的调整

① 打开望远镜的照明开关,此时望远镜下的小电珠照亮分划板.观察目镜内部,旋转目镜,直至看清分划板上的一条竖直准线和与其相交的两条水平线[图36.4(a)].

② 将一块平面镜的反射面贴近望远镜物镜,旋转望远镜的调焦手轮,使目镜连同分划板在物镜筒中前后缓慢地移动,直至在目镜视场里看到分划板上多出一个清晰亮十字线,此时分划板位于物镜焦平面上,望远镜已可以用来接收平行光了[图36.4(b)].

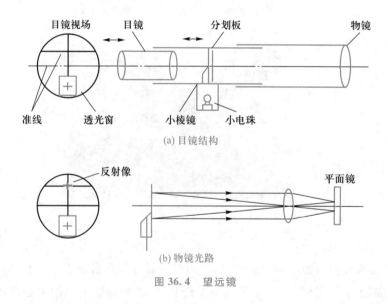

(a) 目镜结构

(b) 物镜光路

图 36.4　望远镜

(2) 调节望远镜的光轴与仪器旋转主轴垂直

① 粗调:用目测的方法分别调整望远镜下面的水平调节螺丝和载物平台下面的三个调节螺丝,使望远镜轴和载物平台平面大致处于水平位置.

② 细调:将三棱镜按图36.5(a)所示放在载物平台上,使三棱镜位于载物平台

的中央,其水平截面的三个顶点 A、B、C 分别大致处于平台中心 O 与平台下三个调节螺丝 Z_1、Z_2、Z_3 的连线上.

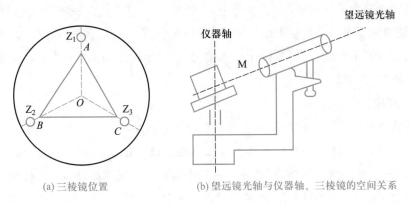

(a) 三棱镜位置　　　　　　(b) 望远镜光轴与仪器轴、三棱镜的空间关系

图 36.5　调节望远镜

旋转载物平台,使望远镜对准三棱镜的一个光学面,验证在望远镜中是否能看到亮十字反射像[图 36.6(a)],如果看不到则需要重新进行粗调.

看到图 36.6(a)所示的视场后,稍稍转动望远镜使其视场如图 36.6(b)所示.调节载物平台下与该面相对的一个调节螺丝,使十字反射像的水平位置向分划板上方的水平准线靠拢一半距离[图 36.6(c)],再调节望远镜的俯仰调节螺丝,使亮十字像与分划板上方的十字线重合[图 36.6(d)],此时,望远镜轴与该反射面垂直,但不一定和仪器的主轴垂直[见图 36.5(b)],因此,必须继续调节.通过旋转游标盘,将载物平台转动 $120°$,使望远镜对准棱镜的另一个反射面,观察此时亮十字反射像是否仍与分划板上部重合,若不重合,则仍要如上面那样采用二分之一调节法,从两方面逼近调节,直到棱镜任一反射面对准望远镜时,亮十字反射像的水平线仍与分划板上部的水平准线重合[即视场呈图 36.6(d)所示的状态]为止.此时,望远镜光轴已与仪器旋转主轴垂直.在仪器调节中,上述二分之一调节法应用很广.

(3)平行光管的调节

开启光源,调节照明平行光管的狭缝,取下载物台上的三棱镜,转动调好的望

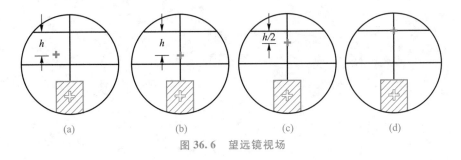

(a)　　　　　(b)　　　　　(c)　　　　　(d)

图 36.6　望远镜视场

远镜,使它正对着平行光管以观察狭缝的像,调节平行光管狭缝与物镜间的距离,在观察到狭缝的清晰像之后,缓慢转动狭缝宽度调节螺丝,使缝像既细锐又明亮,再微调狭缝与物镜间的距离,直至清晰、细锐的缝像与准线无视差为止.转动狭缝套筒,使缝的取向与分划板上的竖直准线平行,拧紧平行光管的固定螺丝,调节平行光管倾度调节螺丝,使缝像位于望远镜分划板的中间,此时,分光计已全部调节完毕,处于待测状态.

2. 测棱镜的顶角 α

将待测棱镜放在已调整好的分光计载物平台的中央,选定被测顶角 α,拧紧游标圆盘制动螺丝,使载物平台及其上面的三棱镜位置固定不动.旋转望远镜,使它与棱镜的一个折射面 AC 垂直,即在望远镜中看到十字亮线的反射像并使它与十字准线重合[见图 36.6(d)和图 36.7],此时望远镜的位置为 T_0,记下两个游标所指示的读数 $\varphi_0(1)$ 和 $\varphi_0(2)$.

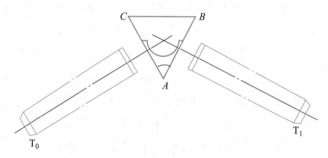

图 36.7　分光计测量三棱镜顶角光路简图

分光计的读数系统由刻度盘(分度值为 $0.5°$,共 $360°$)和游标盘(分度值为 $1'$,共 $30'$)组成.读数方法按游标原理进行,在图 36.8(a)所示的情况下,读数应为 $87°45'$.由于机械加工的原因,刻度盘的中心轴与仪器的旋转主轴不一定重合,所以在读数时会出现偏心差,为了消除这种系统误差,读数时应由两个对称安置的游标 A 和 B[图 36.8(b)]分别读出后再取平均值.

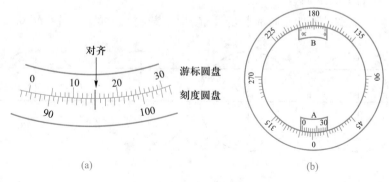

(a)　　　　　　　　　　　　(b)

图 36.8　分光计的读数系统

转动望远镜,使它的光轴与棱镜的另一折射面 AB 垂直,在此位置 T_1 上,经 AB 面反射回来的亮十字像亦与望远镜的十字准线重合,记下此时两游标所示的读数 $\varphi_1(1)$、$\varphi_1(2)$. 望远镜由位置 T_0 转到 T_1 所转过的角度为

$$\varphi = \frac{|\varphi_1(1)-\varphi_0(1)|+|\varphi_1(2)-\varphi_0(2)|}{2} \tag{36.3}$$

由于顶角 α 与角 φ 互补,所以顶角

$$\alpha = 180° - \varphi \tag{36.4}$$

3. 测棱镜对某波长光波的最小偏向角 δ_{min}

同一棱镜对不同波长的光波具有不同的折射率,不同波长光波所对应的最小偏向角 δ_{min} 亦各不相同,必须分别进行测量. 这里需要指出的是,以往折射率表中给出的某种材料的折射率,都是对波长为 589.3 nm 的钠黄光而言的,因此,与我们测得的结果并不相同.

(1) 将待测棱镜如图 36.9 所示的那样放在载物平台上,开启汞灯光源,照明分光计平行光管的狭缝,使平行光管射出的平行光投射到棱镜的折射面 AB 上. 使载物平台带动棱镜作适当转动,改变平行光对 AB 面的入射角,以便观察者可以在 T_1' 处通过折射面 AC 直接观察到平行光管管口经棱镜折射所成的虚像 I,则各条谱线均在此虚像范围内.

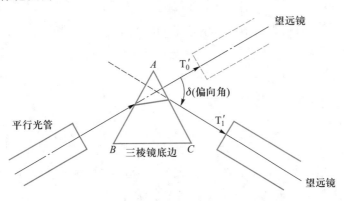

图 36.9 三棱镜偏向角示意图

(2) 将望远镜移到 T_1' 附近,通过它观察汞灯的光谱,如图 36.10 所示. 在看到所有待测谱线后,认定一条谱线,慢慢转动棱镜(即转动载物平台),使该条谱线向 T_0' 方向移动(即使谱线向偏向角减小的方向移动). 当棱镜转到某一位置时,谱线几乎不再移动,若再使棱镜继续沿原方向转动,则该谱线反而向相反的方向(即偏向角增大的方向)移动,这个

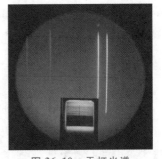

图 36.10 汞灯光谱

转折位置就是棱镜对这条谱线最小偏向角的位置. 在找到转折位置后,停止转动棱镜,锁紧载物平台,这时平行光的入射角保持不变,所测谱线便固定在最小偏向角的位置 T_1' 上.

(3) 缓慢转动望远镜,使它的竖直准线严格对准所认定谱线的中心线,记下两游标的读数 $\varphi_1'(1)$ 和 $\varphi_1'(2)$.

(4) 移动望远镜,使其对准狭缝的像(非色散像),当竖直准线位于狭缝像的中心线上时,望远镜的光轴便处于入射平行光行进的方向 T_0' 上,记下两游标的读数 $\varphi_0'(1)$ 和 $\varphi_0'(2)$,望远镜由 T_1' 转到 T_0' 时所转过的角度就等于棱镜对认定谱线的最小偏向角,即

$$\delta_{\min} = \frac{|\varphi_1'(1) - \varphi_0'(1)| + |\varphi_1'(2) - \varphi_0'(2)|}{2} \tag{36.5}$$

(5) 用同样的方法测出其他谱线的最小偏向角.

(6) 由(36.1)式算出各波长对所给棱镜的折射率.

4. 选做实验:掠入射法测量三棱镜的折射率

(1) 将钠灯放置在三棱镜棱 AB 的延长线上,钠灯前放置毛玻璃,以获得扩展光源.

(2) 首先用眼睛对准 AC 面,寻找明暗分界线,找到明暗分界线后,将望远镜的竖直准线对准明暗分界线,记录 $\varphi_1(1)$ 和 $\varphi_1(2)$.

(3) 转动望远镜,观察望远镜垂直于 AB 面,记录 $\varphi_0(1)$ 和 $\varphi_0(2)$.

(4) 利用上面的测量数据,可求得掠入射时的出射角 φ.

(5) 计算三棱镜在 $\lambda = 589.3$ nm 时的折射率.

【思考题】

1. 分光计可以对光栅的夫琅禾费衍射进行观察吗? 如果可以,请说明分光计每一部分在夫琅禾费衍射中的作用;并设计实验方案,实现光栅常量的测量.

2. 分光计读数系统中为什么装有两个游标盘?

3. 在测量了某一条谱线的最小偏向角后,继续测量另外一条谱线的最小偏向角,是否需要针对这条谱线重新寻找一下最小偏向角的位置?

4. 棱镜的色散光谱与光栅的色散光谱相比,各自有何特点?

附录 36.1 互联网远程操作实验

互联网远程操作实验是基于远程操控技术、传感技术、物联网技术、大数据技术等前沿信息技术手段,把传统物理实验室打造成一个具有高度感知、虚实结合、能实不虚的有机整体. 它有利于学生在实验室外基于真实实验开展实验前的预习、

实验后的复习,有利于教师完善教学活动、改革教学方式、创建线上线下结合的实验教学模式.

下面以分光计实验说明互联网远程操作实验.互联网远程操作的分光计,是在传统的分光计的基础上加装了摄像头、机械臂、驱动电机、远程控制开关等硬件,具体如图 36.11 所示.机械臂可以灵活操作分光计平台上的三棱镜或光栅等待测物体,驱动电机可以控制望远镜的俯仰、平行光管的俯仰及狭缝位置的调整、三棱镜平台水平的调整等,摄像头用来提供整体场景及局部细节观察,远程控制开关可以打开或关闭汞灯、望远镜照明灯等.

图 36.11　远程操作的分光计装置

图 36.12 是互联网远程操作实验的操作界面.左上角的小图是分光计上的俯视摄像头反馈的实验整体场景,右上角的小图是望远镜目镜视场,左下角的小图是

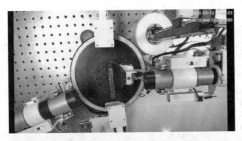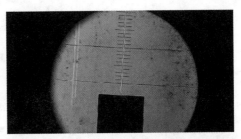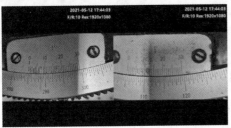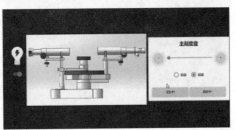

图 36.12　分光计远程操作界面

游标显示,可以方便地进行读数,右下角的小图是操作界面,用鼠标选中需要操作的部件,即可驱动真实实验装置的相应部分执行需要的动作. 例如,如果需要调整望远镜的俯仰,只要用左键点击右下角操作界面中望远镜的俯仰螺丝,然后转动鼠标的鼓轮,即可使控制望远镜俯仰的驱动电机正转或反转,使望远镜的俯仰发生变化,并在望远镜视场中看到相应的现象.

光的偏振现象不仅进一步验证了光具有波动性,而且验证了光是一种横波.光的偏振现象的研究,使人们对光的传播规律有了新的认识.利用光的偏振性所开发出来的各种偏振光元件、偏振光仪器和偏振光技术在光调制器、光开关、光学计量、应力分析、光信息处理、光通信、激光和光电子学器件等方面都有着广泛的应用,在现代科学技术中发挥了极其重要的作用.

【实验目的】

1. 了解和掌握线偏振光、圆偏振光、椭圆偏振光的产生及检验方法;

2. 了解和掌握 1/4 波片、1/2 波片和偏振片的作用和应用;

3. 验证马吕斯定律.

【实验原理】

1. 偏振光的种类

光是电磁波,它的电矢量 E 和磁矢量 H 相互垂直,且又垂直于光的传播方向,通常用电矢量代表光矢量,并将光矢量和光的传播方向所构成的平面称为光的振动面.按光矢量的不同振动状态,可以把光分为五种偏振态,如图 37.1 所示.如在垂直于传播方向内,光矢量的方向是任意的,且各个方向的振幅相等,则称为自然光;如光矢量沿着一个固定方向振动,则称为线偏振光或平面偏振光;如果有的方向光矢量振幅较大,有的方向光矢量振幅较小,则称为部分偏振光;如果光矢量的大小和方向随时间作周期性变化,且光矢量的末端在垂直于光传播方向的平面内的轨迹是圆或椭圆,则分别称为圆偏振光或椭圆偏振光.

2. 线偏振光的产生

(1) 利用反射和折射产生线偏振光

根据布儒斯特定律,如图 37.2(a) 所示,当自然光以 $i_b = \arctan\left(\dfrac{n_2}{n_1}\right)$ 的入射角从折射率为 n_1 的空气入射至折射率为 n_2 的介质表面上时,其反射光为完全的线偏振光,振动面垂直于入射面;而透射光为部分偏振光,此时我们称 i_b 为布儒斯特角.如果自然光以 i_b 入射到一叠平行玻璃片堆上,则经过多次反射和折射,最后从玻璃片堆透射出来的光也接近于线偏振光,如图 37.2(b) 所示.

(2) 利用偏振片获得线偏振光

偏振片是利用某些有机化合物晶体的"二向色性"制成的,当自然光通过这种偏振片后,光矢量垂直于偏振片透振方向的分量几乎完全被吸收,光矢量平行于透振方向的分量几乎完全通过,因此透射光基本上为线偏振光.

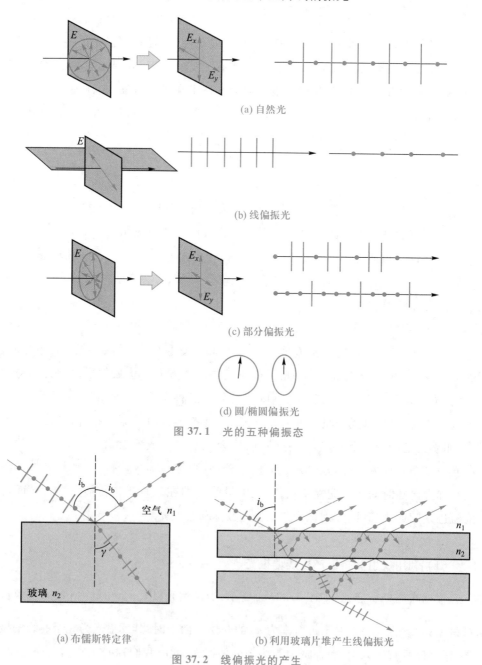

(a) 自然光

(b) 线偏振光

(c) 部分偏振光

(d) 圆/椭圆偏振光

图 37.1 光的五种偏振态

(a) 布儒斯特定律

(b) 利用玻璃片堆产生线偏振光

图 37.2 线偏振光的产生

3. 波晶片的分类

波晶片简称波片,它通常是一块光轴平行于表面的单轴晶片. 一束平面偏振光垂直入射到波晶片后,便分解为振动方向与光轴方向平行的 e 光和振动方向与光轴方向垂直的 o 光两部分. 这两种光在晶体内的传播方向虽然一致,但它们在晶体内传播的速度却不相同. 于是 e 光和 o 光通过波晶片后就产生固定的相位差 δ, 即 $\delta = \dfrac{2\pi}{\lambda}(n_o - n_e)\,l$, 式中 λ 为入射光的波长, l 为晶片的厚度, n_o 和 n_e 分别为 o 光和 e 光的主折射率.

某种单色光经过波晶片后, 若 e 光和 o 光产生的相位差为 $\delta = (2k+1)\pi/2$, 则此波晶片称为该单色光的 1/4 波片; 若 e 光和 o 光产生的相位差为 $\delta = (2k+1)\pi$, 则此波晶片称为该单色光的 1/2 波片; 能产生相位差为 $\delta = 2k\pi$ 的波晶片, 称为全波片.

通常波片用云母片剥离成适当厚度或用石英晶体研磨成薄片. 由于石英晶体是正晶体, 其 o 光比 e 光的速度快, 沿光轴方向振动的光(e 光)传播速度慢, 故光轴称为慢轴, 与之垂直的方向称为快轴. 对于负晶体制成的波片, 光轴就是快轴.

4. 平面偏振光通过各种波片后偏振态的改变

一束振动方向与光轴成 θ 角的平面偏振光垂直入射到波片后, 会产生振动方向相互垂直的 e 光和 o 光, 如图 37.3 所示, 其 E 矢量大小分别为 $E_e = E\cos\theta$, $E_o = E\sin\theta$. 通过波片后, 二者产生一附加相位差. 离开波片时合成波的偏振性质决定于相位差 δ 和 θ. 如果入射偏振光的振动方向与波片的光轴夹角为 0 或 $\pi/2$, 则任何波片对它都不起作用, 即从波片出射的光仍为原来的线偏振光. 而如果不为 0 或 $\pi/2$, 那么线偏振光通过 1/2 波片后, 出来的也仍为线偏振光, 但它振动方向将旋转 2θ, 即出射光和入射光的电矢量对称于光轴; 线偏振光通过 1/4 波片后, 则可能产生线偏振光、圆偏振光和长轴与光轴垂直或平行的椭圆偏振光, 这取决于入射线偏振光振动方向与光轴的夹角 θ.

5. 偏振光的鉴别

鉴别入射光的偏振态须借助于检偏器(即偏振片)和 1/4 波片. 使入射光通过检偏器后, 检测其透射光强并转动检偏器, 如图 37.4 所示.

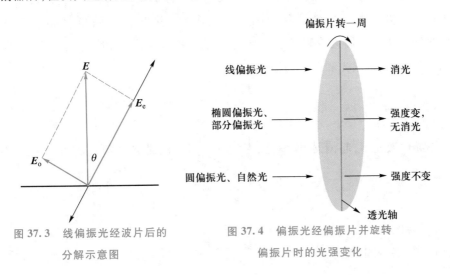

图 37.3　线偏振光经波片后的
分解示意图

图 37.4　偏振光经偏振片并旋转
偏振片时的光强变化

若转动检偏器,出现透射光强为零(称"消光")的现象,则入射光必为线偏振光;

若转动检偏器,透射光的强度没有变化,则可能为自然光或圆偏振光(或两者的混合);

若转动检偏器,透射光强虽有变化但不出现消光现象,则入射光可能是椭圆偏振光或部分偏振光.

要进一步作出鉴别,则需在入射光与检偏器之间插入一块 1/4 波片,如图 37.5 所示. 若入射光是圆偏振光,则通过 1/4 波片后将变成线偏振光,当 1/4 波片的慢轴(或快轴)与被检测的椭圆偏振光的长轴或短轴平行时,透射光也为线偏振光,于是转动检偏器也会出现消光现象;否则,就是部分偏振光.

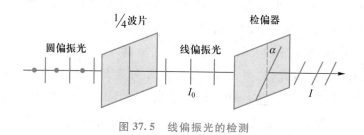

图 37.5　线偏振光的检测

6. 马吕斯定律

按照马吕斯定律,如图 37.5 所示,强度为 I_0 的线偏振光通过检偏器后,透射光的强度为

$$I = I_0 \cos^2 \alpha \tag{37.1}$$

式中,α 为入射光偏振方向与检偏器偏振轴之间的夹角,I_0 为检偏器透光方向与偏振光偏振方向平行时的出射光强,$I \leqslant I_0$(偏振片有吸收,反射);显然,当以光线传播方向为轴转动检偏器时,透射光强度 I 将发生周期性变化. 当 $\alpha = 0°$ 时,透射光强度最大;当 $\alpha = 90°$ 时,透射光强为最小值(消光状态),接近于全暗;当 $0° < \alpha < 90°$ 时,透射光强度 I 介于最大值和最小值之间. 因此,根据透射光强度变化的情况,可以区别线偏振光、自然光和部分偏振光.

【实验仪器】

半导体激光器,起偏器,检偏器,$\dfrac{1}{4}$ 波片,$\dfrac{1}{2}$ 波片,带光电接收器的数字式光功率计,光具座.

【实验内容】

1. 激光器和起偏器的调整

实验采用波长为 650 nm 的半导体激光器,它发出的是部分偏振光,为了得到线偏振光,如图 37.6 所示,需要在它前面加起偏器 P,并放置接收器(检偏器 A 和波片 C 均先不要放置).转动起偏器 P 的偏振轴,使之与激光最强的线偏振分量方向一致,这时光功率计读数最大,透过起偏器 P 的线偏振光功率最大.

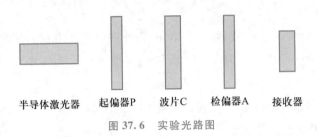

半导体激光器　起偏器P　波片C　检偏器A　接收器

图 37.6　实验光路图

2. 验证马吕斯定律

在起偏器 P 与接收器之间加检偏器 A,转动检偏器并测量出射最大光强,记为 I_0,应反复多测几次,求平均值 $\overline{I_0}$ 和检偏器位置读数 $A(0)$. 以 $A(0)$ 作为 $0°$ 角. 然后,每隔 $10°$ 或 $15°$,测量出射光强 I. 以 $\ln(\cos \alpha)$ 为自变量,$\ln I$ 为因变量,对 $\ln I$-$\ln(\cos \alpha)$ 进行直线拟合,求得函数 $I=I_0 \cos^n \alpha$ 中的 n 及相关系数 r,以此证明马吕斯定律.

3. 验证 1/4 波片的作用

转动检偏器 A 的偏振轴与激光的电矢量垂直至出现消光现象,记下检偏器 A 消光时的位置读数 $A(0)$. 然后将 1/4 波片 C 放在波片放置区,旋转 C,使再次出现消光现象,这时 1/4 波片的快轴(或慢轴)与激光电矢量方向平行或垂直,记下 1/4 波片 C 消光时的位置读数 $C(0)$.

旋转 1/4 波片 C,以改变其快(或慢)轴与入射线偏振光电矢量(即起偏器 P 透振方向)之间的夹角 θ. 当 θ 分别为 $15°$、$30°$、$45°$、$60°$、$75°$、$90°$ 时,将 A 旋转 $360°$,观察光强的变化情况,记下二次最大值和最小值,并注意最大值和最小值之间检偏器 A 是否转过约 $90°$,并由此说明 1/4 波片出射光的偏振情况.

4. 圆、椭圆偏振光的鉴别

设计一个实验,要求用一块 1/4 波片产生圆偏振光或椭圆偏振光,再用另一块 1/4 波片使其出现线偏振光,记录下你的实验过程和实验结果.

5. 选做实验:1/2 波片的作用

(1) 取走起偏器 P 和检偏器 A 之间的 1/4 波片,放上一个 1/2 波片,并旋转 $360°$,能看到几次消光? 请加以解释.

(2) 将 1/2 波片任意转过一个角度,破坏消光现象,再将检偏器 A 旋转 $360°$,又能看到几次消光? 为什么?

（3）改变 1/2 波片的快（或慢）轴与激光振动方向之间夹角 θ 的数值，使其分别为 15°、30°、45°、60°、75°、90°。旋转检偏器 A 到消光位置，记录相应的角度 θ'，解释上面实验结果，并由此了解 1/2 波片的作用.

【思考题】

1. 在如图 37.6 所示的装置中，在 A 和 C 分别处于 $A(0)$ 和 $C(0)$ 位置时，在 C 和 A 之间再插入一个 1/4 波片 C′，使 C 和 C′组成一个 1/2 波片，请考虑如何实现这一要求。

2. 是否可借助于 1/4 波片把圆偏振光和自然光区分开来，把椭圆偏振光和部分偏振光区分开来？为什么？

*实验 38　迈克耳孙干涉仪实验

迈克耳孙干涉仪是 1881 年美国物理学家迈克耳孙设计制作的精密光学仪器,它利用分振幅法产生双光束以实现光的干涉,具有结构简单、光路直观、精度高的特点.它的调整和使用具有典型性,它在近代物理、计量技术、生产生活中有广泛的应用.自问世以来,迈克耳孙曾用它完成了三个著名的实验:否定"以太"的迈克耳孙–莫雷实验、光谱精细结构和利用光波波长标定长度单位.

论文"Observation of gravitational waves from a binary black hole merger"①报道了人类于 2015 年 9 月 14 日首次探测到两个黑洞合并所产生的引力波,所用引力波探测器的主要结构形式就是迈克耳孙干涉仪.由于地面实验装置受到诸多限制,如低频噪声及有效臂长等,各国开始发展具有百万公里级干涉臂的空间引力波探测器,我国的"太极计划"是其中之一.论文"中国空间引力波探测'太极计划'及'太极'一号在轨测试"②详细介绍了"太极计划"三步走规划等."太极计划"由三颗灵敏度非常高的卫星在地球轨道上绕着太阳运行,呈现出等边三角形的布局,用激光干涉方法进行 0.1 mHz ～ 1 Hz 频段引力波的探测.卫星两两之间的距离为 300 万公里,这个臂长相当于 LIGO(激光干涉引力波天文台)的 75 万倍."太极"一号卫星已于 2019 年 8 月发射成功,目前我国正在启动"太极"二号双星计划.

【实验目的】

1. 了解迈克耳孙干涉仪的特点,学会调整和使用迈克耳孙干涉仪的方法;
2. 掌握用迈克耳孙干涉仪测量激光波长的方法;
3. 掌握用迈克耳孙干涉仪测量玻璃片折射率的方法.

【实验原理】

1. 迈克耳孙干涉仪光路

图 38.1 是迈克耳孙干涉仪的原理图.在图 38.1 中 S 为激光器,L 为扩束镜,G_1 是分束板,G_1 板的一面(靠近 G_2 板的面)镀有半反射膜,使照在上面的光线一半反射另一半透射.G_2 是补偿板,M_1、M_2 为平面反射镜,M_1 镜可沿竖直方向导轨移动,M_2 镜位置是固定的.

激光器 S 发出的光经会聚透镜 L 扩束后,射入 G_1 板,在半反射面上分成两束光:光束①经 G_1 板内部折向 M_1 镜,经 M_1 镜反射后返回,再次穿过 G_1 板,到达屏

① *Phys Rev Lett*, 2016,116:061102
② 深空探测学报,2020,7,1:3—9

E;光束②透过半反射面,穿过补偿板 G_2 射向 M_2 镜,经 M_2 镜反射后,再次穿过 G_2 板,由 G_1 板下表面反射到达屏 E,两束光相遇发生干涉.

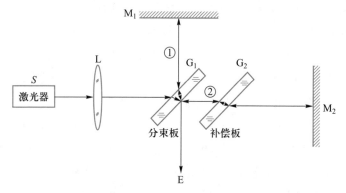

图 38.1 迈克耳孙干涉仪原理图

补偿板 G_2 的材料和厚度都和 G_1 板相同,并且与 G_1 板平行放置.考虑到分束后的光束①两次穿过 G_1 板,G_2 板的作用是使光束②也两次穿过玻璃板,从而使两光路条件完全相同,这样,可以认为干涉现象仅仅是由于 M_1 镜与 M_2 镜之间的相对位置引起的.

如图 38.2 所示,观察者自 E 处向 G_1 板看去,透过 G_1 板,除直接看到 M_1 镜之外,还可以看到 M_2 镜在 G_1 板的反射像 M_2',M_1 与 M_2' 之间构成空气薄膜.M_1 镜、M_2 镜所引起的干涉,与 M_1 镜、M_2' 镜之间的空气薄膜所引起的干涉等效.

2. 激光波长的测量

考虑 M_1、M_2' 完全平行,相距为 d 时的情况.点光源 S 在 M_1、M_2' 中所成的像 S'、S'' 构成相距为 $2d$ 的相干光源,光路如图 38.3 所示.设 S'' 到 O 点的距离为 h.在这种

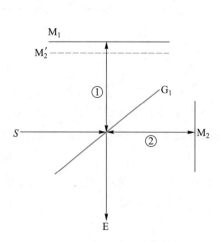

图 38.2 迈克耳孙干涉仪简化图

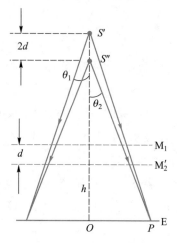

图 38.3 干涉光程计算图

情况下,干涉现象发生在两光相遇的所有空间中,因此干涉是非定域的.对于屏幕上任意一点 P 处,两像光源发出的光相遇时的光程差为 δ,P 点处发生相长干涉的条件为

$$\delta = \frac{h+2d}{\cos\theta_1} - \frac{h}{\cos\theta_2} = k\lambda \tag{38.1}$$

由(38.1)式,结合图 38.3 可以看出,保持 h 与 d 不变,在 P 点向外移动时,θ_1、θ_2 将增大,对应级次 k 将伴随 δ 减小,所以中央条纹的级次高.

对于屏幕中心,$\theta_1 = \theta_2 = 0$,(38.1)式简化为

$$2d = k\lambda \tag{38.2}$$

实验中,d 随 M_1 镜的移动而变化.伴随 d 的增大,级数 k 随之增大,也就是有新的干涉条纹从中心冒出;伴随 d 的减小,级数 k 随之减小,干涉条纹向中心缩进."冒出"或"缩进"的条纹数 Δk 与 M_1 镜位置变化 Δd 之间的关系为

$$\lambda = \frac{2\Delta d}{\Delta k} \tag{38.3}$$

可见只要测定 M_1 镜的位置改变量 Δd 和相应的级次变化量 Δk,就可以用(38.3)式算出光波波长.

3. 薄玻璃片折射率的测量

若迈克耳孙干涉仪采用白色面光源照明,则干涉情况与单色点光源的情形不同.白光的相干长度较小,对于白炽灯发出的白光,其相干长度远小于激光的相干长度,因而在使用白光光源的时候,只有在 $d \approx 0$ 的时候才会有干涉条纹出现.因此白光干涉现象很难观察到.但是在实验中,白光干涉可以帮助实验者找到 $d=0$ 的位置.

在观察到白光等倾干涉时,调节图 38.2 中的 M_2 镜,使得 M_1 与 M_2' 成一很小的交角,则从面光源上任一点发出的光经 M_1 与 M_2' 反射后形成的两束光相交于 M_1 或 M_2 的附近,这时通过眼睛观察,会在镜面附近观察到干涉条纹,这是定域干涉条纹.由于入射光倾角 θ 的影响,只有在 M_1 与 M_2' 之间距离等于零时,两面之间相交的一条直线附近的干涉条纹才近似是等厚干涉条纹(见图 38.4).随着 θ 的增大,直条纹将逐渐弯曲.对于白光的各个波长来说,在交线上的光程差都为 0,故中央条纹是白色的.由于 M_1 与 M_2' 形成两劈尖正对的结构,所以中央白条纹两旁有十几条对称分布的彩色条纹.据此可以很容易判别出中央明条纹的位置(见图 38.5).

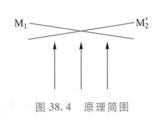

图 38.4　原理简图

图 38.5　等厚干涉图样

实验时,首先调节出白光的等厚干涉图样,形成中央一条亮线、两侧彩色条纹对称分布的状态,记下此时的手轮读数 m_1. 然后将厚度为 l 的待测薄玻璃片放入 M_1 镜所在光路中,注意玻璃片相对 M_1 镜平行. 接下来转动微调手轮,使 M_1 镜向屏幕方向移动,直到白光的等厚干涉条纹再次出现(特别注意途中微调手轮不能反转). 记下这时的手轮读数 m_2. m_1 与 m_2 之差就是 M_1 镜移动的距离 Δd,这一距离与薄玻璃片带来的附加光程差 $l(n-1)$ 相等,即

$$\Delta d = l(n-1) \tag{38.4}$$

所以有

$$n = \frac{\Delta d}{l} + 1 \tag{38.5}$$

利用(38.5)式可以求得玻璃片的折射率.

【实验仪器】

迈克耳孙干涉仪(如图 38.6 所示),激光器,偏振片,扩束镜,白光光源,防护眼镜,待测薄玻璃样品,游标卡尺等.

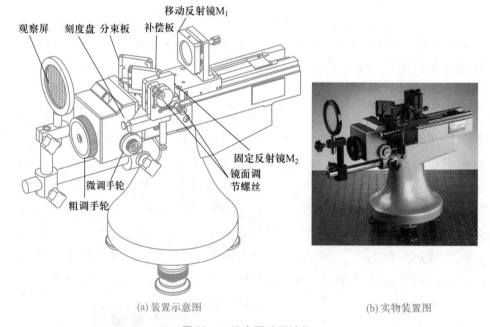

(a)装置示意图   (b)实物装置图

图 38.6 迈克耳孙干涉仪

【实验内容】

1. 观察非定域干涉现象

(1)将激光器放置在迈克耳孙干涉仪固定反射镜相对的一侧,注意激光器和

迈克耳孙干涉仪之间保持的距离应能再放置偏振片和扩束镜. 调节激光器, 使激光束大致从分束板中心位置入射分束板, 调节激光器高低左右, 使由移动反射镜 M_1 反射回来的光束按原路返回.

（2）激光器前依次放置偏振片和扩束镜, 注意调节扩束镜, 使出来的光束以原激光束为中心. 拿掉观察屏, 调节偏振片使激光尽量变暗. 眼睛对着移动反射镜 M_1 看, 可看到分布于移动反射镜 M_1 镜上的两排光点, 每排有四个光点, 中间两个较亮, 旁边两个较暗. 调节固定反射镜 M_2 背面的两个螺丝, 使两排中的两个最亮的光点大致重合, 此时 M_1 镜和 M_2 镜大致垂直. 这时观察屏上就会出现干涉条纹.

（3）调节 M_2 镜的两个微调螺丝, 直至看到位置适中、清晰的圆环状非定域干涉条纹.

（4）轻轻转动粗调手轮, 使 M_1 镜前后平移, 可看到条纹的"冒出"或"缩进", 观察并解释条纹的粗细、密度与 d 的关系.

（5）正反向转动微调手轮几次, 观察刻度盘刻度的变化情况, 体会螺距差. 单方向转动微调手轮, 待刻度盘随着微调手轮正常转动后, 观察微调手轮旋转一圈时刻度盘转过的刻度. 连续旋转微调手轮, 确认微调手轮、刻度盘刻度和移动反射镜 M_1 下导轨刻度之间的数量关系. 若 m 是导轨刻度读数（毫米）, l 是刻度盘的读数, n 是微调手轮的读数, 则可进一步写出此时移动反射镜 M_1 的位置表达式.

2. 测量激光的波长

（1）读数刻度基准线零点的调整. 将微调手轮沿某一方向旋至零, 然后以同一方向转动粗调手轮使之对齐某一刻度, 以后测量时使用微调手轮须以同一方向转动. 值得注意的是微调手轮有反向空程差, 实验中如需反向转动, 要重新调整零点.

（2）慢慢转动微调手轮, 可观察到条纹一个一个地"冒出"或"缩进", 待操作熟练后开始测量. 记下粗调手轮和微调手轮上的初始读数 d_0, 每当"冒出"或"缩进" $N = 50$ 个圆环时记下 d_i, 连续测量 9 次, 记下 9 个 d_i 值, 用逐差法处理或者画图处理, 计算出激光的波长.

3. 选做实验: 测量薄玻璃片的折射率

（1）$d \to 0$ 的调节

在观察到红光干涉的基础上, 继续调节微调手轮, 减小光程差, 使 $d \to 0$, 则逐渐可以看到等倾干涉条纹变得越来越粗, 视野内的条纹数越来越少.

（2）观察白光彩色条纹, 测量薄玻璃片的折射率

接上一步, 利用白光光源代替激光光源, 注意在白光光源前放一块毛玻璃片, 调弱白光, 去掉屏幕, 用眼睛直接观察. 慢慢转动微调手轮, 当在 M_1 镜附近看到彩色圆环条纹时, 调节 M_2 镜后面的镜面调节螺丝, 使视场中出现的图样为中间一条条纹呈白（或黑）色, 两旁等距对称地分布有十多条外红内紫的彩带. 依据彩色条纹

的对称性,可以判别中央条纹的位置.将中央条纹移至视场中央,记下此时的手轮读数 d_1.将厚度为 l 的待测薄玻璃片放入 M_1 镜所在光路中,注意玻璃片相对 M_1 镜平行.接下来转动微调手轮,使 M_1 镜向屏幕方向移动,直到白光的等厚干涉条纹再次出现(特别注意途中微调手轮不能反转),记下这时的手轮读数 d_2. d_1 与 d_2 之差就是 M_1 镜移动的距离 Δd,利用(38.5)式可以求得薄玻璃片的折射率.

【注意事项】

1. 注意零点的调节;
2. 注意避免引入空程差;
3. 操作时动作要轻,避免损坏仪器,禁止用手触摸光学元件表面.

【思考题】

1. 什么是"相干光",什么是"非相干光",什么是"部分相干光"? 同一点光源在不同方向发出的光相遇时,能否相干? 同一光源的不同点所发出的光相遇时,能否相干? 面光源所发出的光,在什么条件下,也能相干? 你能举出太阳光干涉的例子吗?

2. 什么是定域干涉和非定域干涉? 它们分别在什么条件下出现? 能举出你见到过的定域和非定域干涉的例子吗? 能否用激光产生非定域干涉? 如能,请举出例子.

3. 迈克耳孙干涉仪中为什么要用补偿板? 对补偿板有什么要求? 如只用单色光为光源,是否仍然需要补偿板? 为什么?

4. 你知道有哪些白光光源? 为了提高实验测量结果的准确性,对白光光源应该有什么要求?

5. 如果在实验中发现加薄玻璃片之后的白光干涉条纹清晰度低于加薄玻璃片之前的清晰度,原因可能是什么?

实验 39　傅里叶光学的空间频谱与空间滤波实验

阿贝成像理论是建立在傅里叶光学基础上的信息光学理论.阿贝成像理论所揭示的是物体成像过程中频谱的分解与综合,使得人们可以通过物理手段在频谱面上改变物体频谱的组成和分布,从而达到处理和改造图像的目的,这就是空间滤波.

阿贝于 1893 年、波特于 1906 年为验证这一理论所做的实验,科学地说明了成像质量与系统传递的空间频谱之间的关系.

【实验目的】

1. 了解透镜的傅里叶变换性质,加深对空间频率、空间频谱和空间滤波等概念的理解;

2. 熟悉阿贝成像原理,从信息的角度理解透镜孔径对分辨率的影响;

3. 掌握一维空间滤波、二维空间滤波及高通空间滤波;

4. 了解 $4f$ 系统的结构、原理及其应用.

【实验原理】

1. 阿贝成像理论

物体应该看成大量空间信息的集合体,光信息处理涉及的空间信息的频谱不再是一个抽象的数学概念,它是展现在透镜焦平面上的物理实在.最先把物体看成大量空间信息的集合体的人是阿贝.

1874 年,德国人阿贝在研究显微镜设计方案时,提出了空间频率、空间频谱及二次衍射成像的概念,并进行了相应的实验研究.他认为在相干光照明下,显微镜的成像可分为两个步骤:第一步是通过物的夫琅禾费衍射,在物镜后焦面上形成一个衍射图样,第二步是这些衍射图样发出的子波相干涉,在像平面上相干叠加形成物的像,通过目镜可以观察到这个像.

图 39.1 是阿贝成像原理示意图,图中物 G 是正弦振幅透射光栅,成像的第一步是光栅的夫琅禾费衍射.由 G 透出的所有方向的光可以看作多组平行光,其中与光轴夹角较小的平行光经过透镜后会聚于焦平面 F 上,形成亮点,如图中的 f_{+1},f_0 和 f_{-1}.第二步,将这些亮点,如 f_{+1},f_0 和 f_{-1} 看成相干的子波源,子波源发出的波在像平面 H 上相干叠加,就得到 G 的像.

按频谱分析理论,频谱面上的每一点均具有以下 4 点明确的物理意义:

(1) 频谱面上任一光点对应着物面上的一个空间频率成分.

(2) 光点离频谱面中心的距离标志着物面上该频率成分的高低.离中心远的点代表物面的高频成分,反映物的细节部分.靠近中心的点,代表物面的低频成分,反映物的粗轮廓. 中心亮点是 0 级衍射即零频, 反映在像面上呈现的均匀背景.

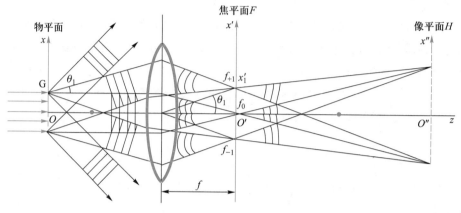

图 39.1　阿贝成像原理示意图

（3）光点与谱面中心连线的方向指出物平面上该频率成分的方向, 例如横向的谱点表示物面有纵向栅缝.

（4）光点的强弱显示物面上该频率成分的幅度大小.

由以上定性分析可以看出, 阿贝的二次成像理论的第一次衍射是透镜对物作空间傅里叶变换, 它把物的各种空间频率和相应的振幅一一展现在它的焦平面上. 一般情况下, 物体透过率的分布不是简单的空间周期函数, 它们具有复杂的空间频谱, 故透镜焦平面上的衍射图样也是极复杂的. 第二次衍射是指空间频谱的衍射波在像平面上的相干叠加. 如果在第二次衍射中, 物体的全部空间频谱都参与相干叠加成像, 则像面与物面完全相似. 如果在展现物的空间频谱的透镜焦平面上插入某种光学器件（称之为空间滤波器）, 使某些空间频率成分被滤掉或被改变, 则像平面上的像就会被改变, 这就是空间滤波和光学信息处理的基本思想.

2. 透镜的傅里叶变换性质

在光学上, 透镜是一个傅里叶变换器, 它具有二维傅里叶变换的本领. 理论证明, 若在焦距为 F 的凸透镜 L 的前焦面（X, Y 面）上放一光场振幅透过率为 $g(x, y)$ 的物屏, 并以波长为 λ 的相干平行光照射, 则在 L 的后焦面（x', y'）（X', Y' 面）上就得到 $g(x, y)$ 的傅里叶变换, 即 $g(x, y)$ 的频谱, 此即夫琅禾费衍射情况. 其空间频谱为

$$G(f_x, f_y) = \iint_{-\infty}^{+\infty} g(x, y) \exp\left[-\mathrm{i}2\pi(f_x x + f_y y)\right] \mathrm{d}x \mathrm{d}y \tag{39.1}$$

其中空间频率 f_x, f_y 与透镜像方焦面（频谱面）上的坐标有如下关系：

$$f_x = \frac{x'}{\lambda F}, \quad f_y = \frac{y'}{\lambda F} \tag{39.2}$$

显然，$G(f_x, f_y)$ 就是空间频率为 (f_x, f_y) 的频谱项的复振幅，是物的复振幅分布的傅里叶变换，这就为函数的傅里叶变换提供了一种光学手段，将抽象的函数演算变成了实实在在的物理过程. 由于 $\dfrac{x'}{\lambda F}$ 和 $\dfrac{y'}{\lambda F}$ 分别正比于 x' 和 y'，所以当 F 一定时，频谱面上远离坐标原点的点对应于物频谱中的高频部分，中心点 $x' = y' = 0$，$f_x = f_y = 0$ 对应于零频.

在实际光学成像系统中，像和物不可能完全一样. 这是由于透镜的孔径是有限的，总有一些衍射角比较大的光线（高频信息）不能进入物镜而丢失，所以像的信息总是比物的少些. 由于高频信息主要反映物的细节，因此，无论显微镜有多大的放大倍数，也不可能在像面上分辨出这些细节. 这是限制显微镜分辨本领的根本原因.

3. 空间滤波和光信息处理

光信息处理指的是用光学方法实现对输入信息的各种变换或处理，是通过空间滤波器来实现的，所谓空间滤波是指在图 39.1 中透镜的后焦平面上放置某种光学元件来改造或选取所需要的信息，以实现光信息处理，这种光学器件称为空间滤波器.

图 39.2 给出了几种常用的空间滤波器.

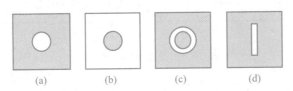

(a)　　　　(b)　　　　(c)　　　　(d)

图 39.2　几种典型的空间滤波器

（a）低通滤波：目的是滤去高频成分，保留低频成分. 由于低频成分集中在谱面的光轴（中心）附近，高频成分落在远离中心的地方，所以经低通滤波后图像的精细结构将消失，黑白突变处也变得模糊.

（b）高通滤波：目的是滤去低频成分而让高频成分通过，其结果正好与低通滤波相反，使物的细节及边缘清晰.

（c）带通滤波：根据需要，有选择地滤掉某些频率成分.

（d）方向滤波：只让某一方向，例如纵向的频率成分通过，则像面上将突出物的横向线条.

假如用一块正交光栅作为物，正交光栅的空间结构分布如图 39.3（a）所示，将其放在图 39.1 的 G 处，由于它的振幅透射率是二维周期函数，因此它的空间频谱也应该是二维的，用 (f_x, f_y) 表示. 当用平行光照射二维矩形光栅时，在图 39.1 中透镜的焦平面 F 上将显示出二维光栅的频谱，如图 39.3（b）所示. 假如用一块有狭缝的屏作空间滤波器,将狭缝沿 y 轴竖直放置在图 39.1 中的 F 面上,则它将挡掉图 39.3(b)中所有的 f_x,仅保留 f_y,如图 39.3(c)所示,此时在像平面 H 上的像将如图 39.3(d)所示.若用光栅刻痕为水平的一维光栅代替二维光栅放在图 39.1 的 G 处,则在图 39.1 的 F 和 H 面上也得到上述同样的像.这就是说,图 39.3(c)中的这条狭缝把二维光栅的像处理成一维光栅的像了.若将狭缝水平放置,则它将滤掉图 39.3(b)中所有的 f_y,透镜的焦平面 F 上保留的频谱和像平面 H 上成的像将如图 39.3(f)所示.如果让狭缝 45°倾斜地放置在 F 面上,那么透镜的焦平面 F 上保留的频谱和像平面 H 上成的像将如图 39.3(g)和(h)所示.这表明用一条狭缝作滤波器,当其取向不同时,可将二维光栅的物处理成上述各种方位的一维光栅的像.

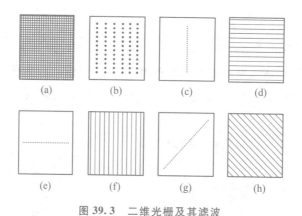

图 39.3　二维光栅及其滤波

以上是采用滤波器进行光信息处理的最简单的实例,这类滤波器从物体的全部空间信息中选出所需要的部分,从而实现对物体信息的处理,获得由物体的部分空间信息所构成的像.

【实验仪器】

激光器,扩束镜,准直镜,傅里叶透镜,像屏,"光"字屏,各种滤波器,光具座等.仪器实物如图 39.4(b)所示.

【实验内容】

1. 光路调整

实验光路如图 39.4(a)所示,激光束经扩束镜 L_1、准直镜 L_2 扩束准直后,形成大截面的平行光照在物平面上,物平面上可以放置一维光栅、正交光栅或"光"字屏,移动傅里叶透镜 L 在像平面上得到一个放大的实像,此时物的频谱面在傅里叶透镜 L 的后焦面上.

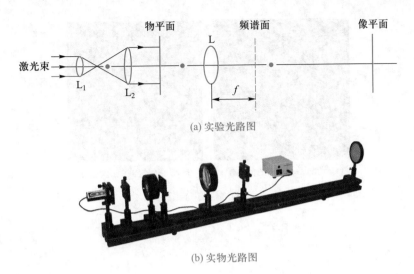

(a) 实验光路图

(b) 实物光路图

图 39.4 光路图

2. 观察空间滤波现象

在物面上放置一维光栅,光栅条纹沿竖直方向,这样,在频谱面上可看到水平排列的等间距衍射光点,中间最亮点为 0 级衍射,两侧分别为 ±1 级、±2 级、…衍射点,在像面上可看到亮暗相间且界限明显的光栅像.

(1)在频谱面上放一狭缝(自制或用滤波器上小孔),只使 0 级与 ±1 级衍射光通过,观察像面上光栅像的变换.

(2)在谱面上用纸扎孔自制光阑,使 0 级与 ±2 级衍射光通过,观察像面上的光栅像变化.

(3)用纸扎孔自制光阑挡去 0 级衍射光而使其他衍射光通过,观察像面上的光栅像变化.

3. 方向滤波

在物面上换上带网格结构的透明"光"字作为物,则频谱面上出现衍射图为二维的点阵列,像面上出现带网格的"光"字,效果如图 39.5(a)所示.

(1)在谱面中间加一狭缝光阑,使狭缝竖直放置,让中间一列衍射光点通过,观察像面上"光"字像的变化,效果如图 39.5(b)所示.

(2)转动狭缝,使之水平放置,观察像面上的"光"字屏的像.

4. 低通滤波、高通滤波

(1)在方向滤波的基础上,将直径合适的圆孔光阑放在 L 后焦面上,只让零级衍射光通过,观察像面上的"光"字屏像的变化.

(2)使用光阑遮挡住零级衍射光,让高频光通过,观察"光"字屏像的变化.

5. 记录观察到的实验现象,分析实验结果.

(a) "光"字屏未滤波的像   (b) 竖直狭缝滤波所成的像

图 39.5 方向滤波

【思考题】

1. 什么是低通滤波? 什么是高通滤波? 什么是带通滤波? 什么是方向滤波?

2. 基于图 3.9.1,阐明空间滤波和光学信息处理的基本思想,说明频谱面信息和像面信息之间的关系.

§4.4 应用型实验

本部分介绍应用型实验.

实验 40　漫反射全息

全息照相技术诞生于 20 世纪 40 年代,该技术以光的干涉、衍射等物理光学的规律为基础.因为成像质量与光源的关系很大,所以 20 世纪 60 年代激光出现之后,全息技术才得以发展.近年来,随着计算机、CCD、CMOS、空间光调制器等器件的发展,全息技术更是得到了快速发展.目前全息显示、全息存储、全息干涉计量、计算全息等是光学全息最具潜力的发展领域.

【实验目的】

1. 知道漫反射全息照相的基本原理、基本特征;
2. 掌握漫反射全息拍摄的方法,能够完成漫反射全息图的拍摄;
3. 能够对全息图进行显影、定影,并能够再现.

【实验原理】

漫反射是投射在粗糙表面上的光向各个方向反射的现象.本实验中被拍摄物体表面粗糙,当激光照射到被拍摄物体表面时,物体表面上的每一点都会向任意方向反射光线,相当于一个点光源,物体表面相当于点光源的组合.因而全息干板的任意区域都会接收完整的物表面反射的光.

1. 全息照相的拍摄

使满足相干条件的一束物光与一束参考光相干叠加,在叠加处放上全息干板,则全息干板上就记录了这两束光形成的干涉图样,图 40.1 是记录全息图的示意图.假定全息干板 H 上某一点 (x,y) 处物光和参考光的复振幅分布分别为

$$\begin{cases} O(x,y)=o_0(x,y)\exp[-\mathrm{i}\phi_o(x,y)] \\ R(x,y)=r_0(x,y)\exp[-\mathrm{i}\phi_r(x,y)] \end{cases} \quad (40.1)$$

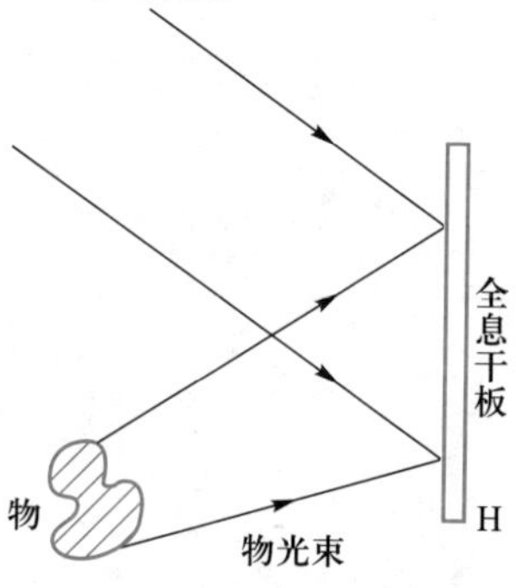

图 40.1　漫反射全息的拍摄

则物光和参考光在全息干板处相干涉,形成的光强分布为

$$\begin{aligned} I(x,y) &= |O(x,y)|^2+|R(x,y)|^2+O(x,y)R^*(x,y)+O^*(x,y)R(x,y) \\ &= |O(x,y)|^2+|R(x,y)|^2+2o_0(x,y)r_0(x,y)\cos[\phi_r(x,y)-\phi_o(x,y)] \end{aligned}$$

$$(40.2)$$

由此可知,干涉图样的形状不仅反映了物光束的振幅(光强),还携带了物光束与参考光束的相位信息,这一点是全息照相与普通照相最大的差别.

记录介质的作用相当于线性变换器,在一定条件下可以把曝光时的入射光强线性地变换为显影后负片的复振幅透过率.

$$t(x,y) = t_b + \beta' I(x,y) = t_b + \beta' |O|^2 + \beta' OR^* + \beta' O^* R \qquad (40.3)$$

2. 全息图的再现

将全息干板 H 按拍摄时的方位放好,用与原参考光相同的光作为再现光 C,入射到它上面,如图 40.2 所示. 则经 H 衍射后,紧贴 H 处的透射波可表示为

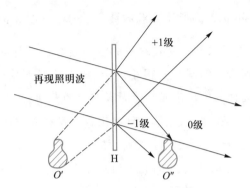

再现照明波 +1级 −1级 0级 H O′ O″

图 40.2 漫反射全息的再现

$$U_t(x,y) = Ct(x,y) = t_b C + \beta' C |O|^2 + \beta' CO^* R + \beta' COR^* \qquad (40.4)$$

在上式中第一项表示再现光 C 的透射光,第二项除实系数外与再现光 C 一样,是直接透射的部分. 由于物光强不是常量,所以使透射光略有扩散,产生一种"噪声"信息,但在拍摄时我们可设法使物光强远小于参考光强,使其不利影响可以忽略不计. 第一项和第二项通常统称为 0 级衍射波.

第三项为−1 级衍射波,它是带有线性相移的原物波的共轭波,形成具有线性相移的被摄物的实像.

第四项为+1 级衍射波,除了实系数外与原物波全同,是原物波波前的再现,包含了原物波的全部信息(振幅和相位),因而形成了与原物全同的虚像,因而再现像有立体感,形象逼真.

若再现光不同于原参考光,则可能会有如下情形:

(1) 照射角度的偏离:如再现光与参考光波面形状相同,只是相对全息干板的入射角有偏离. 偏离角小时仍出现再现像;随着偏离角度的增大,再现像会逐渐消失. 这是因为干板上的全息图相当于体光栅,它对于入射光具有角度选择性. 利用这一特性,可采用不同角度的参考光在同一张全息片上记录多重全息图,再现时只要依次改变再现光角度,便可依次显示出不同的像来.

(2) 波长的改变:如再现光和参考光只是波长存在差异,则再现像除波长改变外还会出现尺寸上的放大或缩小,同时改变与全息干板的相对距离.

（3）波面的改变：再现光波面的改变会使原始像发生畸变.

3. 摄制全息照片的条件

拍摄全息图时,除了使用具有强度高、相干性好的光源,还应该注意以下三个方面：

（1）光学系统必须稳定,具有防震性能

当物光和参考光相对于干板 H 的法线以相等的角度 θ 入射干板时,干板上干涉条纹的间距 $d = \dfrac{\lambda}{2} \sin \theta$, λ 为所用光源的波长. 当 $\lambda = 632.8$ nm、物光和参考光取不同夹角 2θ 时,相应的条纹间距 d 及对应的空间频率 ξ 如表 40.1 所示. 由表可以看出,全息干板上干涉条纹的间距是很小的,在通常情况下总小于 1 μm. 显然,在底片曝光时,若由于元件的不稳定或其他因素产生的振动,使干涉条纹的移动达到 $d/2$,则全息记录就会失败. 因此,光学元件都用磁性材料固定在具有隔振性能的全息光学平台上,临曝光前还要采取消振措施,方可曝光.

（2）物光与参考光应该有合适的夹角和光强比

根据表 40.1,为了将振动的影响降到最低,物光与参考光的夹角越小越好. 然而,在夹角过小的情况下,全息图再现过程中的透射噪声就比较明显,影响对再现全息图的观察. 为此,在拍摄的过程中干板处物光的光强要弱于参考光的光强,一般取参考光光强的 1/3 至 1/14 可取得良好效果. 同时物光与参考光中心光束的夹角在 20°~40° 之间.

表 40.1　光束夹角与条纹间距和空间频率的关系

$2\theta/(°)$	20	30	40	60	90	120	150	180
$d/(10^{-3}$ mm$)$	3.63	1.22	0.925	0.633	0.447	0.365	0.328	0.316
$\xi/(10^{3}$ mm$^{-1})$	0.28	0.82	1.08	1.58	2.23	2.74	3.05	3.16

（3）记录介质应有足够高的分辨率

全息干板要能够记录下干涉条纹的变化,由表 40.1 可知,全息照相的干板至少应该具有 1 000 条每毫米以上的分辨率. 普通照相的底片由于卤化银颗粒较粗,每 mm 只能记录 50 到 100 个条纹,因而不能用来记录全息图中的干涉条纹.

【实验仪器】

防震全息台,He-Ne 激光器,扩束镜,分束器,干板架,平面反射镜,载物台白屏,全息干板以及显影、定影液等.

【实验内容】

1. 调整好实验光路

光路调整的顺序如下.

（1）调整激光器,输出激光在与防震全息台平面平行的平面中传播,在平台上固定好激光器.

（2）调整分束器、反射镜,使分束器和反射镜的中心与激光光束等高,并且激光能够垂直入射这两个元件. 将这三个元件按照图 40.3 所示放到光路中,在放入分束器时,注意使经过 M_1 镜的光束的光强大于经过 M_2 镜的光束的光强.

（3）在光路中放入扩束器,注意调节扩束器的高度,使光束被扩束后呈现以原光束为中心的对称图形. 通过调节扩束器与反射镜的位置,可以调整干板处或物体上的光强.

（4）在光路中放入被摄物体和干板,注意调整物体和干板的高度和位置,使两者均位于扩束器扩束后光斑的中心,同时注意保持物光与参考光合适的夹角.

（5）用卷尺测量物光与参考光的光程,应分别从分束器算起到全息干板处为止,要尽可能相等,如果相差过大,则应适当调整 M_1 镜或 M_2 镜的位置,使两者相等.

（6）观察干板处物光与参考光的光强比是否满足要求,如不满足要求则应调整分束器以获得合适的光强比.

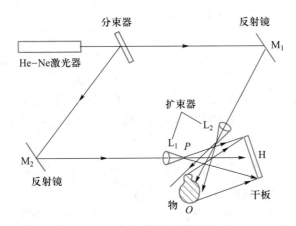

图 40.3　漫反射全息拍摄光路

2. 曝光

遮住激光,取下干板架上的白纸屏,将全息干板放到原白屏所在的位置并固定好,使药膜面对准入射光,然后稍停一分钟,待整个系统稳定后便可曝光,曝光时间视具体情况决定. 在曝光过程中,实验者不能来回走动,也不能说话或用身体触碰平台.

3. 显影、定影处理

曝光完成后,先遮住激光,再取下干板.将曝光后的干板用黑纸包好,带到暗室进行显影和定影.

显影时注意控制显影的时间.显影时间过短会使显影不充分,过长时间的定影会使干板全黑,再现光难以透过.

4. 再现

如图40.4所示的那样,将冲洗好并已晾干的全息干板放在干板架上,适当调整全息干板与入射光的角度,就可看到被摄物逼真的三维像.改变眼睛的观察角,观察物体的三维特性.注意此时看到的是虚像,实像由于受背景光的遮掩而看不清.

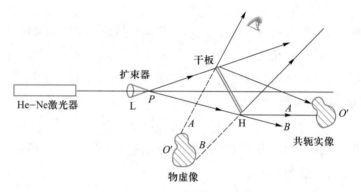

图 40.4　漫反射全息再现光路

【思考题】

1. 什么是漫反射?根据漫反射这个特点,应该如何选择被拍摄物体?

2. 两束光相干的条件是什么?为了记录干板处获得的相干图样,在摆放光路时应该注意哪些方面?

3. 实验中所使用的全息干板是对红光敏感的.为此,在实验中应该如何处置和使用全息干板?对实验室的光照环境有什么要求?

4. 根据全息干板的曝光特点,实验时和冲洗时应如何搭配曝光时间和显影时间?

*实验 41　密立根油滴实验

密立根油滴实验在近代物理学发展史上是一个十分重要的实验,它证明了任何带电体所带的电荷都是元电荷的整数倍,明确了电荷的不连续性,并精确地测定了元电荷的数值,为从实验上测定其他一些基本物理量提供了可能性.

【实验目的】

1. 了解密立根油滴实验的设计思想;
2. 掌握带电油滴在重力场和静电场中运动的测量方法;
3. 掌握测量元电荷的数据处理方法.

【实验原理】

1. 动态(非平衡)法测油滴电荷

一个质量为 m、带电荷量为 q 的油滴处在两块平行极板之间,在平行极板未加电压时,油滴受重力作用而加速下降,由于空气阻力的作用,下降一段距离后,油滴将作匀速运动,速度为 v_g,这时重力与阻力平衡(空气浮力忽略不计),如图 41.1(a)所示. 根据斯托克斯定律,黏性力为

$$F_r = 6\pi a\eta v_g$$

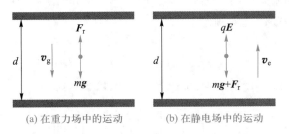

(a) 在重力场中的运动　　(b) 在静电场中的运动

图 41.1　电荷在极板间运动时的受力情况(忽略空气阻力)

式中 η 是空气的黏度,a 是油滴的半径,这时有

$$6\pi a\eta v_g = mg \tag{41.1}$$

当在平行极板上加电压 U 时,油滴处在场强为 E 的静电场中,设电场力 qE 与重力方向相反,如图 41.1(b)所示,使油滴受电场力加速上升,由于空气阻力作用,上升一段距离后,油滴所受的空气阻力、重力与电场力达到平衡(空气浮力忽略不计),则油滴将匀速上升,此时速度为 v_e,则有

$$6\pi a\eta v_e = qE - mg \tag{41.2}$$

根据

$$E = \frac{U}{d} \tag{41.3}$$

联合上述(41.1)、(41.2)、(41.3)式可解出

$$q = mg\left(\frac{d}{U}\right)\left(\frac{v_g + v_e}{v_g}\right) \tag{41.4}$$

为测定油滴所带电荷量 q，除应测出 U、d 和速度 v_e、v_g 外，还须知油滴质量 m，由于空气中悬浮和表面张力作用，可将油滴看作圆球，其质量为

$$m = \frac{4}{3}\pi a^3 \rho \tag{41.5}$$

式中 ρ 是油滴的密度.

由(41.1)式和(41.5)式，得油滴的半径

$$a = \left(\frac{9\eta v_g}{2\rho g}\right)^{\frac{1}{2}} \tag{41.6}$$

考虑到油滴非常小，空气已不能看成连续介质，空气的黏度 η 应修正为

$$\eta' = \frac{\eta}{1 + \dfrac{b}{pa}} \tag{41.7}$$

式中 b 为修正常数，p 为空气压强，a 为未经修正过的油滴半径，由于它在修正项中，所以不必计算得很精确，可由(41.6)式计算.

实验时取油滴匀速下降和匀速上升的距离相等，设为 l，测出油滴匀速下降的时间 t_g，匀速上升的时间 t_e，则

$$v_g = \frac{l}{t_g} \qquad v_e = \frac{l}{t_e} \tag{41.8}$$

将(41.5)、(41.6)、(41.7)、(41.8)式代入(41.4)式，可得

$$q = \frac{18\pi}{\sqrt{2\rho g}}\left(\frac{\eta l}{1 + \dfrac{b}{pa}}\right)^{3/2}\frac{d}{U}\left(\frac{1}{t_e} + \frac{1}{t_g}\right)\left(\frac{1}{t_g}\right)^{1/2}$$

令

$$K = \frac{18\pi d}{\sqrt{2\rho g}}\left(\frac{\eta l}{1 + \dfrac{b}{pa}}\right)^{3/2}$$

得

$$q = K\left(\frac{1}{t_e} + \frac{1}{t_g}\right)\left(\frac{1}{t_g}\right)^{1/2}\Big/U \tag{41.9}$$

此式是动态(非平衡)法测油滴电荷的公式.

2. 静态(平衡)法测油滴电荷

调节平行极板间的电压，使油滴不动，$v_e = 0$，即 $t_e \to \infty$，由(41.9)式可得

$$q = K\left(\frac{1}{t_g}\right)^{3/2} \cdot \frac{1}{U}$$

或者

$$q = \frac{18\pi}{\sqrt{2\rho g}}\left[\frac{\eta l}{t_g\left(1+\dfrac{b}{pa}\right)}\right]^{3/2}\frac{d}{U} \tag{41.10}$$

上式即静态法测油滴电荷的公式.

为了求电子电荷量,对实验测得的各个电荷 q 求出的最大公约数,就是元电荷 e 的值,也就是电子电荷量的绝对值.

【实验仪器】

密立根油滴仪(包含油滴盒、油滴照明装置、调平系统、测量显微系统、供电电源、电子停表及喷雾器等),显示器,油滴管等.

油滴盒的结构如图 41.2 所示. 它由两块经过精磨的金属平板,中间垫以胶木圆环,构成的平行板电容器组成. 在上板中心处有油雾孔,使微小油滴可以进入电容器中间的电场空间,胶木圆环上有进光孔和观察孔. 进入电场空间内的油滴由照明装置照明,油滴盒可通过调平螺丝调整水平,用水准仪检查水平情况. 油滴盒防风罩前装有测量显微镜,用来观察油滴,在目镜头中装有分划板.

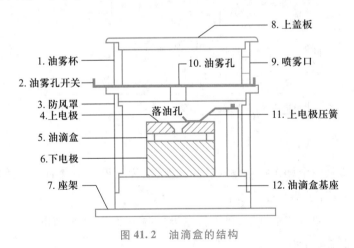

图 41.2　油滴盒的结构

密立根油滴仪所具有的各个部分的功能如下.

电源开关:打开/关闭电源,控制平衡电压、提升电压和计时器. 当电源关闭时,开关的指示灯为暗,打开电源,电源指示灯变亮.

水平调节仪:调节密立根油滴仪和桌面的水平情况. 对水平调节仪的底座旋钮进行调节,使水平调节仪的水平气泡处在中央位置,如果水平气泡不在中央位置,则会影响油滴下落的观察和上升时间的计量.

油滴管:喷出雾状油滴.

显微镜:调节显示器上油滴的清晰程度.

平衡电压挡:控制电压的正负极以及数值.

提升电压挡:在平衡电压数值的绝对值之上加上一定电压.

计时器:记录油滴的上升和下落的时间.

平衡电压旋钮:微调电压的数值.

其控制面板如图 41.3 所示. 电容器极板上所加电压由直流平衡电压和直流升降电压两部分组成. 其中平衡电压大小连续可调,并可从显示屏上直接读数,其极性由换向开关控制,以满足对不同极性电压的需要. 升降电压的大小可连续调节,并可通过换向开关叠加在平衡电压上,以控制油滴在电容器内上下的位置.

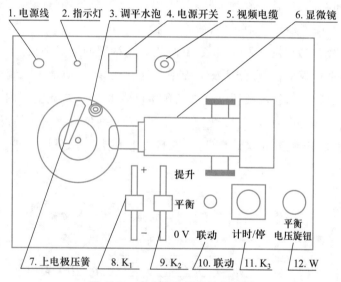

图 41.3　密立根油滴仪控制面板

油滴实验是一个操作技巧要求较高的实验,为了得到满意的实验结果,必须仔细认真调整油滴仪. 调节过程如下:

（1）首先要调节调平螺丝,将平行电极板调到水平,使平衡电场方向与重力方向平行以免引起实验误差.

（2）调节显微镜焦点,使油滴清晰显示在显示器上.

（3）喷雾器是用来快速向油滴仪内喷油雾的,在喷射过程中,由于摩擦作用可使油滴带电.

当油雾从喷雾口喷入油滴室内后,视场中将出现大量清晰的油滴,犹如夜空繁星. 试加上平衡电压,改变其大小和极性,驱散不需要的油滴,练习控制其中一颗油滴的运动,并记录油滴经过两条横丝间距所用的时间.

【实验内容】

1. 将仪器调整至待测状态

调节仪器底座上的三只调平手轮,将水泡调平.调节显微镜筒前端使其和底座前端对齐,喷油后再稍稍前后微调即可.在使用中,前后调焦范围不要过大,取前后调焦 1 mm 内的油滴较好.

打开监视器和油滴仪的电源,进入测量状态后,显示出标准分划板刻度线及电压值 U、下落时间 t.

2. 测量练习

(1)选择油滴.选择一颗合适的油滴十分重要,大而亮的油滴必然质量大,所带电荷也多,而匀速下降时间却很短,这增大了测量误差,给数据处理带来困难.我们通常选择平衡电压为 200 ~ 300 V,匀速下落 1.5 mm(6 格)所用时间在 8 ~ 20 s 的油滴较适宜.

(2)平衡判断.判断油滴是否平衡要有足够的耐性.

(3)测准油滴上升或下降某段距离所需的时间.一是要统一油滴到达刻度线什么位置才认为油滴已踏线;二是眼睛要平视刻度线,不要有夹角.

3. 平衡法(静态法)测量

可将已调平衡的油滴用平衡电压开关控制移到"起跑"线上(一般取第 2 格上线),按计时开关,让计时器停止计时(值不必要为 0),然后将平衡电压开关 K_2 拨向"0 V",油滴开始匀速下降的同时,计时器开始计时.到"终点"(一般取第 7 格下线)时迅速将平衡电压开关 K_2 拨向"平衡",油滴立即静止,计时也立即停止,此时电压值和下落时间值显示在屏幕上,进行相应的数据处理即可.

4. 动态法测量

分别测出加电压时油滴上升的速度和不加电压时油滴下落的速度,代入相应公式,求出 e 值,此时最好将平衡电压开关与计时开关联动断开.油滴的运动距离一般取 1 ~ 1.5 mm.选择 10 ~ 20 颗油滴,对某颗油滴重复测量 5 ~ 10 次,求得电子电荷量的平均值.在每次测量时都要检查和调整平衡电压,以减小偶然误差,避免因油滴挥发而使平衡电压发生变化.

5. 同一油滴改变电荷法(选做)

在平衡法或动态法的基础上,用汞灯照射目标油滴,使之改变带电荷量,表现为原有的平衡电压已不能保持油滴的平衡,然后用平衡法或动态法重新测量.具体步骤:当已经将某颗油滴(选择颗粒较大的油滴)调节平衡以后(最好选取在屏幕中央的油滴),按下汞灯按钮不放,维持 10 ~ 30 s.在刚刚按下去的几秒内,虽然油滴的带电荷量还没改变,但已调好的平衡电压会受影响而有所降低,这时需要微调平衡电压将油滴恢复平衡.随着时间的推移,油滴的带电荷量会发生改变,平衡将被打破,此时松开汞灯按钮,重新调节平衡电压以测量油滴的带电荷量.

6. 数据处理

（1）数据处理用到的参量（见下表）

参量	量值
油的密度	$\rho = 981 \text{ kg} \cdot \text{m}^{-3}$（20 ℃）
油滴匀速下降距离	$l = 1.5 \times 10^{-3} \text{ m}$
修正常量	$b = 6.17 \times 10^{-6} \text{ m} \cdot \text{cmHg}$
大气压强	$p = 76.0 \text{ cmHg}$ （实际大气压可由气压表读出）
平行极板间距离	$d = 5.00 \times 10^{-3} \text{ m}$

（2）数据处理方法介绍

① 求最大公约数法

计算出各油滴的电荷后,求它们的最大公约数,即得元电荷 e 值.

② 倒过来验证法

以元电荷的公认值为最大公约数去除测得的油滴的电荷量,得到一组接近于整数的值之后取整数,从而验证电荷的不连续性.用每一个测得的电荷量数值除去整数值得到每一个实验所测得的元电荷 e 的数值,再对所有的实验元电荷 e 值取平均值即可得到 e 的实验值.该方法优点是可以快速处理数据,缺点是颠倒了因果关系,不利于培养探索精神.

③ 作图法

设实验得到 m 个油滴的带电荷量分别为 $q_1, q_2, \cdots, q_m$,由于电荷的量子化特性,应有 $q_i = n_i e$,此为一直线方程,n 为自变量,q 为因变量,e 为斜率.因此 m 个油滴对应的数据在 $n\text{-}q$ 坐标中将在同一条过原点的直线上,若找到满足这一关系的直线,就可用斜率求得 e 值.

将 e 的实验值与公认值比较,求相对误差.

【思考题】

1. 对实验结果造成影响的主要因素有哪些?

2. 如何判断油滴盒内平行极板是否水平?若平行极板不水平,对实验结果有何影响?

磁阻效应是 1857 年由英国物理学家威廉·汤姆森发现的. 它在金属中可以忽略, 在半导体中的效应则可能由小到中等.

从一般磁阻开始, 磁阻发展经历了巨磁阻(GMR)、庞磁阻(CMR)、穿隧磁阻(TMR)、直冲磁阻(BMR)和异常磁阻(EMR). 2007 年, 法德两位物理学家因为巨磁阻效应获得诺贝尔物理学奖. 巨磁阻效应导致了具有海量存储硬盘技术的出现. 目前, 磁阻效应广泛用于磁传感、磁力计、电子罗盘、位置和角度传感器、车辆探测、GPS 导航、仪器仪表、磁存储(磁卡、硬盘)等领域.

【实验目的】

1. 了解磁阻效应的相关概念;
2. 能够设计方案, 实现锑化铟磁阻效应的测量.

【实验原理】

在外加磁场作用下, 材料的电阻会增加或减少, 电阻的变化量称为磁阻(Magnetoresistance). 材料在磁场中电阻率发生变化的现象称为磁阻效应. 在众多的磁阻器件中, 锑化铟(InSb)传感器最为典型, 它是一种价格低廉、灵敏度高的磁阻器件, 在生产生活中应用广泛.

若外加磁场与外加电场垂直, 称为横向磁阻效应; 若外加磁场与外加电场平行, 称为纵向磁阻效应. 一般情况下, 纵向磁感强度不引起载流子偏移, 因此一般不考虑纵向磁阻效应.

如图 42.1 所示, 当导电体处于磁场中时(电流方向与磁场方向垂直), 导电体内的载流子将在洛伦兹力的作用下发生偏转, 在两端产生积聚电荷并产生霍尔电场. 如果霍尔电场的作用和某一速度的载流子受到的洛伦兹力作用刚好抵消, 则小于此速度的电子将沿霍尔电场作用的方向偏转, 而大于此速度的电子则沿相反方向偏转, 因而沿外加电场方向运动的载流子数量将减少, 即沿电场方向的电流密度减小, 电阻增大, 也就是由于磁场的存在, 增加了电阻, 此现象称为磁阻效应.

如果将图 42.1 中 a、b 短路, 霍尔电场将不存在, 所有电子将向 b 端偏转, 使电阻变得更大, 因而磁阻效应更明显. 因此, 霍尔效应比较明显的样品, 磁阻效应就小; 霍尔效应比较小的样品, 磁阻效应就大.

通常以电阻率的相对改变量来表示磁阻, 即

$$\text{MR} = \frac{\Delta\rho}{\rho_0} = \frac{\rho_B - \rho_0}{\rho_0} \tag{42.1}$$

式中, ρ_B 和 ρ_0 分别为磁感应强度为 B 时和无磁场时的电阻率.

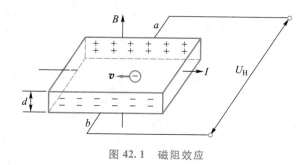

图 42.1　磁阻效应

在实际测量中,常用磁阻器件的磁电阻相对改变量 $\dfrac{\Delta R}{R_0}$ 来研究磁阻效应,其中,

$\Delta R = R_B - R_0$, R_B 和 R_0 分别为磁感应强度为 B 和 0 时磁阻传感器的电阻阻值. 由于

$\dfrac{\Delta R}{R_0}$ 正比于 $\dfrac{\Delta \rho}{\rho_0}$,则

$$\frac{\Delta R}{R_0} = \frac{R_B - R_0}{R_0} \qquad (42.2)$$

将磁阻器件的磁电阻相对改变量 $\dfrac{\Delta R}{R_0}$ 与外加磁场的关系作图,如图 42.2 所

示. 观察图 42.2,不难发现:

外加磁场较弱时,电阻相对变化率正比于磁感应强度 B 的二次方,即

$$\frac{\Delta R}{R_0} = KB^2 \qquad (42.3)$$

外加磁场较强时,与磁感应强度 B 呈线性函数关系,即

$$\frac{\Delta R}{R_0} = aB + b \qquad (42.4)$$

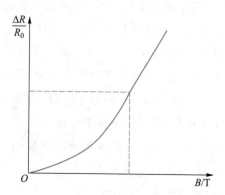

图 42.2　磁阻器件电阻改变量与外加磁场的关系曲线

本实验采用惠斯通电桥测量锑化铟传感器的电阻. 惠斯通电桥的原理等内容

可以参见实验 21.

【实验仪器】

　　霍尔测试仪,检流计,电压源,滑线式电桥,霍尔实验仪,滑线变阻器,四线电阻箱,单刀开关等.

【实验内容】

　　1. 根据实验原理,正确进行实验连线;

　　2. 线路连接好以后,检流计调零;

　　3. 调节锑化铟片的位置,将其置于电磁铁中的最强均匀磁场处;

　　4. 选择合适的电阻值并调节电桥平衡;

　　5. 测量锑化铟电阻与磁场强度之间的变化关系;

　　6. 记录数据,并处理实验结果.

　　外加磁场较弱时,电阻相对变化率正比于磁感应强度 B 的二次方 $\frac{\Delta R}{R}=KB^2$,求出磁场较弱时对应的二次系数 K.

　　外加磁场较强时,电阻相对变化率与磁感应强度 B 呈线性函数关系 $\frac{\Delta R}{R}=aB+b$,求出磁场较强时对应的一次系数 a 和 b.

【思考题】

　　1. 磁阻效应和霍尔效应有什么样的关系?

　　2. 锑化铟磁阻传感器在弱磁场和强磁场时与外界磁场呈现不同的特性,这两种特性分别有什么应用?

实验 43　光学图像的加减和微分实验

光学图像微分、相加和相减是基本的光学数学运算.光学图像微分是光学图像信息处理中突出信息、识别图像的重要手段,光学图像的相加和相减起着提取图像差异信息的作用.作为图像识别的一种重要的手段,光学图像的相加和相减技术可以用于军事侦察、医学病变研究等方面.

【实验目的】

1. 掌握复合光栅滤波法作光学图像微分处理的原理、方法及实验技术;

2. 掌握用光栅作滤波器进行图像相加、相减处理的原理、方法及实验技术;

3. 通过实验,进一步加深对相干光学处理系统中信息处理及傅里叶变换定理的认识.

【实验原理】

1. 图像加减

图 43.1 为进行图像加减处理的 $4f$ 系统,该系统中位于输入面 P_1 的 A、B 两个透光孔为待进行加减处理的图像,它由左侧入射的相干光进行照明;L_1 和 L_2 为傅里叶透镜,P_2 和 P_3 分别为频谱面和像平面.

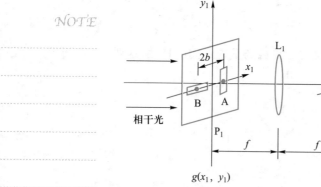

图 43.1　$4f$ 系统

利用正弦光栅作为空间滤波器,设正弦光栅的空间频率为 u_0,图像 A 和 B 中心与光轴的距离均为 b,则 b 和 u_0 需要满足:

$$b = \pm \lambda f u_0 \qquad (43.1)$$

式中 λ 是入射波长,f 是透镜焦距,则物面上的复振幅分布为

$$g(x_1) = g_A(x-b) + g_B(x+b) \tag{43.2}$$

透镜 L_1 后焦面上的物分布的频谱为

$$G(u) = G_A(u)\exp(-\mathrm{j}2\pi ub) + G_B(u)\exp(\mathrm{j}2\pi ub) \tag{43.3}$$

式中 $G_A(u)$、$G_B(u)$ 分别是 $g_A(x)$ 和 $g_B(x)$ 的频谱，频率 u 与坐标 x_2 的关系为

$$u = \frac{x_2}{\lambda f}.$$

将正弦光栅置于频谱面上，当它的复振幅透射系数的极大值与频谱面坐标点重合时，其振幅透射系数可以表示为

$$t(u) = \frac{1}{2} + \frac{1}{2}\cos 2\pi\, \frac{b}{\lambda f}x_2 = \frac{1}{2} + \frac{1}{2}\cos 2\pi ub$$

$$= \frac{1}{2} + \frac{1}{4}\exp(\mathrm{j}2\pi ub) + \frac{1}{4}\exp(-\mathrm{j}2\pi ub) \tag{43.4}$$

由(43.3)和(43.4)式，可得图像频谱通过光栅滤波后的复振幅分布为

$$G(u) \cdot t(u) = \frac{1}{4}G_A(u)\exp(-\mathrm{j}4\pi ub) + \frac{1}{2}G_A(u)\exp(-\mathrm{j}2\pi ub) +$$

$$\frac{1}{4}G_A(u) + \frac{1}{4}G_B(u) + \frac{1}{2}G_B(u)\exp(\mathrm{j}2\pi ub) + \frac{1}{4}G_B(u)\exp(\mathrm{j}4\pi ub) \tag{43.5}$$

于是，对滤波后的复振幅分布作傅里叶逆变换，得像面上的复振幅分布为

$$g'(x_3) = \frac{1}{4}g_A(x_3-2b) + \frac{1}{2}g_A(x_3-b) + \frac{1}{4}g_A(x_3) + \frac{1}{4}g_B(x_3) +$$

$$\frac{1}{2}g_B(x_3+b) + \frac{1}{4}g_B(x_3+2b) \tag{43.6}$$

可以看出，在像面中心部位得到了图像 g_A 和 g_B 的相加.

如果将光栅在自身所在的平面内沿 x 轴方向平移 1/4 周期，即平移 $l = \dfrac{\lambda f}{4b}$，那么光栅的复振幅透射系数写为

$$t(u) = \frac{1}{2} + \frac{1}{4}\exp\left(\mathrm{j}2\pi\,\frac{x_2-l}{\lambda f}b\right) + \frac{1}{4}\exp\left(-\mathrm{j}2\pi\,\frac{x_2-l}{\lambda f}b\right) \tag{43.7}$$

这时通过光栅后的频谱为

$$G(u) \cdot t(u) = \frac{1}{4}G_A(u)\exp\left(-\mathrm{j}2\pi\,\frac{l}{\lambda f}b\right) + \frac{1}{4}G_B(u)\exp\left(\mathrm{j}2\pi\,\frac{l}{\lambda f}b\right) + 其余四项 \tag{43.8}$$

于是像面(即输出面)上的复振幅分布是上式的逆傅里叶变换，为

$$g'(x_3) = F^{-1}\{G(u) \cdot t(u)\}$$

$$= \frac{1}{4}g_A(x_3)\exp\left(-\mathrm{j}2\pi\,\frac{l}{\lambda f}b\right) + \frac{1}{4}g_B(x_3)\exp\left(\mathrm{j}2\pi\,\frac{l}{\lambda f}b\right) + 其余四项 \tag{43.9}$$

上式头两项代表像面中心处的输出,其余四项在 x' 轴上偏离中心分别为 $\pm b$, $\pm 2b$ 处. 再注意到 $l = \dfrac{\lambda f}{4b}$,于是上式头两项可以化为

$$g_{A}(x_3)\exp\left(-j2\pi\frac{l}{\lambda f}b\right) + g_{B}(x_3)\exp\left(j2\pi\frac{l}{\lambda f}b\right)$$

$$= g_{A}(x_3)\exp\left(-j\frac{\pi}{2}\right) + g_{B}(x_3)\exp\left(j\frac{\pi}{2}\right) = j\left[g_{B}(x_3) - g_{A}(x_3)\right] \quad (43.10)$$

这表示在像面中心,图像 A 的 +1 级像和图像 B 的 -1 级像重合,且其相位相反,实现了两个图像的相减.

2. 图像微分

将待处理的镂空"S"图像放在 4f 系统的输入面上,在频谱面上放置复合光栅作为空间滤波器.

假如正弦型复合光栅的振幅透射系数为

$$t(x_2, y_2) = 1 + \cos 2\pi u_0 x_2 + \cos 2\pi(u_0 + \Delta u)x_2 \quad (43.11)$$

物函数 $g(x_1, y_1)$ 的空间频谱为 $G(x_2, y_2) = F\{g(x_1, y_1)\}$.

将复合光栅放在频谱面上,光栅后的复振幅分布为 $t(x_2, y_2)G(x_2, y_2)$,则在输出面上的复振幅分布应为

$$g'(x_3, y_3) = g(x_3, y_3) + \frac{1}{2}g(x_3 - u\lambda f, y_3) + \frac{1}{2}g(x_3 + u\lambda f, y_3) - $$

$$\frac{1}{2}g[x_3 + (u + \Delta u)\lambda f, y_3] - \frac{1}{2}g[x_3 - (u + \Delta u)\lambda f, y_3] \quad (43.12)$$

可见输出面 P 上会得到五个图像,图像中两个 +1 级像位置稍稍错开而强度相减,两个 -1 级像位置也稍稍错开而强度相减,均只剩下边沿部分,最终微分的效果如图 43.2 所示.

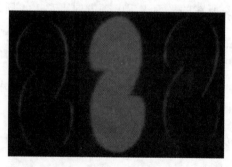

图 43.2　图像微分效果图

【实验仪器】

半导体激光器,扩束镜,准直镜,傅里叶透镜,观察屏,复合光栅,一维光栅,微

分屏,加减屏,光具座等.仪器实物图如图 43.3 所示.

图 43.3 图像加减实验实物图

【实验内容】

1. 光路调整

(1) 将半导体激光器放在光学实验导轨的一端,打开电源开关,调节二维调整架的两个旋钮,使得从半导体激光器出射的激光光束平行于光学实验导轨.

(2) 在半导体激光器的前面放入扩束镜,调整扩束镜的高度和其上面的二维调节旋钮,使得扩束镜与激光光束同轴等高.

(3) 在扩束镜的前面放入准直镜,调整准直镜的高度,使得准直镜与激光光束同轴等高.再调整准直镜的位置,使得从准直镜出射的光束成近似平行光.

(4) 在准直镜的后面搭建 $4f$ 系统,保持两傅里叶透镜与激光光束同轴等高,如实验图 43.3 所示.

2. 图像微分

(1) 在 $4f$ 系统的输入面上放入待微分图像,频谱面上放入微分滤波器(复合光栅)且微分滤波器(复合光栅)装在一维位移架上,输出面上放入观察屏(毛玻璃).

(2) 通过旋转一维位移架上的旋钮,使得微分滤波器(复合光栅)发生位移,观察毛玻璃上的图像的变化,直到在毛玻璃上出现微分图像(像的边缘增强)为止.

3. 图像加减

(1) 在 $4f$ 系统的输入面上放入待加减图像且待加减图像装在一维位移架上,频谱面上放入加减滤波器(一维光栅)且加减滤波器(一维光栅)装在二维位移架上,输出面上放入观察屏(毛玻璃).

(2) 通过旋转一维位移架上的旋钮,使得加减滤波器(一维光栅)发生位移,观察毛玻璃上的图像的变化,直到在毛玻璃上出现加减图像为止.

4. 选做实验

使用全息法拍摄一个复合光栅,实现图像的微分.

【思考题】

1. 复合光栅实现微分的原理是什么？ 微分图像边缘的线条粗细与什么有关？

2. 移动光栅滤波器,为何可以看到光栅相加、相减？

3. 要能观察到图像的相加、相减,实验中要注意哪些关键的步骤？

4. 采用全息的方法能否制作复合光栅？

实验 44　地磁场的测定

地磁场是地球内部存在的天然磁场,其存在的原因还不得而知,目前最具代表性的解释为"发电机"假说.地磁场与我们的生活息息相关,我国古代四大发明中的指南针,鸟类的飞行,植物的生长,动物体内的神经电活动等都离不开地磁场.

【实验目的】

1. 了解地磁场的分布及测量方法;

2. 能够测量地磁场水平分量 $B_{/\!/}$、磁倾角 β 及地磁场磁感应强度大小 B,然后计算地磁场的垂直分量 B_Z.

【实验原理】

1. 地磁场

地球及近地空间存在地磁场,地球上不同地点的地磁场不一样,地磁场存在于三维空间内,为了确定地球上某一地点地磁场矢量的方向和大小,习惯上建立以地理北极方向为 X 轴,正东方向为 Y 轴,向下方向为 Z 轴的坐标系,可用下面三个独立参量来描述地磁场矢量,如图 44.1 所示.

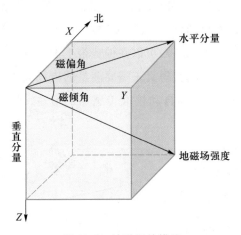

图 44.1　地磁场的描述

（1）磁偏角 α.地球表面任一点的地磁场磁感应强度矢量 $\boldsymbol{B}$ 所在的垂直平面（地磁子午面）与地理子午面(即 X 与 Z 构成的平面)之间的夹角;

（2）磁倾角 β.地磁场磁感应强度矢量 $\boldsymbol{B}$ 与水平面之间的夹角;

（3）水平分量 $B_{/\!/}$.地磁场磁感应强度矢量 $\boldsymbol{B}$ 在水平面上的投影.

地磁场的其他四个参量包括:总磁感应强度 B、垂直分量 B_Z、东向分量 B_Y、北

NOTE

向分量.显然,这七个参量中,只有三个参量是独立的,已知其中任意三个,则其他四个可以通过简单矢量运算关系得到.

地磁场的大小在 10^{-5} T 量级,需要采用高灵敏度磁阻传感器来测量.

2. 磁阻传感器

物质在磁场中电阻率发生变化的现象称为磁阻效应.对于铁、钴、镍及其合金等磁性金属,电阻依赖于电流方向和磁体内部磁化方向之间的夹角,外部磁场会引起磁化方向的改变,进而引起电阻的变化.因此,我们可以通过磁阻传感器来测量磁场.

单个磁阻器件的构造原理图如图 44.2 所示,它利用通常的半导体工艺,将铁镍合金薄膜附着在硅片上,薄膜的电阻率 $\rho(\theta)$ 依赖于磁化强度 M 和电流 I 方向间的夹角 θ,具有以下关系式:

$$\rho(\theta) = \rho_{\perp} + (\rho_{/\!/} - \rho_{\perp})\cos^2\theta \qquad (44.1)$$

其中 $\rho_{/\!/}$、$\rho_{\perp}$ 分别是电流 I 平行于 M 和垂直于 M 时的合金的电阻率.当沿着铁镍合金带的长度方向通以一定的直流电流,而垂直于电流方向施加一个外界磁场时,合金带自身的阻值会发生较大的变化,利用合金带阻值这一变化,可以测量磁场大小和方向.同时制作时还在硅片上设计了两条铝制电流带:一条是复位与反向置位带,该传感器遇到强磁场感应时,将改变传感器的输出特性,降低传感器灵敏度,此时可以通过复位端输入脉冲电流,恢复传感器的使用特性;反向置位对传感器施加与复位脉冲方向相反的脉冲,能够使磁畴方向反转,对外表现为传感器输出的极性反转.另一条是偏置电流带,可以在偏置带上加一直流电流来产生一个偏置磁场,抵消不需要的环境磁场,获得真正需要测量的磁场大小;此外,偏置电流带在不同的场合还有其他的用途,如自动校准传感器的增益,调整传感器工作于闭环状态下等.

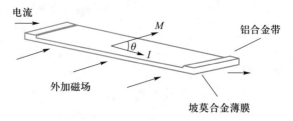

图 44.2 磁阻传感器的构造示意图

为了消除温度等外界因素对输出的影响,磁阻传感器由上述四个相同的磁阻器件组成一个非平衡电桥.非平衡电桥输出后接到一集成运算放大器上,将信号放大,其内部结构如图 44.3 所示.本实验所用磁阻传感器为一种单边封装的磁场传感器,它能测量与管脚平行方向的磁场.图 44.3 中由于适当配置的四个磁电阻电流方向不相同,当存在外加磁场时,引起电阻值变化有增有减.因而输出电压 U_{out} 可以用下式表示:

$$U_{\text{out}} = \left(\frac{\Delta R}{R}\right) \times U_{\text{b}} \qquad (44.2)$$

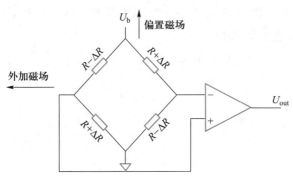

图 44.3 磁阻传感器内的惠斯通电桥

U_{b} 为传感器的工作电压, R 为薄膜电阻, $\dfrac{\Delta R}{R}$ 为磁阻效应引起的阻值的相对变化量,传感器已经通过适当的内部设计,使得在正常工作条件下, $\Delta R/R$ 与外加磁场 B 的大小成正比,因此,在一定的工作电压,如 $U_{\text{b}} = 6\ \text{V}$,磁阻传感器输出电压 U_{out} 与外界磁场的磁感应强度成正比关系:

$$U_{\text{out}} = U_0 + KB \qquad (44.3)$$

其中, K 称为传感器的灵敏度, B 为待测磁感应强度, U_0 为外加磁场为零时传感器的输出量.本实验中通过测量磁阻传感器输出电压 U_{out} 测量地磁场,因此首先需要测量磁阻传感器灵敏度 K.

【实验仪器】

磁阻传感器,亥姆霍兹线圈及地磁场测定仪控制主机,还有对磁阻传感器进行角度、位置调节、读数的机构(底座、转轴、带角刻度的转盘等).

【实验内容】

1. 利用亥姆霍兹线圈对磁阻传感器进行定标,测量磁阻传感器的灵敏度 K.
2. 测量地磁场的水平分量.

【思考题】

1. 给出你知道的几个磁场的测量方法,其测量原理是什么,应用在什么地方?
2. 磁阻传感器和霍耳传感器在工作原理和应用上各有什么特点和区别?

3. 在测量地磁场时,如有一枚铁钉处于磁阻传感器周围,则对测量结果将产生什么影响?

4. 为何坡莫合金磁阻传感器遇到较强磁场时,其灵敏度会降低?用什么方法来恢复其原来的灵敏度?

5. 采用本实验仪器,怎样产生一个磁场为零的小区域? 如果在这个区域放置罗盘,罗盘的磁针会怎样变化?

6. 磁阻传感器是如何从 $\rho(\theta)=\rho_{\perp}+(\rho_{/\!/}-\rho_{\perp})\cos^2\theta$ 原理出发,实现 $U_{\text{out}}=U_0+KB$ 的?

第五章 设计性物理实验

§5.1 设计性实验的基础知识

第五章
数字资源

1. 设计性实验的实施流程

设计性实验是一种介于基础物理实验与实际科学实验之间的、具有对科学实验全过程进行模拟训练的教学实验.本教材设计性实验的题目主要来自两个方面：一是实验室提供的、有明确的实验题目,实验者在此题目的基础上开展实验设计；二是实验室对第三章、第四章的实验项目设置冲突性条件,实验者在实验过程中认识这些冲突,生成探究题目,在此基础上再开展实验设计.

设计性实验开展的基本流程主要由如下五个方面(图 5.1.1)：

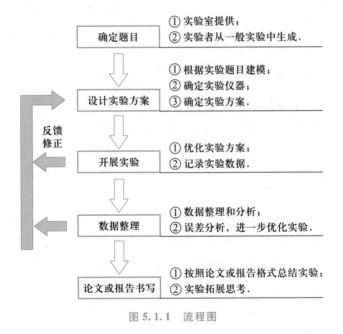

图 5.1.1 流程图

在设计性实验的开展过程中,实验者需要自行阅读资料并推导有关理论,确定实验方案和测量方法,选择测量仪器,拟定实验步骤,进行实验,最后写出合格的实验报告或论文.

设计性实验的中心任务是设计和选择实验方案,并在实验中不断检查设计方案的正确性与合理性.在进行实验设计时应考虑各种系统误差出现的可能性,分析系统误差产生的原因,估算其大小,并消除或减少系统误差的影响.

2. 实验方案的选择

实验方案的选择是设计性实验的关键,一般包含实验模型的选择、确定实验仪

NOTE

器、确定实验方法三个方面,其中模型的选择是关键,是实验方案设计的基础,在模型确定后,就可以根据模型的要求选择实验仪器,之后再综合实验模型和仪器的具体情况选择具体的实验方法.

2.1　实验模型的选择

根据课题所要研究的对象,尽可能考虑各种可能的实验模型,即根据一定的实验原理确定被测量与可测量之间的关系,然后根据实验的难易程度、仪器设备的准备情况等对各个模型进行对比,确定实验所最终采纳的模型.

以测量某 LED 发光的波长为例,在普通物理实验中,与波长有关的模型有光栅衍射、双棱镜干涉、牛顿环干涉等,这些模型各有优缺点,然而考虑到 LED 波长有一定的范围,使用双棱镜干涉、牛顿环干涉等可能会由于干涉条纹衬度降低,引起较大误差,所以最终可以选择光栅衍射来测量 LED 发光的波长.

以测量重力加速度为例,在普通物理实验中,有单摆模型、斜面模型、自由落体模型等,这三种模型也各有优缺点,需要实验者根据测量的精度要求、实验室能够提供的仪器情况进行对比分析.

测量电阻的模型在普通物理实验中也有很多,例如惠斯通电桥、双臂电桥、取样电阻分压等,具体选择的时候可以根据待测电阻的大小或实验室可能提供的器材,实验的精度要求进行选择.

有时候,实验者所要处理的问题没有合适的模型可供选择,这时候需要实验者从理论上对物理问题进行分析,找到合适的物理关系,进行问题转化,从而找到可用的模型.

例如,2015 年中国大学生物理学术竞赛的第 17 题"咖啡杯",它的题目这样描述:物理学家们喜欢喝咖啡,但端着一杯咖啡在实验室间行走会很麻烦.请研究杯子的形状、步行速度和其他参量如何影响走路时咖啡溅出的可能性.实验者在解这个题目的时候,首先需要对物理学家端着咖啡来回走动这一过程进行分析,找到咖啡周期性受力的原因,从而找到受迫振动这个物理模型来解决这个问题.

2.2　确定实验仪器

实验模型确定后,就需要实验者确定适用于该模型的实验仪器.选择的方法可以使用不确定度均分定理,即首先根据给定间接测量量的不确定度,考虑各直接测量量的不确定度,然后根据各直接测量量的不确定度,科学地选择仪器.

根据第一章的(1.5.2)式和(1.5.3)式,不确定度均分定理可以表示为

$$\left(\frac{\partial f}{\partial x}\right)^2 u^2(\bar{x}) = \left(\frac{\partial f}{\partial y}\right)^2 u^2(\bar{y}) = \left(\frac{\partial f}{\partial z}\right)^2 u^2(\bar{z}) = \cdots \leqslant \frac{u(\overline{N})^2}{n} \tag{5.1.1}$$

或

$$\left(\frac{\partial \ln f}{\partial x}\right)^2 u^2(\bar{x}) = \left(\frac{\partial \ln f}{\partial y}\right)^2 u^2(\bar{y}) = \left(\frac{\partial \ln f}{\partial z}\right)^2 u^2(\bar{z}) = \cdots \leqslant \frac{u(\overline{N})^2}{N^2 n} \tag{5.1.2}$$

在以上两式中, n 为直接测量量的个数. (5.1.1)式为绝对不确定度的均分定理,(5.1.2)式则为相对不确定度的均分定理.

例 5.1.1 用单摆测量重力加速度,如果要求将相对不确定度控制在 1% 以内,应如何选择摆长和周期的测量仪器及测量方案?

解:使用单摆测量重力加速度时,摆长、摆动周期和重力加速度的关系为

$$g=\frac{4\pi^2 L}{T^2}$$

在 π 取足够多位小数的情况下,根据不确定度传递公式,可得

$$\frac{u(g)}{g}=\sqrt{\left(\frac{u(L)}{L}\right)^2+\left(2\frac{u(T)}{T}\right)^2}$$

根据不确定度均分定理,为了将相对不确定度控制在 1% 以内,需有

$$\frac{u(L)}{L}=2\frac{u(T)}{T}=0.71\%$$

如果选用最小单位为 1 mm,量程为 1 000 mm 的钢板尺,根据表 1.4.2,其误差限为 0.20 mm,考虑 1/5 估读,则使用钢板尺测量摆长时,其绝对不确定度为 $u(L)=0.23$ mm. 因而摆长应为

$$L\geqslant\frac{u(L)}{0.71\%}=32\ \text{mm}$$

在实际实验中,可选择摆长为 80.00 cm,此时相对不确定度为

$$\frac{u(L)}{L}=\frac{0.23}{800.0}\times100\%=0.029\%$$

在这种情况下,为了将相对不确定度控制在 1% 以内,可要求 $\frac{u(T)}{T}<0.5\%$ 即可.

摆长为 80.00 cm 时,单摆的周期约为 1.8 s. 使用电子秒表,仅考虑使用者在启动、停止秒表时所引入的误差,其值约为 0.2 s. 测量一个周期时,秒表引入的不确定度为

$$\frac{u(T)}{T}=\frac{0.2}{1.8}\times100\%=11\%$$

测量 22 个周期,则可以将秒表引入的不确定度控制在 0.5% 以内. 因此在实验的时候,需要测量至少 23 个周期的时间.

2.3 测量方法的选择

实验模型和仪器选定后,就可以进一步对实验的方法进行考虑. 测试考虑的指标为哪一种测量方法的精度高、引入的系统误差小. 在这种情况下可以进一步进行不确定度分析,确定合适的测量方法.

例如对于采用惠斯通电桥测量电阻实验,采用比例臂交换的方法减小比例臂

所引入的误差. 对于透镜焦距的测量实验,采用共轭法减小透镜光心与光具座刻度线不重合所引入的测量误差.

在基础物理实验中,有交换抵消法、替代消除法、反向补偿法和对称观察法等方法来减小系统误差,实验者在实验设计时可以使用.

3. 论文的书写

下面以《物理实验》杂志的论文发表模板为例,说明论文的书写情况.《物理实验》杂志的论文格式如下:

论文题目

作者

摘要:概括地陈述论文研究的目的、方法、结果、结论,要求 200～300 字. 应排除本学科领域已成为常识的内容. 不要把应在引言中出现的内容写入摘要,不引用参考文献. 不要对论文内容作诠释和评论. 不得简单重复题名中已有的信息. 用第三人称,不使用"本文""作者"等作为主语. 使用规范化的名词术语,新术语或尚无合适的汉文术语的,可用原文或译出后加括号注明. 除了无法变通之外,一般不用数学公式和化学结构式,不出现插图、表格、缩略语、略称、代号,除了相邻专业的读者也能清楚理解以外,在首次出现时必须加括号说明. 结构严谨,表达简明,语义明确.

（英文题目、英文姓名、英文摘要）

引言

引言作为论文的开场白,应以简短的篇幅介绍论文的写作背景和目的,以及相关领域内前人所做的工作和研究概况,说明本研究与前人工作的关系,目前研究的热点、存在的问题及作者工作的意义.

正文 1

包含实验原理、方法、仪器等,要求有关键的图、公式、仪器参数等.

正文 2

实验数据及整理,要求有关键的数据表、图等.

讨论

对实验结果,可能存在的问题等展开必要的讨论.

实验结论

结论不应是正文中各段小结的简单重复,它应以正文中的实验或考察得到的现象、数据的阐述分析为依据,完整、准确、简洁地指出以下内容:(1)由对研究对象进行考察或实验得到的结果所揭示的原理及其普遍性;(2)研究中有无发现例外或本论文尚难以解释和解决的问题;(3)与先前发表过的研究工作的异同;(4)本文在理论上和实用上的意义及价值;(5)进一步深入研究本课题的建议.

§5.2　设计性实验

本部分介绍设计性实验.

实验 45　瞬时速度的研究

瞬时速度表示物体在某一时刻或经过某一位置时的速度.实验中或生活中的瞬时速度是极短时间内的平均速度,并不是严格意义上的瞬时速度,因而瞬时速度是理想状态下的量.本实验探究瞬时速度的获得方法.

【实验任务】

1. 写出测量滑块瞬时速度的测量原理;
2. 利用测得的实验数据求出滑块在气垫导轨上某一位置的瞬时速度,并讨论测量值的可靠性.

【实验条件】

气垫导轨,气泵,光电计时系统(包括光电门),滑块,挡光片,垫块等.

【实验提示】

在构建实验系统或操作实验之前,请注意以下提示,这样便于形成实验思路:

1. 滑块在气垫导轨上的运动可以看作匀变速直线运动.
2. 注意平均速度与瞬时速度的区别和联系.
3. 注意挡光片的特定形状,以及挡光片挡光时,何时开始计时,何时停止计时.
4. 注意变换角度进一步确认测量值是否可靠.

【思考与讨论】

1. 本实验是否需要事先将气垫导轨调整水平?若需要,如何将其调整水平?
2. 如何获得气垫导轨的倾角?
3. 本实验中,可以采用哪些方法处理实验数据?这些方法中有没有比较好的方法?请就此阐述理由.
4. 如何判断本实验的测量结果是否合理?
5. 瞬时速度与平均速度的含义有什么不同?

【参考资料】

在一个较为理想的光滑斜面上,若忽略空气的摩擦阻尼,则运动滑块在重力作用下将沿斜面作变速运动.由于滑块上的挡光片有一定的宽度,当该物体在经过某点起的一小段时间 δt 内的位移为 δs,因此实验时从光电门上获得的速度应是极短时间内的平均速度而并非瞬时速度,即

$$\bar{v} = \frac{\delta s}{\delta t} \tag{45.1}$$

设想,若当 δs 和 δt 均能趋近于零时,则平均速度 $\bar{v}$ 的极限值将等于瞬时速度 v.

若滑块经过第一个位置的瞬时速度为 v_1,第二个位置的瞬时速度为 v_2,滑块在导轨上滑动时的加速度为 a,两位置之间的距离为 s,则有

$$v_2 = v_1 + at \tag{45.2}$$

$$s = v_1 t + \frac{1}{2}at^2 \tag{45.3}$$

由上述公式可以建立起平均速度与瞬时速度之间的关系,建立途径有两种,
一种是联立(45.1)式和(45.3)式:

$$\bar{v} = v_1 + \frac{1}{2}at \tag{45.4}$$

另一种是利用匀变速直线运动中:

$$\bar{v} = \frac{v_1 + v_2}{2} \tag{45.5}$$

联立(45.2)式和(45.5)式也可以得到(45.4)式. 将(45.2)式和(45.3)式联立后还可以消去时间 t 得到推论: $v_2^2 = v_1^2 + 2as$,但这个关系应该通过实验来验证其合理性.

*实验 46　数字电压表的设计与制作

【实验任务】

1. 掌握将 200 mV 数字电压表表头扩展为多量程数字万用表的方法,绘出校准曲线;

2. 了解磁电式电表、数字电表的差别,了解每一种方法的优缺点;

3. 请详细给出实验方案(含各项任务的详细电路图、实验步骤、数据表格等),测量实验数据,处理数据,总结实验.

【实验条件】

电阻箱,直流稳压电源,标准电表(万用表),多孔插件板,200 mV 数字电压表表头,导线若干.

【实验提示和思考】

1. 数字万用表表头的"三位半"或"四位半"是什么意思?

2. 将数字毫伏表扩展为多量程电压表时,可以采用分压的形式,需要考虑附加扩展电阻与毫伏表之间可以使用的电路连接形式.

3. 电压表的输入阻抗有何意义? 数字万用表的电压挡在调换量程时,其输入阻抗不会发生改变,它在输出端采用了什么样的电阻连接方式?

NOTE

4. 校准曲线的纵轴和横轴分别应该是什么物理量?

5. 电压表的输入阻抗和数字表头的内阻之间有无关联?

6. 如何测量交流电压? AC-DC 转换器是如何工作的?

7. 如何将数字式表头改装为电流表或欧姆表?

实验 47　用示波器检测判断电学黑盒子

黑盒子是判定电学元件实验中使用的密封元件盒,盒里的元件可能有:干电池、定值电阻、电容器、半导体二极管.盒外可见的连接线端之间也可能为断路和短路.各元件连接在接线端上,两个接线端之间最多接一个元件,元件之间一般不连成并联回路.

本实验采用示波器研究黑盒子的内部结构.

【实验任务】

1. 设计步骤,分析给定黑盒子内的器件及电路;
2. 请自己设计一个黑盒子.

【实验条件】

示波器,信号源,电容,电感,电阻箱,黑盒子及导线若干.

【实验提示与思考】

1. 在交流电路中,电容和电感有什么样的特性?
2. 对于一个可能是电容、电感或电阻的元件,如何利用示波器进行判定?
3. 在黑盒子中,如果存在电容与电阻、或电感与电阻并列的情形,如何使用示波器进行判定?
4. 在交流电路中,二极管有什么样的特性,如何使用示波器判定电路中有没有二极管?
5. 在判断黑盒子内部情况时,除用示波器外,还可借助于什么器材有利于快速地获得结果?
6. 示波器能用于测量非电学量吗? 若可以,又如何来实现?

实验 48　积木式光学实验

本实验的基础是漫反射全息,采用迈克耳孙干涉仪测量光波波长、傅里叶光学的空间频谱和空间滤波实验,实验者在完成这三个实验的基础上完成本实验.

【实验任务】

1. 了解所给光学器件的使用方法;
2. 完成迈克耳孙干涉仪、马赫–曾德尔干涉仪等光路实验,观察干涉现象;
3. 实现三束光以上的多光束干涉现象,并对干涉现象进行研究;
4. 完成全息复合光栅的拍摄,并观察光学微分现象.

【实验条件】

本实验涉及如下实验的设备,实验者可根据自己的方案进行选择:

1. 傅里叶光学的空间频谱与空间滤波实验;
2. 光学图像的加减和微分实验;
3. 漫反射全息.

【实验提示】

1. 两束光相干的条件是什么? 为了使光束能够相干,光路在摆放时应该注意哪些方面?

2. 什么是迈克耳孙干涉仪、马赫–曾德尔干涉仪?

3. 实验中,满足两束光相干就可以看到干涉图样吗? 相干图样的空间频率对于干涉的观察有什么影响?

4. 多光束干涉的图样,与两束光相干的图样相比,会有什么差别?

▣ 附录

(一) 马赫–曾德尔干涉仪参考光路(图 48.1)

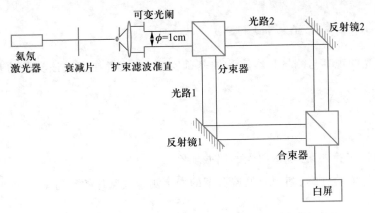

图 48.1　马赫-曾德尔干涉仪参考光路

(二) 三光束相干光路(图 48.2)

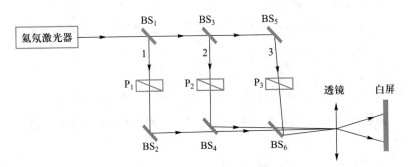

图 48.2　三光束相干光路

实验 49　偏振光实验的拓展应用

偏振光的观察与测量是本实验的基础实验,实验者在完成该实验的基础上开展本实验.

【实验任务】

1. 设计实验方案,观察白光的偏振现象;

2. 设计实验方案,利用光的偏振态的变化测量玻璃片的折射率.

【实验条件】

半导体激光器 1 台,偏振片 2 个(带旋转支架),光功率计 1 台,1/4 波片 1 个,手电筒一个,薄玻璃片 1 片等.

除以上器材,同学们还可以根据实验要求,自己选择或制作测试样品等.

【实验提示】

在开展本实验之前,请同学们首先思考如下几个问题,以便形成实验思路:

1. 在实验中所用的光源为半导体激光器,半导体激光器输出的光偏振状态是什么样的?

2. 生活中有哪些透明的物体是二向性的? 如何检测?

在采用反射光获得偏振光时,入射光为自然光.如果入射光是某类偏振光,反射光的偏振态会是什么样的?

【思考题】

1. 将胶带样品、透明的三角尺或其他的有机玻璃样品放在正交偏振片之间,用白炽灯照明,若分别转动检偏器和样品,则分别观察到什么现象?

2. 通过偏振片观察液晶显示器,你可以看到什么现象? 如何解释?

3. 通过偏振片和 1/4 波片,观察蓝天、玻璃窗的反射光,光亮的书封面或照片的表面,有何现象发生? 如何解释?

4. 如何测量薄玻璃片的折射率?

【参考资料】

实验 50　声光效应与声光调制实验

超声波通过声光晶体介质时,会造成介质的局部压缩或伸长而产生弹性应变,该应变随时间和空间作周期性变化,使介质出现疏密相间的现象,如同一个相位光栅.当光通过这一受到超声波扰动的介质时就会发生衍射现象,这种现象称为声光效应,这种衍射被称为声光衍射.通过改变通入声光介质的超声波的性质,可以相应改变相位光栅的性质,进而调控衍射现象.这种将声波携带的信息加载于激光辐射的过程称为激光调制.

本实验利用给定装置研究声光效应和声光调制现象.

【实验任务】

1. 了解声光效应,从原理上调研清楚声光栅的形成机制,补充完整附录中的声光调制原理;

2. 基于给定的仪器,设计方案,利用声光效应实现超声晶体中声速的测量;

3. 能利用声光调制进行简单的光通信演示.

【实验条件】

集成超声载波信号源,激光电源,调制信号源在内的电源系统;声光晶体,半导体激光器,光电接收器件,光具座,示波器等.

【实验提示和思考】

1. 布拉格(Bragg)衍射和拉曼–奈斯(Raman–Nath)衍射的区别是什么? 在实验中如何判定是哪一种衍射?

2. 激光器的输出光强对测量结果有没有影响? 在实验中,光电传感器的最大探测光强分别是多少,如何调整实验仪器使光电传感器接收的光强不饱和?

3. 声速测量值与理论值比较,有多大的误差? 如何开展误差分析?

4. 在利用声光调制开展声光通信时,信息是如何转化为光信号的? 为了保证光信号不失真,有什么要求?

【参考资料】

附录　声光调制原理

声光器件由声光介质和换能器两部分组成.前者常用的有钼酸铅(PM)、氧化碲等,后者为由射频压电换能器组成的超声波发生器.图50.1为声光调制器原理图.当射频信号经换能器转换为超声波后从下方入射晶体,由下往上传播,到达晶体的另一端时超声波被声波吸收器吸收,从而在声光晶体中形成行波.由于机械波的压缩和伸长作用,声光晶体中形成行波式的疏密相间的构造,也就是行波式光栅.当光波自左侧入射晶体,就会在该光栅的作用下发生衍射.

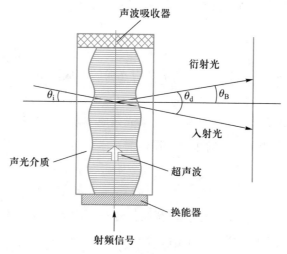

图 50.1　声光调制器原理图

理论分析指出,当左侧光波的入射角(入射光与超声波面间的夹角)θ_i满足以下条件时,衍射光最强.

$$\sin \theta_i = N\left(\frac{2\pi}{\lambda_s}\right)\left(\frac{\lambda}{4\pi}\right) = N\left(\frac{K}{2k}\right) = N\left(\frac{\lambda}{2\lambda_s}\right) \tag{50.1}$$

式中 N 为衍射光的级数,λ、k 分别为入射光的波长和波数 $k=\frac{2\pi}{\lambda}$,λ_s 与 K 分别为超声波的波长和波数 $K=\frac{2\pi}{\lambda_s}$.

声光衍射主要分为布拉格(Bragg)衍射和拉曼-奈斯(Raman-Nath)衍射两种类型.布拉格衍射产生时通常声频较高,入射光与声波波面间以一定的角度入射,声光作用长度较长,声光晶体相当于是一个立体光栅;拉曼-奈斯衍射产生时超声波的频率较低,声光作用长度较短,入射光垂直于声波传播的方向,声光晶体相当于是一个平面光栅.

由于布拉格衍射效率较高,故一般声光器件主要工作在仅出现一级光($N=1$)

的布拉格区. 满足布拉格衍射的条件是:

$$\sin\theta_{\mathrm{B}} = \frac{\lambda f}{2 v_{\mathrm{s}}} \qquad (50.2)$$

式中 f 与 v_{s} 分别为超声波的频率与速度,λ 为光波的波长.

当满足入射角 θ_{i} 较小,且 $\theta_{\mathrm{i}} = \theta_{\mathrm{B}}$ 的布拉格衍射条件下,由(50-1)式可知,此时 $\theta_{\mathrm{B}} \approx \dfrac{K}{2k}$,并有最强的 +1 级(或 −1 级)的衍射光呈现. 入射(掠射)角 θ_{i} 与衍射角 θ_{B} 之和称为偏转角 θ_{d}(参见图 50−1),由(50.2)式:

$$\theta_{\mathrm{d}} = \theta_{\mathrm{i}} + \theta_{\mathrm{B}} = 2\theta_{\mathrm{B}} = \frac{K}{k} = \frac{\lambda}{\lambda_{\mathrm{s}}} = \frac{f\lambda}{v_{\mathrm{s}}} \qquad (50.3)$$

由此可见,当声波频率 f 改变时,衍射光的方向亦将随之线性地改变. 同时由此也可求得超声波在介质中的传播速度为

$$v_{\mathrm{s}} = \frac{f\lambda}{\theta_{\mathrm{d}}} \qquad (50.4)$$

定义衍射光的光强与入射光的光强之比为声光晶体的衍射效率,经过理论分析可以获得衍射效率的表达式为

$$\eta = \sin^2 \left[\frac{\pi}{\sqrt{2}} \frac{1}{\lambda} \sqrt{\frac{L}{H} M_2 P_{\mathrm{s}}} \right] \qquad (50.5)$$

式中 M_2 为声光介质的物理介质参数,由声光介质本身性质决定,称为声光材料的品质因数,是选择声光介质的主要指标之一. P_{s} 为超声的功率,如果超声功率足够大,使得 $\dfrac{\pi}{\sqrt{2}} \dfrac{1}{\lambda} \sqrt{\dfrac{L}{H} M_2 P_{\mathrm{s}}} = \dfrac{\pi}{2}$,则衍射效率理论上可以达到 100%. 当 P_{s} 改变时,衍射效率也会发生改变,因而通过控制 P_{s} 就可以达到控制衍射光强的目的,实现声光调制.

实验 51　基于虚拟仪器软件的实验设计

　　虚拟仪器(Virtual Instrument)是基于计算机的仪器,它以通用的计算机硬件及操作系统为依托,实现各种仪器功能.目前在这一领域内,使用较为广泛的计算机语言是美国 NI 公司的 Labview.Labview 是专为测试、测量和控制应用而设计的系统工程软件,可快速访问硬件和数据信息.

【实验任务】

　　自主设计一个实验,并通过虚拟仿真软件实现数据的自动测量及分析.

【实验要求】

　　1. 了解虚拟仪器软件:美国国家仪器(NI)的 Labview,Labwindows/CVI 等;

　　2. 熟练掌握采用虚拟仪器软件进行编程;

　　3. 掌握软件 NI ELVIS Ⅱ、Multisim、LabView 的工作环境;

　　4. 掌握自主设计实验所需的命令及步骤:文件操作、循环、内存操作、电压电流信号测量、硬件控制命令等.

【实验条件】

　　1. 美国国家仪器(NI)的 LabView、NI ELVIS Ⅱ 工作环境;

　　2. 非线性元件的伏安特性实验平台;

　　3. RC、RL 交流电路的稳态特性实验平台.

【思考】

　　如果采用非 NI 公司的硬件,如何实现测量?

【参考资料】

实验 52　半导体温度计的设计

热敏电阻温度特性的测量、用惠斯通电桥测量中值电阻是本实验的基础,实验者在完成以上两个实验的基础上可以开展本实验的实践.

【实验任务】

根据实验室的器材,设计实现半导体温度计,该温度计测温范围为 0 ~ 100 ℃,要求描绘所设计温度计的校准曲线,研究温度计的测温灵敏度.

【实验条件】

本实验涉及如下实验的设备,实验者可根据自己的方案进行选择:

1. 热敏电阻温度特性的测量;

2. 用惠斯通电桥测量中值电阻;

3. 用混合法测量固体的比热容.

【实验提示】

1. 惠斯通电桥的灵敏度和哪些量有关?

2. 采用哪一种热敏电阻,其线性最好?

3. 如何将温度的改变转换为电压或电流的改变?

4. 校准曲线应该如何描绘?

【参考资料】

实验 53　耦合摆的探究

耦合摆是由一个弹性系数为 k 的弹簧连接两个单摆所构成的摆动系统. 由于相互作用,耦合摆可以呈现丰富的运动学行为. 本实验即对耦合摆进行探究.

用单摆测量重力加速度实验、在气垫导轨上研究简谐振动实验是本实验的基础,实验者在完成以上两个实验的基础上可以开展本实验.

【实验任务】

根据实验室的器材,设计实现耦合摆,并由此耦合摆开展相关的探究.

【实验要求】

1. 查阅资料,探究耦合摆的理论模型.

2. 根据实验任务,选择实验器材,完成耦合摆系统的搭建.

3. 对耦合摆系统的支频率和简正频率进行测量,并观察两个单摆之间的能量传递现象.

4. 实验结果以科研论文的形式呈现.

【实验条件】

本实验涉及如下实验的设备,实验者可根据自己的方案进行选择:

1. 单摆测量重力加速度实验;

2. 在气垫导轨上研究简谐振动实验.

【实验提示】

1. 在组成耦合摆时,弹簧的弹性系数多大是合适的?

2. 用于连接两个单摆的弹簧应悬挂在哪里? 悬挂点是否可以任意改变?

【参考资料】

实验 54　基于 Phyphox 测量气垫导轨上阻尼系数

振动是自然界中一种常见的运动形式.在研究含阻尼的机械振动时,引入了阻尼因数 δ,品质因数 Q 等参量来描述阻尼振动不同于简谐振动的一些特性.研究阻尼因数及其附带各阻尼参数有很重要的实际意义,例如研究弱阻尼因数对受迫振动的影响可改善各种"共振"现象中的能量转换效率;在电路中,可通过阻尼因数的自动优化系统来提高信息传输带宽,提高传输效率.

本实验将利用手机传感器软件 Phyphox 对气垫导轨上滑块的运动进行分析,通过可视化实验编辑器自定义程序,将原始加速度数据经处理后直接输出得到阻尼因数、黏性阻尼常量等参量,进而探究手机 Phyphox 测量阻尼系数的理论支撑,优化阻尼系数的测量条件.

【实验任务】

1. 探究手机 Phyphox 测量阻尼系数的理论支撑条件,设计具体实验方案;

2. 优化阻尼系数的测量的条件,并分析测量误差;

3. 分析手机 Phyphox 在测量阻尼系数等方面的可行性与创新性.

【实验条件】

气垫导轨(轨长:150.00 cm);DC-2B 型微音气泵:噪音 58 dB,输出双路洁净可调,压力 7—14 kPa,电源 220 V 50 Hz,气流量 7,功率 500 W,挡位范围 1.0~6.0 (刻度分度值 0.5,气流可连续变化,每加 1.0 挡,气流量增加 1.0);光电计时器(MUJ-5B 型);装有 Phyphox 软件的智能手机一部;笔记本电脑(可选);滑块;弹簧 1 对;挡光片;固定夹;电子秤;刻度尺.

【实验思考】

1. 基于手机 Phyphox 测量气垫导轨上阻尼系数实验的最优化测量条件是什么?

2. 在基于手机 Phyphox 测量气垫导轨上阻尼系数的实验中有哪些误差来源?在实验中如何减小误差?对于减小误差你有什么建议?

3. 半衰期法、光电计时器法、手机测量法各有哪些优劣?分析其优劣的原因.

4. 在已经做过的实验中,有哪些实验可以使用 Phyphox 加以创新改进?对于手机物理实验,你有何看法?

1. 阻尼振动简介

不失一般性,讨论受阻尼力的弹簧振子的运动情况(图 54.1),该谐振子的运动方程为

$$m\frac{\mathrm{d}^2x}{\mathrm{d}t^2}=-kx-b\frac{\mathrm{d}x}{\mathrm{d}t}$$

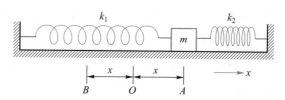

图 54.1　气垫导轨阻尼振动示意图

方程中:

$$\frac{b}{m}=2\delta, \frac{k}{m}=\omega_0^2$$

δ 称为振动系统的阻尼因数;ω_0 为振动系统的固有频率.

则考虑欠阻尼情形,此时 $\delta^2<\omega_0^2$,则上式有解:

$$x(t)=Ce^{-\delta t}\cos(\omega_f t+\varphi)$$

对 t 求导得速度方程:

$$v(t)=-C\omega_0 e^{-\delta t}\sin(\omega_f t+\varphi+\varphi'), \varphi'=\arctan\left(\frac{\delta}{\omega_f}\right)$$

联立初始条件可得:

$$C=A_0\frac{\omega_0}{\omega_f}, \varphi=-\varphi'=-\arctan\left(\frac{\delta}{\omega_f}\right)=-\arccos\left(\frac{\omega_f}{\omega_0}\right)$$

考虑到气垫导轨上阻尼因数 δ 很小,为便于实验,可以将 C 近似看作 A_0. 上式中 $\omega_f=\sqrt{\omega_0^2-\delta^2}$,$A=A_0 e^{-\delta t}$,则对速度方程进一步求导可得加速度方程:

$$a(t)=-A_0\omega_0^2 e^{-\delta t}\cos\left[\omega_f t+\arctan\left(\frac{\delta}{\omega_f}\right)\right] 或$$

$$a(t)=-A_0\frac{\omega_0^3}{\omega_f}e^{-\delta t}\cos\left[\omega_f t+\arctan\left(\frac{\delta}{\omega_f}\right)\right] \ [最精确的形式]$$

对数缩减值 Λ:谐振子在任意时刻 t 的振幅 $A(t)$ 与经过一个周期 T 后的振幅 $A(t+T)$ 之比的对数值,即:$\Lambda=\ln\dfrac{A_0 e^{-\delta t}}{A_0 e^{-\delta(t+T)}}=\delta T$

半衰期 T_h:谐振子作阻尼振动时的振幅从初始值 A_0 减小到 $\dfrac{A_0}{2}$ 所用的时间,

即：$T_{\mathrm{h}} = \dfrac{\ln 2}{\delta}$

品质因数 Q：表征振子能量损失的快慢. 即：$Q = \dfrac{\pi}{\Lambda}$

2. Phyphox 简介（图 54.2）

2.1 实验"加速度（没有 g）"

软件提供的基础实验"加速度（没有 g）"能从手机内置传感器（MEMS）获得原始数据——不含重力加速度的加速度（加速度方向定义参照图 54.3）.

图 54.2 Phyphox 软件部分功能截图   图 54.3 手机运动坐标轴方向

依据 MEMS 系统，手机内置的加速度传感器根据压电效应、光效应等原理，通过加速度使某个介质产生形变量并用相关电路转化成电压，经多个维度测算，最终输出加速度（图 54.4）.

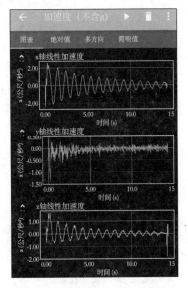

2.2 Experiment Editor

在 Phyphox 中的每个实验都可由 Experiment Editor 编辑而来，编辑后 Experiment Editor 将会生成对应的 .phyphox 格式的文件，该文件相当于一个程序代码，定义所有的实验内容. 使用 Phyphox APP 打开该文件时就会加载出所编辑的实验.

Experiment Editor 支持我们根据需求和兴趣，创建并设计个性化的实验，但该实验的数据来源和硬件支持都来自手机自身携带的各种传感器.

图 54.4 "加速度"功能运行界面

　　目前为 Phyphox 创建实验有两种方法,一是通过文本编辑器直接编写 XML 程序文件(图54.5);二是在 Experiment Editor 中的可视化面板中进行编辑.后者更加简单.

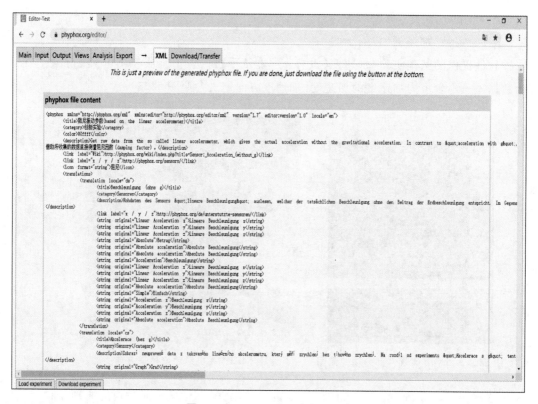

图 54.5　XML 程序文件(部分)

　　可视化面板主要功能:

　　(1)主选项卡(Main lab):包含此实验的信息,例如标题、图标和说明.

　　(2)输入/输出选项卡(Input/Output lab):输入是从 Phyphox 外部获取数据,如传感器,麦克风或蓝牙等;输出目前只包括扬声器和蓝牙.

　　(3)视图选项卡(Views lab):添加图表,并对其进行样式设置如颜色、单位等,设置自定义参数等,这相当于添加多个视图,以便在下面的分析选项卡中再次进行控制.

　　(4)分析选项卡(Analysis tab,图54.6)

　　程序的主编辑区,借助各种模块函数如自相关和互相关(Autocorrelation 和 Crosscorrelation)对数据进行拟合,用傅里叶变换(fft)生成频谱,以及用逻辑函数(if)实现更复杂的实验设计等.

　　(5)借助其他几个按钮可以导入和导出个人实验的二维码或 .phyphox 文件.

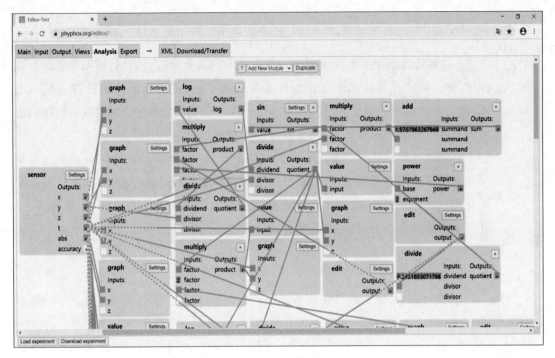

图 54.6　分析选项卡

实验 55 基于液晶光阀的 θ 调制实验

θ 调制是对图像的不同区域分别用取向不同的光栅进行调制,该图像板即 θ 调制片.将 θ 调制片放在光学图像处理系统的物平面,使用白光作为处理系统的光源,便可在频谱面获得分别与不同取向光栅对应的衍射极大值.如果每一组衍射极大值选择一种颜色的光透光,则会在像屏上观察到彩色的图像.

传统的 θ 调制片可以采用全息的方法制作.本实验通过在计算机里制作 θ 调制片的图样并用液晶光阀显示,液晶光阀就能够作为 θ 调制片使用.该方法与传统方法相比,θ 调制片制作更快,且能够随意根据需求改变图样.

本实验的基础为实验 39 和实验 43.

【实验任务】

1. 通过调研,了解电寻址液晶光阀的工作原理,基于液晶光阀搭建光学图像处理系统;

2. 基于液晶光阀制作 θ 调制片,并使用搭建好的光学图像处理系统观察 θ 调制现象.

【实验条件】

本实验除了使用液晶光阀、溴钨灯外,还涉及如下实验的实验设备:

1. 傅里叶光学的空间频谱与空间滤波实验;

2. 光学图像的加减和微分实验.

【实验思考】

1. 液晶光阀的结构是什么样的? 用什么样的数学表达式描述液晶光阀的透过率?

2. 光照射液晶光阀后,后方透射光与液晶光阀的结构、液晶所显示图像的透过率的关系是什么?

3. θ 调制制作时,所分区域受哪些因素限值? 能不受限值地增加分区吗?

【参考资料】

实验 56　铌酸锂晶体的电光效应

某些光学晶体在外加电场的作用下,折射率会发生变化,这种由于外电场引起晶体折射率变化的现象称为晶体的电光效应.若折射率的变化与外加电场的一次方成正比,称为一次电光效应,也称为 Pokels 效应;若折射率的变化与外加电场的二次方成正比,称为二次电光效应,也称为 Kerr 效应.一次效应比二次效应显著得多,所以经常讨论线性效应.

电光效应在光通信、测距、显示和信息处理方面有许多应用.本实验研究铌酸锂晶体的电光效应,利用铌酸锂晶体的电光效应对入射到铌酸锂晶体的光波进行调制,实现电光调制,进而探究其在光通信方面的应用.

【实验任务】

1. 理论调研完善铌酸锂晶体的电光效应;

2. 基于给定仪器,设计实验方案,探究铌酸锂晶体电光调制现象、测量半波电压;

3. 理论探究半波电压与输出信号的关系;

4. 利用电光调制演示光通信.

【实验条件】

集成高压可调电源,激光电源,调制信号源在内的电源系统,电光晶体,偏振片,光电接收器件,光具座,示波器等.

【实验思考】

1. 电光晶体在施加外加电压后,折射率椭球有什么样的变化?

2. 电光调制实验中,如何调整起偏器和检偏器,使其透光方向相互垂直? 若起偏器和检偏器不完全垂直,会对实验结果产生什么影响?

3. 将晶体放置于透光方向互相垂直的两个偏振片之间后,根据什么现象可以判定铌酸锂晶体已经得到了正确的放置?

4. 在采用电光调制进行光通信时,信息是如何转化为光信号的? 为了保证光信号不失真,有什么要求?

【参考资料】

📖 附录　电光调制原理

图 56.1 为铌酸锂晶体横向电光效应示意图. 激光依次从左端垂直入射起偏器 P、铌酸锂晶体和检偏器 A, 最后被探测器接收. 铌酸锂晶体的光轴为 z 轴, 竖直方向为 x 轴, 水平方向为 y 轴. 在铌酸锂晶体的上下两个面覆盖有金属电极, 金属电极与外界的可调节的高压直流电源相连. 加电压后铌酸锂晶体内的电场沿 x 轴方向.

铌酸锂晶体为三方晶系 3 m 点群, 折射率椭球为以 z 为对称轴的旋转椭球, 垂直于 z 轴的截面为圆. 铌酸锂晶体的折射率椭球方程为

$$\frac{x^2}{n_o^2} + \frac{y^2}{n_o^2} + \frac{z^2}{n_e^2} = 1 \tag{56.1}$$

上式中 n_o 为沿 x、y 方向的折射率, n_e 为沿 z 轴方向的折射率.

当沿 x 轴方向施加电场后, 铌酸锂晶体的折射率椭球绕 z 轴旋转 45°并变形, 原 xOy 坐标系变为 $x'Oy'$ 坐标系. y' 轴缩短, x' 轴伸长, 感应轴长度和外加电场呈线性关系. 这两个方向的折射率分别为

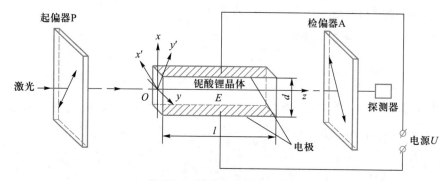

图 56.1　横向电光效应示意图

$$\begin{cases} n_{x'} = n_o + \dfrac{1}{2} n_o^3 \gamma_{22} E \\[2mm] n_{y'} = n_o - \dfrac{1}{2} n_o^3 \gamma_{22} E \end{cases} \tag{56.2}$$

上式中 γ_{22} 为电光系数的分量, E 为外加电场.

在两个偏振片 P 和 A 透光方向正交的情况下, 晶体的感应轴 x' 和起偏器 P 的夹角为 α, 具体情况如图 56.2 所示. 设入射于铌酸锂晶体的线偏振光的光强为 I_0, 相应的振幅为 E_0, 它在 $x'y'$ 轴上的分量为

$$\begin{cases} E_{x'} = E_0 \cos\alpha \\[2mm] E_{y'} = E_0 \sin\alpha \end{cases} \tag{56.3}$$

经过晶体后他们的相位差为

$$\phi = \frac{2\pi}{\lambda}(n'_x - n'_y)L = \frac{2\pi}{\lambda}n_o^3\gamma_{22}\frac{UL}{d} = \frac{\pi U}{U_\pi} \tag{56.4}$$

式中 λ 为入射光的波长，L 为铌酸锂晶体的长度，d 为晶体沿 x 方向的厚度，U 为施加在晶体两端的电压，$U_\pi = \frac{\lambda d}{2n_o^3\gamma_{22}L}$ 为半波电压.

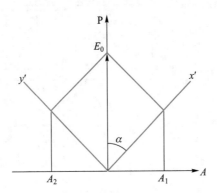

图 56.2　晶体的感应轴与正交偏振场

当检偏器出射时，在检偏器透光轴上的分量为

$$E_{A1} = E_0\cos\alpha\sin\alpha; E_{A2} = E_0\cos\alpha\sin\alpha \tag{56.5}$$

当 $\alpha = 45°$ 时，合成的光强为

$$E^2 = E_{A1}^2 + E_{A2}^2 + 2E_{A1}^2E_{A2}^2\cos(\pi+\phi) = E_0^2\sin^2\left(\frac{\phi}{2}\right)$$

即

$$I = I_0\sin^2\left(\frac{\pi U}{2U_\pi}\right) \tag{56.6}$$

可见，通过改变外加电压的大小，可以改变图 56.1 所示探测器所接收到的出射光强，具体如图 56.3 所示.

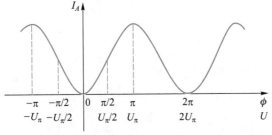

图 56.3　探测器接收光强与外加电压的关系

从图 56.3 可见，相位差在 $\phi = \frac{\pi}{2}$ 附近时，光强 I_A 与相位差 ϕ（或电压 U）呈线性关系，故从调制的实际意义来说，电光调制器的工作点通常就选在该处附近.

当利用电光晶体进行电光调制时,直流电压和交流调制信号会同时施加在晶体两侧电极板上,图 56.4 为外加直流电压与交变电信号时光强调制的输出波形图. 在外加直流电压为 0 或 U_π 时,调制电压将会出现倍频效应.

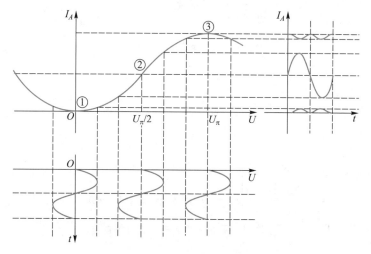

图 56.4 不同工作点时的输出波形

附录 1

一、一些常用的物理量数据表

序号	物理量	符号	数值	单位
1	真空中的光速	c	299 792 458	$m \cdot s^{-1}$
2	普朗克常量	h	$6.626\ 070\ 15 \times 10^{-34}$	$J \cdot s$
3	元电荷	e	$1.602\ 176\ 634 \times 10^{-19}$	C
4	阿伏伽德罗常量	N_A	$6.022\ 140\ 76 \times 10^{23}$	mol^{-1}
5	摩尔气体常量	R	$8.314\ 462\ 618\cdots$	$J \cdot mol^{-1} \cdot K^{-1}$
6	玻耳兹曼常量	k	$1.380\ 649 \times 10^{-23}$	$J \cdot K^{-1}$
7	理想气体的摩尔体积	V_m	$22.413\ 969\ 54\cdots \times 10^{-3}$	$m \cdot mol^{-1}$
8	引力常量	G	$6.674\ 30 \times 10^{-11}$	$m^3 \cdot kg^{-1} \cdot s^{-2}$
9	真空磁导率	μ_0	$1.256\ 637\ 062\ 12 \times 10^{-6}$	$N \cdot A^{-2}$
10	真空电容率	ε_0	$8.854\ 187\ 812\ 8 \times 10^{-12}$	$F \cdot m^{-1}$
11	电子质量	m_e	$9.109\ 383\ 701\ 5 \times 10^{-31}$	kg
12	电子荷质比	$\dfrac{-e}{m_e}$	$-1.758\ 820\ 010\ 76 \times 10^{11}$	$C \cdot kg^{-1}$
13	质子质量	m_p	$1.672\ 621\ 923\ 69 \times 10^{-27}$	kg
14	中子质量	m_n	$1.674\ 927\ 498\ 04 \times 10^{-27}$	kg
15	里德伯常量	R_∞	$1.097\ 373\ 156\ 816\ 0 \times 10^{7}$	m^{-1}
16	上海地区重力加速度	g	$9.794\ 0$	$m \cdot s^{-2}$
17	标准大气压	p_0	101 325	Pa
18	冰点热力学温度	T_0	273.15	K
19	法拉第常量	F	$9.648\ 456 \times 10^{4}$	$C \cdot mol^{-1}$
20	空气黏度	η	1.83×10^{-5}	$Pa \cdot s$

二、常用固体、液体和气体密度表(20 ℃,备注除外)

序号	物质	密度/$(kg \cdot m^{-3})$	序号	物质	密度/$(kg \cdot m^{-3})$
1	铝	2 699	11	钢	7 600 ~ 7 900
2	铜	8 960	12	石英	2 500 ~ 2 800
3	铁	7 874	13	冰(0℃)	880 ~ 920
4	银	10 500	14	石蜡	900
5	金	19 320	15	乙醇	789.4
6	钨	19 350	16	水晶玻璃	2 900 ~ 3 000
7	铂	21 450	17	窗玻璃	2 400 ~ 2 700
8	铅	11 350	18	甘油	1 260
9	锡	7 298	19	汽油	700 ~ 780
10	水银	13 546	20	水(0℃)	999.87

续表

序号	物质	密度/(kg·m⁻³)	序号	物质	密度/(kg·m⁻³)
21	水(3.98℃)	1 000.00	25	N_2(0℃)	1.250(1 atm)
22	水(10℃)	999.73	26	CO_2(0℃)	1.977(1 atm)
23	空气(0℃)	1.293(1 atm)	27	Ar(0℃)	1.784(1 atm)
24	O_2(0℃)	1.429(1 atm)	28	H_2(0℃)	0.089 9(1 atm)

三、常用固体、液体的比热容(25℃,备注除外)

序号	物质	比热容/(J·g·K⁻¹)	序号	物质	比热容/(J·g·K⁻¹)
1	铝	0.904	8	硅	0.712 5
2	银	0.237	9	水	4.173
3	金	0.128	10	乙醇	2.419
4	铜	3.850	11	饱和食盐水	3.212
5	铁	0.448	12	2%食盐水	4.07(20℃)
6	铅	0.128	13	6%食盐水	3.89(20℃)
7	锌	0.389	14	10%食盐水	3.73(20℃)

四、某些与空气接触液体的表面张力系数(20℃,备注除外)

序号	液体	$\sigma/(10^{-3}$ N·m⁻¹)	序号	液体	$\sigma/(10^{-3}$ N·m⁻¹)
1	水	72.75	5	水(10℃)	74.20
2	肥皂溶液	40.00	6	水(15℃)	73.48
3	水银	513.00	7	水(25℃)	71.96
4	乙醇	22.00	8	水(30℃)	71.15

五、常用光源的谱线波长

光源	波长/nm	颜色	光源	波长/nm	颜色
氢	656.28	红	汞	623.44	红
	486.13	绿蓝		579.07	黄
	434.05	蓝		576.96	黄
	410.17	蓝紫		546.07	绿
	397.01	蓝紫		491.60	绿蓝
钠	589.592	黄		435.83	蓝
	588.995	黄		407.68	蓝紫
He-Ne 激光	632.8	红		404.66	蓝紫

附录 2

实验 1　长度量的测量

表 1　圆柱体体积的测量

游标卡尺量程：　　　　　;分度值：

序号	外直径 D/mm	内直径 d/mm	外高 H/mm	内深 h/mm
1				
2				
3				
4				
5				
6				
平均值				

表 2　铜线、钢球直径的测量

螺旋测微器量程：　　　　　;分度值：　　　　　;初读数：

	1	2	3	4	5	6	平均值
$d_{铜线}$/mm							
$d_{钢球}$/mm							

表 3　铆钉内径的测量

显微镜量程：　　　　　;分度值：

	1	2	3	4	5	6	平均值
$X_{左}$/mm							
$X_{右}$/mm							
r/mm							

实验 2　多用表的使用

表 1　测量电阻　（单位：Ω）

	R_1	R_2	R_1+R_2	$R_1/\!/R_2$	可变电阻		
					9 点	12 点	15 点
指针式多用表							
便携式数字多用表							
台式数字多用表							

表 2　测量电压　（单位：V）

	9 点			12 点			15 点		
	U_{R_1}	U_{R_2}	$U_{电位器}$	U_{R_1}	U_{R_2}	$U_{电位器}$	U_{R_1}	U_{R_2}	$U_{电位器}$
指针式多用表									
便携式数字多用表									
台式数字多用表									

表 3　测量电容　（单位：μF）

	C_1	C_2	C_1+C_2	$C_1/\!/C_2$	可变电容		
					9 点	12 点	15 点
便携式数字多用表							
台式数字多用表							

表 4　测量二极管　（单位：Ω）

	便携式数字多用表		台式数字多用表		指针式多用表	
	红 A 黑 B	红 B 黑 A	红 A 黑 B	红 B 黑 A	红 A 黑 B	红 B 黑 A
R						

实验 3　示波器的调整和使用

表 1　信号电压有效值的测量

	N（格）	V/DIV	$U_{\text{P-P}}$/V	有效值/V	电表测量值/V	百分差
正弦波 1						
正弦波 2						
正弦波 3						

表 2　信号周期和频率的测量

	N（格）	Time/DIV	T/s	f/Hz	信号源示值/Hz	百分差
正弦波 1						
正弦波 2						
正弦波 3						

表 3　李萨如图的测量

	图形	X 轴切点数 N_x	Y 轴切点数 N_y	f_x/Hz	f_y/Hz	N_x/N_y	f_y/f_x
李萨如图 1							
李萨如图 2							
李萨如图 3							

表 4　两个信号相位差的测量

	L	M	$\Delta\phi$
1			
2			
3			

实验 4 用冷热补偿法测定固体的比热容[*]

表 1 质量的测量

$t_{环境}/℃$	$m_{内筒}/g$	$m_{内筒+水}/g$	$m_{搅拌器}/g$	$m_{铝锭}/g$

表 2 量热器内筒温度与时间的关系（注意：时间要连续记录）

		1.0	2.0	3.0	4.0	5.0	6.0
AB 段	时间/min						
	$t/℃$						
BC 段	时间/min						
	$t/℃$						
CD 段	时间/min						
	$t/℃$						

实验 5　用拉伸法测金属丝的弹性模量[*]

钢丝长度 $L(\text{cm})$：_____

光杠杆 $D(\text{cm})$：_____

光杠杆 $K(\text{cm})$：_____

表 1　金属丝直径的测量　　　　　（单位：mm）

测量顺序	1	2	3	4	5	6
d						

表 2　金属丝伸长量的测量

i	p_i/kg	x_i/cm	x_i'/cm	$\bar{x}/\text{cm}$	$l(=\bar{x}_{i+5}-\bar{x}_i)/\text{cm}$
1	1.00				
2	2.00				
3	3.00				
4	4.00				
5	5.00				
6	6.00				
7	7.00				
8	8.00				
9	9.00				
10	10.00				

实验 7　利用单摆测量重力加速度 [*]

表 1　计算法求 g

l_0/mm		$L=\dfrac{l_1+l_2}{2}-l_0=$	$u_{B1}(L)/\text{mm}$	
l_1/mm			$u_{B2}(L)/\text{mm}$	
l_2/mm			$u(L)/\text{mm}$	
t_{50}/s		$\overline{T}=$	$u_A(T)/\text{s}$	
		$g=$	$u_{B2}(T)/\text{s}$	
			$u(T)/\text{s}$	
			$u(g)/g$	
			$u(g)/(\text{m/s}^2)$	
$g\pm u(g)$				

表 2　图解法求 g

l_0/mm						
l_1/mm						
l_2/mm						
L/mm						
t_{50}/s						
T^2/s^2						

实验 10　温度传感器温度特性的测量

表 1　Pt100 热电阻温度关系测量

电源电流：

	R_q/Ω	U_q/V	U_T/V	R_T/Ω
40℃				
50℃				
60℃				
70℃				
80℃				
90℃				

表 2　NTC 型热敏电阻温度关系测量

电源电流：

	R_q/Ω	U_q/V	U_T/V	R_T/Ω
40℃				
50℃				
60℃				
70℃				
80℃				
90℃				

实验 11 亥姆霍兹线圈的磁场分布 *

表 1 毕奥–萨伐尔定律的验证

线圈直径：　　　　　　匝数：　　　　　　流过线圈的电流：

x/cm	−12	−11	−10	−9	−8	−7	−6	−5	−4
$B_{测}/\mathrm{mT}$									
$B_{理}/\mathrm{mT}$									
$P/\%$									
x/cm	−3	−2	−1	0	+1	+2	+3	+4	+5
$B_{测}/\mathrm{mT}$									
$B_{理}/\mathrm{mT}$									
$P/\%$									
x/cm	+6	+7	+8	+9	+10	+11	+12		
$B_{测}/\mathrm{mT}$									
$B_{理}/\mathrm{mT}$									
$P/\%$									

表 2 磁场叠加定理的验证

线圈距离：　　　　　　线圈半径：　　　　　　流过线圈的电流：

x/cm	−5	−4	−3	−2	−1	0
B_a/mT						
B_b/mT						
$(B_a+B_b)/\mathrm{mT}$						
B_{a+b}/mT						
x/cm	+1	+2	+3	+4	+5	
B_a/mT						
B_b/mT						
$(B_a+B_b)/\mathrm{mT}$						
B_{a+b}/mT						

实验 12　光敏电阻光电特性的研究

表 1　光敏电阻的光照特性测试数据

取样电阻:_____Ω

	光照度 E_C/lx							
$E=$　V	U_{R_1}/V							
	I_{ph}/mA							
$E=$　V	U_{R_1}/V							
	I_{ph}/mA							
$E=$　V	U_{R_1}/V							
	I_{ph}/mA							

表 2　光敏电阻的伏安特性测试数据

取样电阻:_____Ω

光照度 E_C/lx	E/V				
	U_{R_G}/V				
	I_{ph}/mA				
	$R_G/10^3\,\Omega$				
	U_{R_G}/V				
	I_{ph}/mA				
	$R_G/10^3\,\Omega$				
	U_{R_G}/V				
	I_{ph}/mA				
	$R_G/10^3\,\Omega$				

实验 14　在气垫导轨上测量速度和加速度 *

表 1　$v^2 - s$ 关系验证数据测量表

垫块高度：　　有效斜面的长度：　　（表中速度单位为：cm/s）

s/cm										
重复次数	v_0	v_1	v_0	v_1	v_0	v_1	v_0	v_1	v_0	v_1
1										
2										
3										
4										
5										
平均值										

表 2　$a - h$ 关系验证数据测量表

有效斜面的长度：　　（表中加速度单位为：cm/s²）

重复次数	h/cm	h/cm	h/cm	h/cm	h/cm	h/cm
1						
2						
3						
4						
5						
平均值						

实验 18　力敏传感器及液体表面张力系数的测定[*]

表 1　力敏传感器的定标

砝码质量/g	0.500	1.000	1.500	2.000	2.500	3.000	3.500
电压/mV							

表 2　环状吊片内外径的测量

测量次数	1	2	3	4	5	6	平均值
外直径 D_1/cm							
内直径 D_2/cm							

表 3　液面拉脱前后电压值的测量

序号	U_1/mV	U_2/mV	ΔU/mV	F/N	α/(N·m^{-1})
1					
2					
3					
4					
5					

平均值 $\overline{\alpha}$ = ＿＿＿＿＿ N·m^{-1},A 类不确定度 $u(\overline{\alpha})$ = ＿＿＿＿＿ N·m^{-1}.

实验 21 用惠斯通电桥测量中值电阻 [*]

R_E/Ω	最大	最大	0	0	0
R_G/Ω	最大	0	0	0	0
$R_2(=R_3)/\Omega$	1 000	1 000	1 000	10 000	100
R_4/Ω					
$N=5\mathrm{DIV},\begin{cases}R_4(左)\\R_4(右)\end{cases}/\Omega$					
$\overline{\delta R_4}$					
$S=N/\left(\dfrac{\overline{\delta R_4}}{R_4}\right)$					
$U_{B1}(R_x)/\Omega$					
$U_{B2}(R_x)/\Omega$					
$U(R_x)/\Omega$					
$R_x\pm U(R_x)/\Omega$					

实验 33　用牛顿环测量平凹透镜的曲率半径*

单位：mm

k_2	d_{k2}	d'_{k2}	D_{k2}	D_{k2}^2	k_1	d_{k1}	d'_{k1}	D_{k1}	D_{k1}^2	$D_{k2}^2 - D_{k1}^2$	$k_2 - k_1$
14					9						
13					8						
12					7						
11					6						
10					5						

参考书目

预习